智慧·人居环境

国际建筑艺术
高峰论坛成果集

Intelligence & Human Settlement

A Collection of the Achievements of International
Architectural Art Forum

林　海　冯凤举◎主　编
莫敷建　莫媛媛◎副主编
广西艺术学院建筑艺术学院◎编

中国建筑工业出版社

序
Preface

广西艺术学院建筑艺术学院自2015年伊始举办中国—东盟建筑艺术教育高峰论坛至目前已达六届，并于2021年更名为"智慧·人居环境国际建筑艺术高峰论坛"，这是一场在广西举办的高等建筑类教育业界的盛会，得益于南宁市作为我国与东盟各国海陆连接的地理中心，以其社会经济城市发展民族共荣示范的区位优势紧密关联。全国各大高校、东盟各国乃至域外国家的教授、专家、学者纷至沓来，而建筑业界的规划师、建筑师、风景园林设计师、环境设计师以及在校的大学生、硕博研究生也闻讯前来，可谓济济一堂，共同搭建了这场学生盛会。各位嘉宾学者根据每届会议的主题宗旨，分别在讲坛上围绕着建筑、园林、环境学科中有关前沿理论，生态文明、城市设计、乡村复兴、设计实践等诸多问题进行了阐述和讲演。又在讨论会上争相发言，从历史的纬度、世界的角度、学术的高度、实践的广度深入探讨了当今中国、东盟各国在建筑领域教育上的经验及体会、模式和方法等，现场评议高潮叠出，更是呈现出一派生机蓬勃的景象，既有着学术之高层次，又有着工程项目之接地气。

广西艺术学院建筑艺术学院自2012年成立以来，历任领导及全体师生抓住机会，砥砺前行，促成广西艺术学院三大中国—东盟教育发展平台之一的建筑艺术教育高峰论坛连年举行，形成了越办越好的盛况，提高了论坛在国内外的学术影响力。在学科专业建设方面勇于革新，近年屡获国家艺术基金、教育部第二批新工科研究与实践项目、国家一流专业建设点、全国示范性风景园林专业学位研究生联合培养基地、广西文化遗产保护与旅游环境建设研究基地、广西普通本科高校示范性现代产业学院建设点等突出成绩，为论坛的学术建设提供了持续的动能。

论坛呈现以下五个特点：

一、关注建筑领域教育交流的国际化。重视人居环境文化遗产保护的国际视野是论坛极具影响力的表现。文化遗产保护、教育交流的国际化彰显了论坛的宗旨与特色。英国哈德斯菲尔德大学哈德良·匹兹教授，澳大利亚新南威尔士大学徐放教授，我国南京艺术学院张凌浩院长、上海大学上海美术学院金江波教授、四川美术学院潘召南教授、中央美术学院郝凝辉教授，还有来自东南亚各国的学者，如泰国艺术大学建筑学院KreangKrai. Kridsiri教授、印度尼西亚玛拉拿达基督大学Krismanto. Kusbiantoro 博士等分享了对中外城乡复兴、建筑设计、文化遗产田野教学和保护利用的案例，使得与会者对国际建筑历史保护和发展趋势有了更直观的了解，值得我们深入研究和借鉴。而举办由国内外教授带领的各自学生团队进行设计工作营，加深了中外师生的文化交流，收获了中外校际间的友谊果实。

二、重视人居环境设计理论研究的体系化。人居环境科学是综合而整体的学科，是连贯与人居环境相关领域的科学群体系。学者们的各种理论观点在历届论坛上互相碰撞交流，各种实践经验互相借鉴吸收，高度体现了论坛的价值与意义。刘滨谊教授在论坛中提到了风景园林学科专业的思维体系化问题，"景风至而天下和"中包含三个因素科技+艺术+风景园林（专业）的三位一体，引伸到其他专业也是相同的。只有从哲学的层面来整合既有体系化的学科专业，重视设计理论的整体观，整个设计学科才会有良好的发展趋势。其他学科发展也一样，制定学科专业的定位要牢牢把握在科技与人文思想交织结合发展的主轴上。

三、加强人居环境设计专业集群教育的深入化。专业集群的整合构建是人居环境设计学科发展的核心之路，在人居环境设计范畴内，建筑、规划、景观、艺术等专业应相互糅合，齐头并进，最大限度满足社会人居环境建设的需求。王国伟教授在讲演中以演绎空间讲到生命伦理问题非常专业和深入，身心与空间互动，空间才有意义。如街道是街舞实践的空间，舞者和观众是共融互动的；剧场是演剧实况的空间，演员和观众是分隔被动的。身体和心理的感受却不一样，前者是平视的，后者是仰视的。这些类似平常又不平常的观察体会需要专业的视角，亲身的体验才能捕捉到，拿捏在手，专业知识在实践中才能化为设计能力的提升。深圳设计师胡旭日的演讲中提到了"人居环境厕所革命"课题，亦抓住了人居环境设计的重要节点，以专业眼光谈到了卫生、便利、稳私、排污甚至节能利用问题。小厕所有大文章，事关国家文明、人民健康，这都给了教学中强调专业知识深入化的重要启示。

四、提倡人居环境设计方法的创新性。环境、建筑及其相关专业学科，与人民生活和社会发展紧密相连，要以与时俱进的发展思维不断创新其设计方法才能更好地发展。多位学者专家都提到设计创新性的问题，陈新教授以创新思维带动乡村复兴的实践，以阿者科村与乌龙村的两个不同的乡建项目为例，论述了两种不同的设计方法及结果，说明如何将艺术介入乡建，如何把乡愁的意念用设计语言去诉述，去转化成带有乡土特征的表达。场所精神的产生就是地域材料、原生工艺合理应用的结果。设计师要有对自然万物的敬畏、对前辈遗迹的尊重，只有这样我们才能找到有温度的设计理念和人文价值，才有创新性的正确表达。

五、鼓励论坛过程的多元互动性。这几届年会有一个显著的特点，除了有集中正式的主题演讲论坛，还有分会场交流活动，以及国际高校间的工作营。教授、专家、设计师与学生互相提问、竞相问答，在这一问一答中能体会到学生专业知识的储备和对前途的设想，高校间的实践工作营，让老师们充分交流授课经验，学生收获了国际友谊，提升了对业界发展趋势和对新技术的敏感度，也能表达出学者专家的理论修养和实践能力，对创新创业的理解及对后辈的期望。这种年会的活动方式值得持续推行，既能提高学术外溢的社会效应，反馈设计教育的难点痛点，又可以增强政、产、学、研业界全方位衔接，加大打造人才培养链条的长度。

祝愿智慧·人居环境国际建筑艺术高峰论坛百尺竿头，更进一步，在学术理论研究，教学成果交流及社会影响力上取得更丰硕的成果，为建设具有明显地域特色的国际化学术高地而努力！

广西艺术学院建筑艺术学院　　首任院长　黄文宪

第二任院长　江　波

第三任院长　林　海

2022年9月19日

目 录
Contents

一	学院简介	001
（一）	学院简介	002
（二）	系部及专业介绍	004
（三）	学科介绍	007

二	学院成果	009
（一）	教学改革	010
（二）	教学成果	028
（三）	科研成果	038
（四）	实践项目	078

三	教师优秀作品	119
（一）	环境设计	125
（二）	景观与建筑	135
（三）	艺术与科技	150

四	学生优秀作品	161
（一）	环境设计	162
（二）	室内设计	189
（三）	景观设计	210
（四）	园林建筑设计	219
（五）	风景园林	225
（六）	艺术与科技	233

五	师生论文	275

一

学院简介

（一）学院简介

广西艺术学院建筑艺术学院源于1960年广西艺术学院美术系的工艺专业，1985年工艺美术系成立，1998年工艺美术系更名设计系，开设环境艺术设计专业，2003年设计系更名设计学院，先后设立了环境艺术设计系和展示设计系，并在此基础上于2012年成立了建筑艺术学院。学院现有环境设计系、景观与建筑系、艺术与科技系3个系部，形成了设计学、风景园林学、建筑学"三位一体"的人居环境设计学科专业集群，是具有设计学一级学科、艺术硕士（MFA）以及风景园林硕士（MLA）专业学位授权点的教学单位。学院长期以来依托我国西南、华南地区与东盟的地缘优势，紧扣国家"一带一路"倡议、"乡村振兴"等重大战略和广西经济社会发展大局，本着"匠心筑境，以艺敦行"的理念，致力于人居环境设计人才培养与探索，坚持"艺工融合"的办学特色，努力实现教学、科研、实践一体化，培养兼具人文艺术和工程科技双重素质的新型设计人才。经过数十年耕耘，成果丰硕，实力雄厚。

学院现有教职工67人，其中正高级职称9人，副高级职称20人，讲师30人，其中博士8人，在读博士继续教育19人。师资队伍来自清华大学、北京林业大学、华南理工大学、重庆大学、中央美术学院、中国美术学院、英国谢菲尔德大学、伦敦艺术大学等国内外知名院校。学缘结构合理，学历、职称、年龄梯次分明，拥有较强的教学能力、实践能力、科研能力和创新能力。

学院落实立德树人的根本任务，发挥党建引领作用，秉承"党建是最大的务实"育人理念，实施党建+融合创新工程，构建新时代三全育人良好格局。积极探索新时代创新设计人才培养模式，近三年，获教育部第二批新工科研究与实践项目1项，国家级一流专业1个，广西区级教改项目10多项，广西区级教学成果奖5项，自治区级一流课程3门。与区内外知名企业、设计研究院（所）签订多个校企合作协议，进行产学研联动、协同创新发展，共建广西普通本科高校示范性现代产业学院"智慧·人居环境产业学院"，全国示范性风景园林专业学位研究生联合培养基地2个，省级研究生联合培养基地3个，形成了具有艺术院校特色的人居环境专业集群，打造了政行企校深度融合的实体性人才培养创新平台，为新时代"美丽中国"和"壮美广西"建设提供人才和智力支持。

学院致力于中国—东盟人居环境设计领域研究，积极推动与东南亚国家高等学校的交流合作，完成了多期"跨越·设计"国际工作营。打造"智慧·人居环境"学术品牌，连续举办6届中国—东盟国际建筑艺术高峰论坛。率先拥有自治区级广西文化和旅游研究基地1个，广西乡村振兴设计研究院、中国—东盟建筑艺术研究院等10个学校二级科研创作机构。承担国家艺术基金人才培养课题4项，全国艺术科学规划项目、文旅部"文化产业双创扶持计划"项目、中国非物质文化遗产传承人群研修培训计划、广西科技重大专项、广西社科课题等省部级以上项目10多项。荣获广西哲学社会科学优秀成果奖3项，各类设计奖项100多项，科研成果转化成绩斐然。

　　学院依托国家新工科项目"基于人居环境产业导向的工艺融合专业集群建构与研究"及广西高校示范性现代产业学院"智慧·人居环境产业学院"建设，积极探索具有艺术院校特色的人居环境专业集群及产业学院建设路径，瞄准广西产业发展需求，整合校内外优势资源，打造政行企校深度融合的实体性人才培养创新平台，为新时代中国特色社会主义壮美广西建设提供人才和智力支持。

（二）> 系部及专业介绍

1. 环境设计系

　　环境设计专业创办于1998年，同年成立环境设计教研室。学科历史悠久，学术传统厚重，是广西最早设立本科环境设计专业的院系。2012年成立环境艺术系，2020年整合为环境设计系。

　　环境设计系现有专职教师20人，其中正高级职称4人、副高级职称9人、中级职称6人、助教1人。硕士研究生导师11人、博士1人、在读博士7人。本专业坚持以人为本与可持续发展的理念，以优化人类生存空间、提升人居环境质量为宗旨，运用整体的、跨学科的方法，整合建筑、景观和室内等相关学科知识，通过空间设计语言、艺术表现方式、工程技术手段等对人类生存空间环境、人与环境交互关系等进行研究与设计，是一门多学科交叉的综合性专业。

2. 景观与建筑系

　　景观与建筑系源于广西艺术学院1998年开设的"环境艺术设计"专业,后于2005年开设"景观设计"专业,2011年开设"景观建筑设计"专业,2012年成立园林景观系和建筑设计系,2013年招收风景园林专业本科生,2014年招收环境设计(园林建筑设计)专业本科生,2015年获批开设"建筑学"专业,2019年两系合并组建"景观与建筑系"。教学研究团队承担国家艺术基金人才培养项目2项,教育部"新工科"项目1项,国家自然科学基金项目,文旅部、教育部、人社部"中国非遗传承人群研培计划"项目,广西社科界智库重点课题,广西科技重大专项等重要研究项目。曾获广西高等教育自治区级教学成果奖一等奖2次,自治区级一流本科课程《景观设计导论》《中国建筑史》,自治区级课程思政示范课程《乡土景观规划专题》等多项荣誉。该系现有专职教师27人,其中正高级职称8人、副高级职称8人、中级职称10人、助教 1人,全国风景园林教指委专家1人、外聘1人、博士学位6人、在读博士研究生5人,形成了一支结构合理、经验丰富并在国内外具有影响力的教学科研团队。

　　景观与建筑系现有风景园林和环境设计(含景观设计、园林建筑设计方向)本科专业,风景园林专业硕士点(MLA,风景园林规划设计、景观建筑艺术与工程方向)、设计学硕士点、艺术专业硕士点(MFA,西南民族传统建筑与现代环境艺术设计、文化遗产应用设计方向)。现有本科生近500人、研究生50余人。景观与建筑系分别与广西壮族自治区城乡规划设计院、华蓝设计(集团)有限公司共建2个"全国示范性风景园林专业学位研究生联合培养基地";分别与广西壮族自治区建筑科学研究设计院、南宁古今园林规划设计院等4个企业共建"建筑艺术设计类大学生校外实践教育基地"。

3. 艺术与科技系

艺术与科技系作为在广西首创开设会展策划与设计本科专业方向的系部，成立于2010年，经过十余年的建设与发展，已形成本科生、硕士研究生等多层次的艺术与科技人才培养模式。

艺术与科技教学团队现有教师12人，专职教师来自于中国美术学院、江南大学、英国提赛德大学、广西艺术学院等国内外知名院校，教师中还有马来亚大学、英国伦敦艺术大学、韩国朝鲜大学的在读博士。艺术与科技系专业教学基于艺术设计与科学技术深度融合的理念，以学术为导向、实践为手段、就业为目标，以现代展示艺术设计与民族元素融合为主线，结合国家文化发展战略，在文化创意和数字信息传达领域，整合空间环境设计、展示艺术、信息交互、新媒体等跨学科综合体系，培养具有艺术设计与科技理论相关知识，具有较强的创新、实践及表达、沟通能力，能熟练运用现代艺术设计工具，具有国际视野、交叉学科基础的应用型艺术设计人才。

（三）学科介绍

建筑艺术学院具有设计学一级学科硕士授权点，艺术硕士（MFA）和风景园林硕士（MLA）2个专业学位授权点，硕士生导师35人，第二导师11人。2013年获批省级博士点立项建设点，目前设有建筑与环境设计（研究）、文化遗产应用设计研究、展示艺术与科技、风景园林规划与设计、景观建筑艺术与工程等6个研究方向。截至2021年，在校研究生共计195余人。

◎ **全国示范性风景园林专业学位研究生联合培养基地**

2017年，我校与广西壮族自治区城乡规划设计院共建的风景园林专业学位研究生联合培养基地入选"第二批全国示范性风景园林专业学位研究生联合培养基地"；2019年，我校与华蓝设计（集团）有限公司共建的研究生联合培养基地入选"第三批全国示范性风景园林专业学位研究生联合培养基地"。这些充分体现了近年来我校在研究生联合培养基地建设方面取得的成绩。

我校以获得"全国示范性风景园林专业学位研究生联合培养基地"为契机，进一步加强与校外基地的合作，联合深入探索风景园林专业学位研究生教育教学改革，构建适应风景园林人才培养需要的体制机制，创新教学方式和管理方式，加强基地建设经验的总结和宣传推广，推动风景园林专业学位研究生教育的更好发展。

| 二 |

学院成果

（一）教学改革

1."不忘初心、牢记使命"2019—2020学年建筑艺术学院"以本为本·深钻细研"本科教学系列活动

"不忘初心、牢记使命"2019—2022学年建筑艺术学院"以本为本·深钻细研"本科教学系列活动涵盖了展览、讲座及研讨会等六大板块，包括"不忘初心、牢记使命"教学成果展、"深钻细研·金课探索"教学观摩会、"三全育人·课程思政"经验交流会、"设计精英·艺路领航"学术研讨会、"建院青年·榜样力量"学习分享会、"融合创新·未来建院"教学研讨会。

　　开展"以本为本·深钻细研"本科教学系列活动，是落实教育部狠抓新时代全国高等学校本科教育工作的有力举措，同时是学院本科教育展示、检视、探索和提升的一次好机会。本活动的开展为师生搭建一个"教"与"学"双向互动的交流平台，希望通过搭建多种形式的交流平台，积极探讨，共同推进本科教育发展，打造学院专业特色和学术影响力，让建筑艺术学院创新应用型人才培养机制有所创新，让本科教育符合新时代的需求。

　　2019年10月28日，"不忘初心、牢记使命"2019—2022学年建筑艺术学院"以本为本·深钻细研"本科教学系列活动在广西艺术学院建筑艺术学院正式启动。学校党委常委、副校长韦俊平，教务处处长罗幸，相思湖校区各二级学院负责人，建筑艺术学院院长林海、党委书记冯凤举、副院长陶雄军、党委副书记闭炳岸以及师生代表百余人参加了启动仪式。

2. "不忘初心、牢记使命" 2019—2020学年建筑艺术学院本科教学系列活动之"深钻细研·金课探索"教学观摩会

2019年10月28日上午，建筑艺术学院"以本为本·深钻细研"本科教学系列活动之"深钻细研·金课探索"教学观摩会在广西艺术学院相思湖校区演出厅举行。学校教务处处长罗幸，建筑艺术学院院长林海、党委书记冯凤举、副院长陶雄军、党委副书记闭炳岸、各系主任及师生代表两百多人到场观摩。建筑艺术学院五位教师代表进行专业课程说课演示，涵盖了教授、副教授、博士、讲师、新进教师等不同职称和学缘背景，充分展示了建筑艺术学院教师梯队的教学情况和各专业课程不同的教学方法和教学特点，并引发了本科教学的思考和互动，有效地推动了专业教学理念的交流和进步，充分展现了建筑艺术学院不断探索适合新时代发展教育体系的精神。

3. "城里乡见"——2020届优秀毕业设计分享交流会

2020年6月9日,"以本为本·深钻细研"本科教学系列活动之"城里乡见"——2020届优秀毕业设计分享交流会在人文楼4101学术报告厅举行。参加此次活动的有建筑艺术学院院长林海、副院长莫敷建,环境设计系党支部书记杨娟、组织委员王兆伟,各系毕业设计指导老师代表和同学代表。本次分享交流会由环境设计系教师涂照权主持。

交流分享会分为两个环节：学生分享和师生交流。

分享环节上，来自学院环境设计、风景园林、艺术与科技三个专业的学生代表通过大学四年所学所感和毕业创作的心路历程，分享了他们的创作思路、创作方法、表现技能、学习渠道和方式等，同时也表达了对建筑艺术学院老师和学校的感激之情。部分同学就考研、留学等经验进行了分享，通过自身成功经验给学弟学妹们分享了升学择校、学习态度、学习方法和学习计划等，并为学弟学妹们推荐了大量的网络学习平台及资源。

交流环节，现场的同学踊跃提问，与"交流老师"和"分享同学"从毕业设计、专业学习、就业、考研、留学等方面进行了热烈的互动交流，在一问多答中许多同学解开了心中的疑惑。

本次活动氛围开放，内容务实。通过本次交流分享活动，给予了学弟学妹们很多专业学习上的宝贵经验和建议，为正在备考的学弟学妹们提高了备考决心和信心，同时也加强了学院各系教师之间的交流学习，对建筑艺术学院学习氛围起到了很好的促进作用。

4."以本为本·行健致远"本科教学强基础建设年系列活动之"教学观摩会"

2020年11月18日下午3点,建筑艺术学院在相思湖校区人文楼4101学术报告厅举行"以本为本·追求卓越"教学观摩会,建筑艺术学院冯凤举书记、林海院长、莫敷建副院长、闭炳岸副书记、各系主任及师生代表三百余人参与了此次观摩会,观摩会由莫敷建副院长主持。

　　通过教学观摩会的开展，师生们互相借鉴，用思辨的态度，审视自我，激活思路，用广域的思维和开放的态度，在教学过程中不断探索、研究、实验。学院将继续改革和优化课程建设，提升教学效果和人才培养质量，为今后专业发展、人才培养改革做好铺垫。

5.《功能与空间》联合课程作业展

6.《艺术表达》课程作业展

　　《艺术表达》课程主要通过对艺术形式语言构成理论及技能的系统、科学的讲授与训练，使学生理解对象、媒材、技术、情感与观念等之间的关系，掌握艺术形式语言的基本理论和理性形式的表现技巧，培养学生创造形象、处理形象与形象之间相互关系的能力，提高艺术设计的表现力和创造力，形成"人—物—环境"相互联系与相互影响的观念，建立系统思考与勇于创新的意识，为今后的专业设计打下坚实基础。

　　本课程是2021新版人才培养方案落地实施的第一门基础课，是建筑艺术学院一年级新生接触的第一门专业课程，作为课程教学改革的突破口，对后续课程在知识点铺垫和思维引导上起着关键性作用。课程包含了三大专题："观察记录——生活物件的视觉笔记""分析图解——生活环境的关系图景""叙事编排——生活剧场的戏剧实验"。

　　在授课过程中，来自艺术学、工学等不同专业背景的老师为课程改革注入了新鲜的教学理念，在教学中融合了跨专业学科知识，帮助学生了解多样化的艺术表达形式，培养学生独特的艺术个性和全面的知识结构。此次课程改革是响应新时代下的新业态对知识复合、学科融合、实践能力强的新型人才的迫切需求；是基于在艺术类院校中探索新工科方向的必要性和可行性；是对新专业、新课程以及育人新模式的探索。课程改革坚持融合创新，提倡学科交叉、专业交叉、注重知识的融合，注重培养以能力为导向的综合设计人才。课程中学生富有创造力作品的呈现，反映了该课程的改革取得了良好的成效。

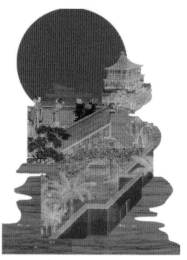

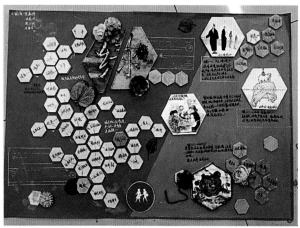

7.《形态构成》课程作业展

《形态构成》课程主要通过对各种"构形"方法及"美形"法则进行系统、科学、严格的讲授与理性的训练，使学生理解形态、美学与空间之间的关系，培养学生归纳总结、抽象概括和空间造型能力，提高逻辑思维和联想力，构建"形与形—形与美—形与空间"系统的思考观念，为今后的专业设计打下坚实基础。

本课程是建筑艺术学院2021版人才培养方案落地实施的第二门基础课，是建筑艺术学院一年级新生接触的第二门专业课程，作为课程教学改革的延续，对前、后续课程在知识点衔接上起着承上启下的作用。课程包含了三大内容，包括"形·图底——抽象与具象转换""形·肌理——氛围与情感营造""形·造型——秩序与自然生长"。在授课过程中，来自艺术学、工学等不同专业背景的老师为课程改革注入了新鲜的教学理念，在教学中融合了跨专业学科知识，让学生从多个角度理解形态构成，建立全面的知识结构。

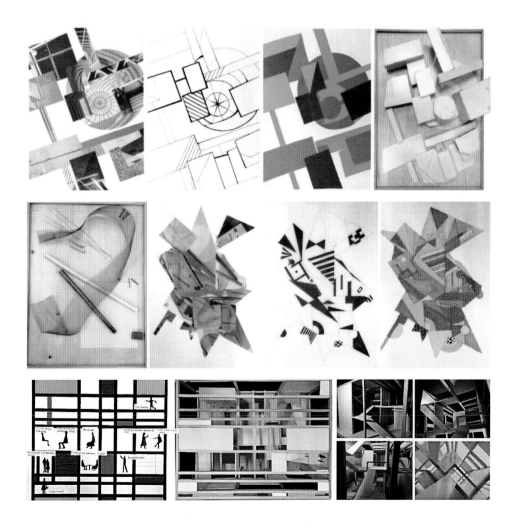

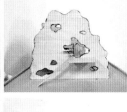

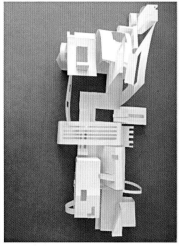
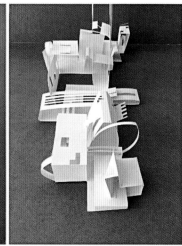
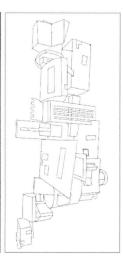

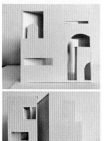
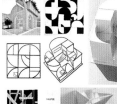

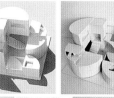

8.《建筑设计》《建筑景观设计》联合课程改革探索

　　《建筑设计》与《建筑景观设计》两个课程以联合的方式进行教学，目的在于让学生建立较为完整的设计概念。整体项目式设计课程的优势在于连续性和完整性，学生不会因项目课程的独立性而将两个相关的专业知识点分离开，从而培养更为整体的项目设计能力。

　　考虑到课程内容的复杂性与设计成果的独创性，在教学设计的各个阶段，将课程中需要掌握的关键知识点，拆分出小专题重点讲解，目的在于使学生对知识点有清晰的认识，为今后设计方法的

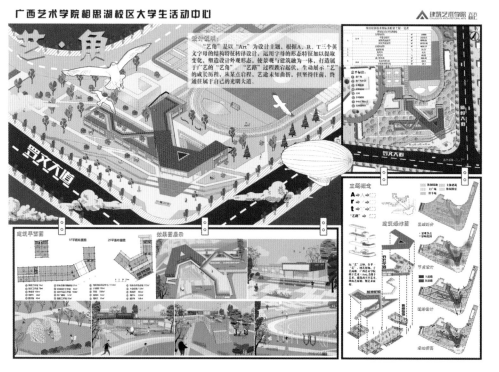

运用打下基础。专题知识点包括设计流程、问卷设计、主题概念构思、场地规划设计、气泡图图解表达、平面设计、造型设计和景观节点设计等。

　　成果展示环节设计了线上大众与线下教师的投票评选，将项目设计成果推向社会，激励了学生的创作竞赛热情，同时还为每位同学设置了奖品，鼓励学生克服困难，保持创作初心和责任感。

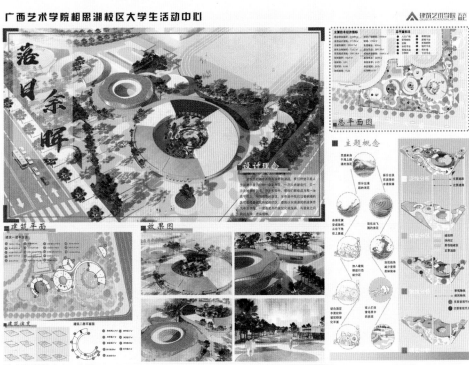

（二）＞教学成果

1. 获教育部第二批"新工科"研究与实践项目

2020年10月，教育部办公厅发布了《第二批新工科研究与实践项目名单》，由建筑艺术学院院长林海教授主持的《基于人居环境产业导向的工艺融合专业集群建构与研究》，荣获"新工科"专业改革类立项，这是广西艺术学院首次获教育部"新工科"研究与实践项目立项。此项目以人居环境产业为导向，打破了工学与艺术学各学科之间的壁垒，打造创造型学科专业组织模式，加强风景园林与美术学、音乐学、建筑学、设计学等多学科协同交叉融合，构建协同共生的教学体系，促进校企深度融合与校际协同育人，构建产业为导向的人居环境学科交叉专业集群。

教育部第二批"新工科"人居环境专业集群建设研讨会

2. 环境设计专业入选2021年度国家级一流本科专业建设点

建筑艺术学院于1998年开设环境艺术设计专业，是广西最早设立此专业的院校；2009艺术设计获国家特色专业；2012年根据国家目录调整后，单独设立环境设计本科专业；2019年获区级一流本科专业建设点；2021年入选国家级一流本科专业建设点。此次环境设计专业入选国家级一流本科专业建设点，是对建筑艺术学院专业建设、教学改革、人才培养、教学团队、教材建设、课程建设、教学成果等方面综合实力的认可与肯定，是全院教师长期投入本科人才培养、深耕本科教学成果的体现，实现了建筑艺术学院在国家级一流本科专业建设点方面的零突破。

广西艺术学院文件

广艺政发〔2022〕143 号

关于公布我校获 2021 年度
国家级、自治区级一流本科专业建设点名单的通知

学校各部门、各单位：

根据《教育部办公厅关于公布 2021 年度国家级和省级一流本科专业建设点名单的通知》（教高厅函〔2022〕14 号），教育部认定了 3730 个国家级一流本科专业建设点，5069 个省级一流本科专业建设点，我校音乐学、美术学、环境设计 3 个专业获国家级一流本科专业建设点，文化产业管理、广播电视编导、作曲与作曲技术理论 3 个专业获省级一流本科专业建设点，现将《教育部办公厅关于公布 2021 年度国家级和省级一流本科专业建设点名单的通知》（教高厅函〔2022〕14 号）转发给你们，请以国家级和省级一流专业建设点建设为契机，结合专业优势与特色，优化专业结构，深化专业内涵式发

展，并以新文科、新工科建设理念为引领，全面推动专业高质量发展，培养优质艺术人才。

附件：1.《教育部办公厅关于公布 2021 年度国家级和省级一流本科专业建设点名单的通知》
2.广西艺术学院获 2021 年度国家级、自治区级一流本科专业建设点名单

2022年6月21日

—2—

附件1

教 育 部 办 公 厅

教高厅函〔2022〕14 号

教育部办公厅关于公布 2021 年度国家级和
省级 一流本科专业建设点名单的通知

各省、自治区、直辖市教育厅（教委）、新疆生产建设兵团教育局、有关部门（单位）教育司（局）、部属各高等学校、部省合建高等学校：

根据《教育部办公厅关于实施一流本科专业建设"双万计划"的通知》（教高厅函〔2019〕18 号），我部组织开展了 2021 年度国家级和省级一流本科专业建设点工作，经各高校网上申报，高校主管部门审核和教育部高等学校教学指导委员会评议、投票推荐，我部认定了 3730 个国家级一流本科专业建设点，其中中央赛道 1466 个，地方赛道 2264 个，同时，经各级教育行政部门审核、推荐、确定了 5069 个省级一流本科专业建设点，现将名单予以公布（见附件 1、2）。请各地各高校统筹好三批国家级和省级一流本科专业建设点的建设工作，持续加强专业建设，不断提高人才培养质量，培养一流人才方阵。

附件：1.2021 年度国家级一流本科专业建设点名单（分送）

—3—

附件2

2021 年度国家级、自治区级一流本科专业建设点名单
（广西艺术学院）

高校名称	专业名称	备注
广西艺术学院	音乐学	国家级一流本科专业建设点
广西艺术学院	美术学	国家级一流本科专业建设点
广西艺术学院	环境设计	国家级一流本科专业建设点
广西艺术学院	文化产业管理	自治区级一流本科专业建设点
广西艺术学院	广播电视编导	自治区级一流本科专业建设点
广西艺术学院	作曲与作曲技术理论	自治区级一流本科专业建设点

广西艺术学院院长办公室　　　　2022 年 6 月 21 日印发

—4—

3. 广西普通本科高校示范性现代产业学院——广西艺术学院智慧・人居环境产业学院

2021年3月，建筑艺术学院与华蓝设计（集团）有限公司、广西建筑装饰协会、广西壮族自治区城乡规划设计院、杭州涂鸦信息技术有限公司、广西旅发中盛旅游发展有限公司等企业签订战略合作协议，共建智慧・人居环境产业学院。2022年，智慧・人居环境产业学院获批广西普通本科高校示范性现代产业学院。

智慧・人居环境产业学院响应国家战略，服务区域经济发展，全面对接乡村振兴、文化旅游及智慧化公园化城市等人居环境产业的人才链、产业链、管理链条和教育链，坚持"山水相建、艺工融合、德技双馨"的教育理念，实行政行企校四方联动"一个标准，两个体系，六个平台"产教融合模式，实践"艺术+工程+科学技术"人才培养模式，共同推动广西人居环境产业建设、产业升级跨越式发展。

广西普通本科高校示范性现代产业学院"智慧・人居环境产业学院"建设研讨会1

广西普通本科高校示范性现代产业学院"智慧·人居环境产业学院"建设研讨会2

广西普通本科高校示范性现代产业学院
"智慧·人居环境产业学院"建设点

附件2

2021年第二批产学合作协同育人项目立项名单（按高校排序）

项目编号	承担学校	公司名称	项目类型	项目名称	项目负责人
202102001006	北京大学	阿里云计算有限公司	教学内容和课程体系改革	阿里云开源软件开发基础及实践示范课程建设	胡玲
202102012001	北京大学	百度在线网络技术（北京）有限公司	教学内容和课程体系改革	人工智能应用开发实践	方开泰
202102067013	北京大学	北京建捷软件股份有限公司	实践条件和实践基地建设	城乡建成环境地方性与适宜性技术实践基地	王茜
202102079012	北京大学	北京派思尔网络科技有限公司	教学内容和课程体系改革	原位会灾模拟仿真实验	王东祥
202102185047	广西艺术学院	光辉城市（重庆）科技有限公司	实践条件和实践基地建设	智慧·人居环境设计实践人才培养	徐煜
202102012057	广西民族大学	百度在线网络技术（北京）有限公司	实践条件和实践基地建设	广西民族大学-百度公司数字学研合作区块链实践基地建设	郑丽
202102345042	广西民族大学	奥英联合（北京）科技有限公司	实践条件和实践基地建设	心组工作坊教学实践模式探索	文磊
202102399076	广西民族大学	厦门亿联软件有限公司	实践条件和实践基地建设	产学研协同发展背景下的辉煌电子商务实习实践基地建设项目	王少民
202102510001	广西民族大学	深圳市柏睿数据科技股份有限公司	新工科、新医科、新农科、新文科建设	新工科背景下工程管理专业"数字建造"能力培养探索与实践	黄瑾
202102600008	广西民族大学	湘创新无线试验教育有限公司	新工科、新医科、新农科、新文科建设	新工科背景下地方院校与土木工程专业产学研协同育人模式探索与实践	徐建坤
202102201014	百色学院	广州汇桥地测测技术中心	教学内容和课程体系改革	地方应用型本科院校专兼职测绘工程企业人才培养模式协同育人探讨	庄稀东

教育部司局函件

教高司函〔2021〕18 号

教育部高等教育司关于公布 2021 年第二批产学合作协同育人项目立项名单的通知

各省、自治区、直辖市教育厅（教委），新疆生产建设兵团教育局，有关高等学校，有关企业：

为深入贯彻党的十九届六中全会和中央人才工作会议精神，贯彻落实《国务院办公厅关于深化产教融合的若干意见》（国办发〔2017〕95 号）和《教育部 工业和信息化部 中国工程院关于加快建设发展新工科 实施卓越工程师教育培养计划 2.0 的意见》（教高〔2018〕3 号）要求，调动好高校和企业两个积极性，实现产学研深度融合，我司组织有关企业和高校持续深入实施产学合作协同育人项目。

根据《教育部产学合作协同育人项目管理办法》要求，现公布 2021 年第二批产学合作协同育人项目立项名单（见附件）。有关高校要加强对项目的指导和管理，项目负责人要与相关企业加强联系，按照要求高质量高效推进项目实施。有关企业要保证资金及软硬件投入按时到位，切实加强项目管理，严禁要求高校额外购买配套设备或软件、支付培训费

等违规行为，保证项目顺利实施。

附件：1.2021 年第二批产学合作协同育人项目立项名单（按企业排序）
2.2021 年第二批产学合作协同育人项目立项名单（按高校排序）

教育部高等教育司
2021 年 12 月 14 日

4. 自治区一流课程

　　近年来，建筑艺术学院全面推进本科教育教学改革，加强新工科新文科和"双一流"建设，实施2021新版人才培养方案，以"艺工融合"理念进行培养范式革新，开启"一通、二专、三精、四合"的新教学模式，结合"以本为本·守正创新"教学质量年系列教学活动开展课程教学改革。建筑艺术学院积极推进课程建设，集体研教打造优质金课，推广先进的教学理念和方法，切实提升教学质量和育人实效，《景观设计导论》《建筑模型制作——广西民族木构建筑营造技艺》《中国建筑史》陆续获批广西壮族自治区一流课程。

5. 自治区级课程思政示范课程

2021年11月，经学校推荐，广西壮族自治区教育厅组织专家遴选并批准，建筑艺术学院林海教授课程团队（莫媛媛、莫敷建、陈建国、冯凤举、闭炳岸、刘媛、刘朝霞等教师为团队成员）的《乡土景观规划专题》研究生课程获批广西壮族自治区级课程思政示范课程，并于2021年12月17日下午在广西艺术学院建筑艺术学院二楼进行直播公开线上展示。本次示范课程由建筑艺术学院长林海教授主讲，建筑艺术学院研究生师生代表进行现场观摩。建筑艺术学院研究生课程《乡土景观规划专题》注重把思政内容与田野调查的内容、方法和一般程序有机结合起来，同时将枯燥的调查方法结合展厅的采风考察作业展，进行深入浅出地剖析，让学生直观且深刻地理解理论如何应用到田野调查中，将课件、教具、教法、学法尽可能完美地结合，充分调动学生的积极性，较好地达到了教学目标和育人目标。力图通过学生自主学习和案例教学介入，来完成对田野调查方法的理解。到田野去，到课外去，通过人类学、民族学、风景园林学等交叉学科的视角理解田野调查是学术研究的重要手段，激发了学生对既浪漫又实在的田野调查兴趣，也让学生深刻地感受到团队协作在田野调查的重要作用。在课程内容中巧妙贯穿爱国主义教育、家国情怀、正确的世界观和价值观、职业道德及优良的个人品德，起到了润物细无声的效果。

6. 入选全国美展作品

（1）清代《工程做法》卷三 七檩歇山旋子大点金建筑构造与模型展示

作品作者：樊林林、柳成良、冯建旺、梁学勇、吴其娜、李广裕、盘忠兰、赵晓玲、刘芊芊、周开阳、李静雯、陈晨、陈云云、黎韦言、叶凡凡

指导教师：边继琛、杨娟

（2）广西容县真武阁建筑构造与模型展示

作品作者：何燕婷、孙露芹、鞠萍、周家锋、朱国荣、麻筱
指导教师：边继琛、杨娟

（三）〉科研成果

1. 中国—东盟国际建筑艺术高峰论坛

（1）第一届"地域∞设计"2015年中国—东盟建筑空间设计教育高峰论坛暨教学成果展

　　论坛主题为"地域∞设计"，来自东盟、日本及国内的高校专家代表、著名建筑师、企业代表围绕我国艺术学学科的建设和发展、艺术学视域下的地域文化、民族文化、创意产业发展与艺术管理、艺术学学科人才培养及服务地方文化建设等内容展开研究讨论，旨在进一步提升、优化地域特色在设计运用中的作用。论坛期间，我校举行了学术讲坛、研讨会和教学成果展。

　　首届"地域∞设计"·中国—东盟建筑空间设计教育高峰论坛暨教学成果展在我校南湖校区隆重开幕。学校领导郑军里、禤思、赵焕春、陈应鑫出席开幕式，来自清华大学、中央美术学院、江南大学、上海师范大学、四川美术学院等国内知名高校的专家、学者参加论坛，还有来自泰国文化部艺术发展学院、印度尼西亚国立艺术学院、泰国清迈大学、马来西亚双威大学等东盟国家高校嘉宾莅临现场指导，充分展现了论坛的国际性视野。

（2）第二届"文化·交融"2016年中国一东盟建筑空间设计教育高峰论坛

此次建筑空间设计高峰论坛以"文化·交融"为主题，旨在通过建筑空间设计理念、教学方法、育人模式等方面的交流，打造中国一东盟建筑空间设计与人才培养的区域交流新平台。广西艺术学院院长郑军里，广西艺术学院副院长陈应鑫，广西艺术学院建筑艺术学院院长江波、党委书记黎家鸣及我国台湾省和东盟的高校专家代表一同出席论坛开幕式。

本次中国一东盟建筑空间设计教育高峰论坛由广西艺术学院主办，广西艺术学院建筑艺术学院承办，广西美术家协会、中国美术学院设计学院、江南大学设计学院、天津美术学院环境建筑学院、四川美术学院环艺系、西安美术学院建筑环境艺术系等共同协办，开幕式由广西艺术学院副院长陈应鑫主持。

（3）第三届"穿越·地缘"2017年第三届中国—东盟建筑艺术高峰论坛

　　"穿越·地缘"2017第三届中国—东盟建筑艺术高峰论坛由广西艺术学院、广西美术家协会主办，中国美术学院设计学院、江南大学设计学院、南京艺术学院设计学院、天津美术学院环境与建筑学院、四川美术学院环艺系、西安美术学院建筑环艺系、广西环境艺术设计行业协会协办，广西艺术学院建筑艺术学院承办。论坛以"穿越·地缘"为主题，旨在促进中国现代建筑艺术设计面貌的形成和不断创新，推动中国与东盟国家在建筑设计领域的跨文化研究，加强中国与东盟高校的学术交流与合作，打造中国—东盟建筑空间设计与人才培养的区域交流新平台。论坛开幕式由时任广西艺术学院副院长侯道辉主持。

（4）第四届"智慧・人居环境"2019年第四届中国—东盟建筑艺术高峰论坛暨第六届中国西南地区可持续创新乡村研究联盟国际研讨会

"智慧・人居环境"2019第四届中国—东盟建筑艺术高峰论坛暨第六届中国西南地区可持续创新乡村研究联盟国际研讨会在广西南宁举行。来自泰国、马来西亚、印度尼西亚、英国、西班牙、澳大利亚、捷克共和国等国家及国内40余所著名高校、业界知名企业的近百位教授、专家学者及行业精英，围绕东南亚人居环境研究与实践、西南民族建筑的智慧与传承创新、"美丽中国"与西南乡土景观振兴等主题开展学术交流研讨。

时任广西壮族自治区住房和城乡建设厅副厅长、党组成员杨绿峰，广西壮族自治区科学技术厅对外交流合作处调研员徐正东，时任全国人大常委、广西艺术学院院长郑军里，广西艺术学院党委常委、总会计师韦春灵，广西美术家协会主席石向东教授，同济大学博士生导师、国务院风景园林学科评议组召集人刘滨谊教授，同济大学博士生导师、著名出版人王国伟教授，华南理工大学亚热带建筑国家重点实验室吴桂宁教授，中央美术学院博士生导师郝凝辉教授，泰国艺术大学建筑学院副院长、博士生导师蒋凯・戈西里教授，英国哈德斯菲尔德大学城市设计与建筑可持续中心副主任阿德良・匹兹教授等近两百人参加仪式，开幕式由广西艺术学院建筑艺术学院院长林海主持。

（5）第五届"智慧·人居环境"第五届 2020年第五届中国一东盟建筑艺术
高峰论坛暨第八届中国西南地区可持续创新乡村研究联盟研讨会

　　时任广西壮族自治区住房和城乡建设厅副厅长、党组成员杨绿峰，时任广西南宁
市良庆区人民政府区长王川，全国人大常委、时任广西艺术学院校长郑军里教授，广
西艺术学院党委常委、副校长伏虎教授，广西艺术学院党委常委韦春灵总会计师以及
区内外各高校建筑艺术专业领域专家、企业家代表、广西艺术学院建筑艺术学院师生
代表等近200人参加开幕式。开幕式由广西艺术学院建筑艺术学院院长林海教授主持。

　　现场主题演讲内容丰富，19位演讲嘉宾围绕后疫情时代的人居环境设计、技术革新与设计教育、文化遗产保护与旅游环境建设等议题进行演讲，线上直播平台和线下现场就演讲内容展开了激烈的学术交流，探讨了乡村振兴战略下人居环境设计与建筑艺术如何进行传承与创新。

　　此次论坛由线上线下主题演讲、学术研讨会及主题展览组成，开展线上线下
主旨演讲共24场，其中：主会场开展现场主旨演讲共19场，以视频的形式通过在
网络平台进行展示的主旨演讲共5场；同时，论坛主会场现场开设主旨演讲线上
直播，在线观看线上直播的国内外观众达37万人次。

（6）第六届"智慧·人居环境"2022年第六届中国—东盟建筑艺术高峰论坛
暨第九届中国西南地区可持续创新乡村研究联盟研讨会

2021年11月15日，"智慧·人居环境"第六届中国—东盟建筑艺术高峰论坛
系列学术讲座正式开讲。广西艺术学院院长侯道辉教授线上发表致辞，讲座由
林海院长主持。此次论坛采用线上线下的方式，其中线上讲座12场，线下讲座
1场。来自中央美术学院、同济大学、东华大学、上海大学、南京艺术学院、哈
德斯菲尔德大学、重庆交通大学、景德镇陶瓷学院、华中农业大学、南京林业大
学、桂林理工大学等高校和设计院的14位专家、学者围绕人居环境设计、文化遗
产保护、设计教育与设计思维等议题开展了系列学术讲座。

2. 中国非物质文化遗产传承人研培计划

（1）2019年广西"传统工艺+岩画"文创设计研修班

广西"传统工艺+岩画"文创设计研修班以广西特有的世界文化遗产"花山岩画"为切入点进行文创产品设计的学习和探究，其目的是提升各位学员对非物质文化遗产的了解，提高开展传统工艺文创设计的审美能力、研究能力和创新能力，帮助学员们传承、发展和保护传统工艺。来自各地的20位学员进行为期一个多月的集中学习研修，在各位专家的指导下，在自身手工技艺的基础上，对"花山岩画"进行有计划、有步骤的文创设计和制作，促进传统工艺走进现代生活，促进非物质文化遗产活态传承。相信随着研修计划的深入开展，坚持"见人见物见生活"的保护理念，注重弘扬非物质文化遗产的当代价值，推动非物质文化遗产融入现代生活，预示着传统技艺将从历史走进当下生活，进入发展振兴的新阶段。

（2）2020年广西少数民族木构建筑传承与创新设计研修班

为提高中国非物质文化遗产保护水平，为全面建设社会主义现代化国家提供精神力量，健全非物质文化遗产保护传承体系、提高非物质文化遗产保护传承水平、加大非物质文化遗产传播普及力度、完善保障措施，助力乡村脱贫与乡村振兴，文化和旅游部、教育部、人力资源和社会保障部共同委托广西艺术学院开展广西少数民族木构建筑营造技艺传承与创新设计研修班工作。

该项目由广西壮族自治区文化和旅游厅主办，广西艺术学院承办，广西艺术学院建筑艺术学院、设计学院协办，聘请区内外专家和组建艺术学院优秀教学团队共同实施，师资雄厚，教学设备齐全，授课经验扎实。广西少数民族木构建筑营造技艺历史悠久，具有丰富的文化内涵和民族特色。本次培训坚持"多维度对话、沉浸式体验、全域性视角、创新型研究"理念，围绕广西少数民族木构建筑营造技艺开展传承创新设计课程，开展氛围浓厚、特色鲜明、当地民众受益的特色培训。

（3）2021年广西少数民族木构建筑传承与创新设计研修班

（4）中国非遗传承人群研培计划回访活动

3. 国家艺术基金项目

（1）国家艺术基金2016年度艺术人才培养资助项目《美丽壮乡——民居建筑艺术设计人才培养》

国家艺术基金2016年度艺术人才培养资助项目《美丽壮乡——民居建筑艺术设计人才培养》是广西艺术学院贯彻党和国家"美丽中国"这一建设社会主义现代化强国重要目标的有力举措之一。项目推动了民族地区古村落建筑保护创新设计高级专门人才培养，为"美丽广西"特色乡村、宜居乡村建设工作提供了人才支持。以"美丽壮乡——民居建筑艺术设计人才培养"为起点，广泛宣传推广建筑艺术学院民居建筑艺术设计人才培养的模式和成果，进一步推动历史建筑保护和活化工作纵深推进，也为国家和地区的民居建筑艺术文化传承、社会发展培养更多的高素质专门人才。

本项目代表了国家艺术项目的较高水平。以本项目的培训为契机，开创了广西民居建筑艺术发展的新篇章，既保护了民间的技艺，又改善了居住环境，促进了整个物质文明和精神文明建设。其目的是让学员领略壮族民居建筑艺术的魅力，掌握民族村落建筑保护与创新发展的国际前沿理念，积累乡土建筑实践经验，培养新型民居建筑艺术设计的高级人才。项目将与当地政府有关部门配合，强调建筑与艺术结合，打造壮乡新型民居建筑艺术示范村，探索民族建筑设计创新和民族村落的有机再生。

在国内外导师组的精心指导下，来自全国各地的29位学员努力学习、潜心创作，共同完成了本次成果展。展览以"民居建筑设计"为主题，成果丰硕，得到了社会各界和媒体的参与和关注。本项目充分发挥社会扶持和参与民居建筑艺术设计的积极性，优化民居建筑艺术发展生态，让蕴含于广大人民和艺术工作者中的民居建筑艺术创造活力充分迸发。

（2）国家艺术基金2017年度艺术人才培养资助项目《广西乡土景观艺术设计人才培养》

该项目由国家艺术基金资助，广西艺术学院主办，旨在基于"艺术与科学"的理念，通过系统的培训课程与设计创新意识结合，为广西乡土景观艺术设计人才培养探索新途径，推动乡土景观艺术更加繁荣发展。

国家艺术基金2017年度艺术人才培养项目"广西乡土景观艺术设计人才培养"的师资团队由国内外18名乡土景观相关领域知名专家、学者组成，分为三个阶段实施，包括集中理论学习、外出考察和设计工作坊等形式，拟于培训结束后举办学员设计作品成果展，公开出版作品集。

（3）国家艺术基金2018年度艺术人才培养资助项目《广西少数民族纹样艺术（蜡染、织锦、银饰）创新设计青年人才培养项目》

2018年度国家艺术基金艺术人才培养资助项目《广西少数民族纹样艺术（蜡染、织锦、银饰）创新设计青年人才培养项目》涵盖了服装、首饰、（蜡）染织、插画、陶器、产品、文创等多项具有少数民族传统特色的艺术设计和手工艺品。这些作品继承和创新、提取和融合了广西地域少数民族纹样艺术的元素、形式及手法，或关注生活方式、或聚焦传统工艺的活化、或探索设计的前沿态势、或思考文创的当下发展，展现了研习学员朝气蓬勃的创造力和项目丰厚的教学成果。

本次国家艺术基金项目是党的十八届五中全会"构建中华优秀传统文化传承体系，加强文化遗产保护，振兴传统工艺"和《中国传统工艺振兴计划》的具体落实，对传承和弘扬中华优秀传统文化，促进民族传统工艺的传承和振兴，推动少数民族地区文化扶贫具有十分重要的现实意义。

国家艺术基金青年人才培养资助项目的实施，面向全国招录遴选出了20名优秀高校教师和企业中青年设计师、工艺美术大师，聘请了20多位知名专家、教授。意在填补年轻设计师传统意识之缺，让学员们发现少数民族纹样之美，传承传统工艺之匠心，掌握纹样造物创作之规律，以期将广西少数民族织锦、蜡染及银饰等传统纹样文化之髓融入现代的设计路径，展示于日常，开启一种全新的少数民族生活方式，使瑰丽的少数民族文化如清澈响亮的"三月三情歌"，继续传唱人间。

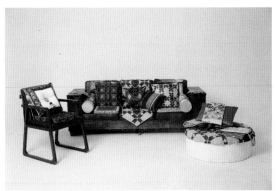

（4）国家艺术基金2019年度艺术人才培养资助项目《广西与东南亚民族建筑艺术创新人才培养》

国家艺术基金2019年度艺术人才培养资助项目《广西与东南亚民族建筑艺术创新人才培养》分为理论学习、专业调研和实践创作三个部分，历时61天。理论学习阶段，形式多样统一，内容跨界多元。从中央美术学院许平教授的"传统手工精神的现代诠释"到佩奇大学阿高什教授带来的"建筑遗迹与当代建筑的对话"，从苏州大学李超德教授的"艺术乡建与新乡村主义"到同济大学王国伟教授带来的"绘画作品中的空间感与人的行为关系"，内容丰富而深刻，不局限于艺术学、设计学、建筑学，还涉及哲学、美学、民俗学、社会学等学科，主题宽泛，视野宏阔，既有普遍性又有针对性，令人耳目一新。

专业调研环节，呼应项目主题，彰显国际定位。在导师的带领下学员们走访了我国广西百色、柳州三江、桂林龙胜以及泰国等东南亚国家，重点考察了百色干部学院、程阳八寨、龙脊古寨以及曼谷—大城—华欣—安帕瓦等地的现代与传统民族建筑，通过体验式学习，了解我国广西与东南亚建筑文化、营造技艺，使同学们对我国广西与东南亚民族传统建筑有了更深刻的认识和了解，为创新设计打下了基础。

实践创作阶段中，则以"工作营+设计答辩"模式开展。各学员联系实际，学以致用，潜心设计，用心制作，在专家与导师的专业评审下，经过三次设计答辩，循序渐进，顺利完成建筑艺术创新设计作品，达到学用结合、提高设计创新能力的最终学习目标。短短两个月，学员学到了精湛的理论知识，开阔了专业眼界，提升了科研能力，也收获了珍贵的友谊。

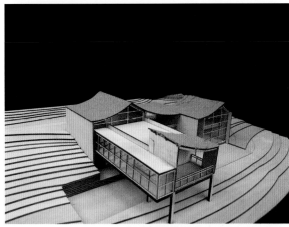

4. 稻虾生态休闲渔业新模式开发与产业化示范

　　本项目是2020年广西创新驱动发展专项《广西"双百"稻虾生态养殖科技创新与产业化示范》中的课题八——《稻渔生态休闲渔业新模式开发与产业化示范》。项目总经费1670万元，由广西水产科学研究院牵头。课题八的项目经费155万元，由广西艺术学院牵头，参与单位有：柳州市嘉润生态农业发展有限公司、广西梧州田中农业有限责任公司、广西中之润投资集团有限责任公司、桂林绿淼生态农业有限公司。项目执行时间为：2020年9月1日~2023年12月30日。

（1）梧州市龙圩区田中农业示范园区景观设计

（2）柳州螺蛳粉小镇中之润集团稻渔休闲规划

本规划目标以良好的稻田生态基底为最大优势，以本地稻螺文化为最大特色，通过农业的现代化升级，产业链延伸，文化研学产业引入，推动第一、第二、第三产业的联动与融合，发展高端农业，乡村文化旅游与研学教育基地等产业，实现传统文化的回归，乡村的复兴与再造。打造集农业示范、农耕体验、科普教育、旅游观光、休闲娱乐于一体的稻渔生态文化展示区。集万亩稻田花海稻渔+农耕科普基地、稻田旅游度假区等多个科普旅游示范区于一身。

（3）柳州市刷子摄影基地规划设计

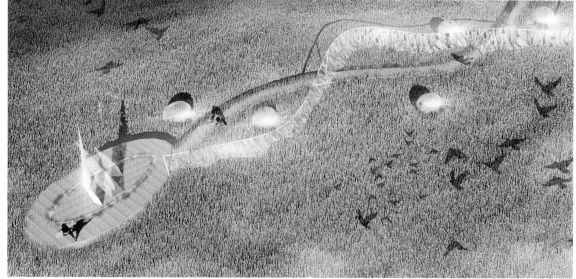

5．匠心承韵——广西艺术学院文化遗产应用设计成果展

建筑艺术学院联合设计学院、广西民族博物馆、广西传统工艺工作站（广西艺术学院百色站）共同承办了由广西壮族自治区文化和旅游厅指导，广西壮族自治区文化和旅游厅非遗处、广西艺术学院主办的"不忘初心、牢记使命"纪念百色起义九十周年——广西传统工艺工作站建设与发展研讨会以及"匠心承韵"广西艺术学院文化遗产研究与应用成果展。

（四）＞实践项目

1. 南宁市良庆区乡村风貌提升项目

2020年底，受南宁市良庆区政府邀请，建筑艺术学院承接了良庆区乡村风貌提升设计生产服务项目。项目涉及那马镇光荣坡，大塘镇那团坡（新址）、峒圩坡、山口坡、那了坡、平天新坡，南晓镇那排坡、那兰坡，那陈镇那坛坡、邕来坡共10个村坡，建设投资经费4000余万元，设计费89万元。主要对任务村坡开展调研、分析评价、民居建筑风貌改造、村（坡）环境景观设计并编制项目投资估算等工作。据此，建筑艺术学院统筹安排以5位教授牵头，环境设计、景观与建筑、艺术与科技三个系部的13余位专任教师和80余位本科生和硕士研究生参与项目实践，提出了"城里乡见·留得往乡愁的城市"总体设计理念，践行了"以工补农、以城促乡，农旅结合，休闲度假"第一、第二、第三产业整合与联动发展的设计思路，于2021年4月23日圆满完成了所有设计任务。项目实践增强了建筑艺术学院师生专业技术服务乡村振兴的能力，在学校和社会上产生了较大影响，相关成果已在全国和区风景园林学会大会上作了主旨报告并发表学术论文，展现了艺术院校服务地方经济的特色风采。

（1）南宁市良庆区山口坡

项目成员： 陈建国、王楠、关智勇、薛雅璐、向婉婷、王怀卿

山口坡的美丽乡村建设，将针对：全域旅游、文化覆盖、产业依托、乡村振兴的核心诉求，以"乡村旅游"作为要素整合的平台，重点落实：有效促进新型农业化，发展乡村旅游，促进乡村公共服务提升，助力美丽乡村建设。打造浓郁归园农庄的生活场景，远离喧嚣，悠田碧水，童趣叟安，质朴而又丰富的参与活动突出了场地的农业特质，领略了本真的田园情怀。

改造前

改造后

改造前

活动空间

改造后

（2）南宁市良庆区那排坡

项目成员：韦自力、张昕怡、叶雅欣、柴凯、陆美华、覃清华、陈坚生、吴其娜、盘中兰、李广裕、梁学勇

南晓镇集自然景观、人文风土、农业体验于一体，形成村庄与村庄之间的旅游资源互动，发展乡村旅游。通过乡村旅游，打造复合型乡村空间，拓展乡村功能，助推乡村振兴。

根据上位规划的要求，鼓励发展全域旅游，积极与周边的旅游资源互动，错位互补发展，达到共赢目标。以山歌作为那排村的文化特色，打响"壮乡撩啰"文化体验和乐活田园旅游品牌，以那排坡为中心，辐射周围村庄景点，进行村庄联动，挖掘南晓镇、南焕村、那排坡等地的旅游资源，构建"三天两夜旅游圈"。

凡有壮族人聚居的地方就有山歌，山歌让人跳动、奔腾、充满希望。以新的生活方式，践行生态优先，发展绿色理念，满足当代人们的需求，将特色山歌与民宿居住并置共存，为人们展示一个不一样的乐态生活。

（3）南宁市良庆区光荣坡

项目成员：曾晓泉、李松松、陈洋、周莹、谢冬艺、蓝春芳、赵和滢、张琪、杨柳忻

光荣坡位于广西壮族自治区南宁市良庆区那马镇子伟村核心段，属城市近郊型乡村，交通极为便利，325国道与桂海高速跨境而过。经调研，光荣坡约于2年前完成了一次风貌改造，现状主干道两侧村坡建筑外立面经过整治，局部已完成景观绿化。除新建房屋外，建筑外立面基本统一，但局部有破损，景观设施维护较差，在路灯铺设、进村道路修建、垃圾与黑水收集等方面存在缺失。光荣坡乡村风貌平庸，缺乏对光荣坡特色红色文化的梳理与建设，亟待改造。

设计亮点：

（1）建筑改造：利用本地乡土建筑与景观特色，在原有建筑风貌改造基础上进行优化和扩建，重点进行大坡屋顶、外挑斜檐与深木色栏杆的改造，增加屋脊翘角与挑檐，通过仿壮族木构建筑形式强化建筑特色。

（2）景观改造：充分挖掘子伟村红色记忆，重点建设315国道沿线主次入口，展现红色文化特色。设计理念是弘扬红色文化，展示农业生态自然。以乡土景观为基底，红色文化为亮点，通过整治后的建筑风貌与果林、菜地、稻田、池塘共同形成特色乡土景观，充分体现光荣坡的红色革命历史为今天幸福生活所作的贡献。

广场

场地位置与视线

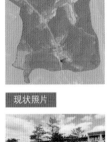

现状照片

光荣坡爱民广场景观改造效果图

改造效果图

广场

场地位置与视线

现状照片

光荣坡爱民广场景观改造效果图

改造效果图

光荣坡主入口

场地位置与视线

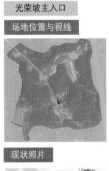

现状照片

光荣坡新坡主入口景观改造

改造效果图

注：栏杆根据村民意愿进行改造。

主入口建筑场景

场地位置与视线

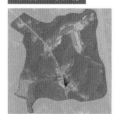

建筑现状照片

场地位置与视线

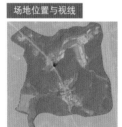

现状照片

子伟村入口建筑改造（方案一）　　　　　　　　改造效果图

场地位置

现状照片

二分区：子伟村村庄主入口　　　　　　　　改造效果图

（4）南宁市良庆区那坛坡

项目成员：江波、贾悍、陈秋裕、黄佳欣、张凝绿、李灿房、乔瑛琦

设计主导思想是突出当地的农耕文化记忆。中央雕塑选择漆成红色的手扶拖拉机作为主体，稻谷和水流为辅，作为标志性的建筑物。以农耕背景墙和朴素的农田风光作为背景。从陈列馆的位置向外远眺，有高低错落的农田、树木、房舍，还设计了休闲步道和休息区以及拖拉机车斗中的花艺作为点缀，朴素的农耕景观和当下的社会生活方式协调统一，既尊重当地的传统文化，又能提升当地人的生活环境。

村史馆——知青文化展馆空间设计

本展馆重点展示了从20世纪60年代，在"知识青年到农村去"的号召下，到那坛坡的知识青年上山下乡的历史画卷。那坛坡曾经是一个知青点，我们现在的展馆便是当年知青的集体宿舍，在这里，我们以丰富的图片、实物及多媒体等形式将这一段历史呈现给观众，以史为鉴，传递正能量。

村史馆——盐马文化展陈馆空间设计

盐马古道文化展陈馆记载了当地盐马古道的路径轨迹，保留了水瓶、马蹄钉等物件。展馆主要是以图文展示为主，也是在不破坏原来建筑框架的基础上进行设计。展览形式采取展台、展柜、展板、多媒体等，以文字说明和图文展示来让观展人了解当地盐马古道文化。

村史馆——农耕文化展陈馆空间设计

农耕文化展陈馆中不仅要呈现农具、民俗、运输、农书、工匠、渔具等各种农业相关的东西，还有原住民生活的气息，气息的体现就是保留当地居民生活状态的物件，比如餐桌椅、洗脸盆、厨具等。展馆内有场景还原设施，让人们认识到更多的传统农耕文化，熟知当地人们是如何生活的。展览形式采取展台、展柜、展板、雕塑、微缩景观、实景展现、多媒体、触摸屏等，力求利用多种展示手段立体化、全方位地展现传统农耕社会的全景图。展馆设计多保留原来建筑构架，在不破坏原来建筑的同时，在墙壁周围加设展板，并且保留原住民生活用品，甚至原住民正常在展馆中生活，前来观展的人可以更加贴切地了解当地的特色农耕文化。

（5）南宁市良庆区平天新坡

项目成员：莫媛媛、潘振皓、黄一鸿、杨禛、钟奕龙、张钰童、陶萱莎、万士筠、钟楚楠、宋刚刚、李光浩、施雨星、杨晨玙、谢宇凡、文雪梅、王秋燕、任岭屿、黄健蓉、蒋洲娜、吴达文、秦晓龙

平天新坡的规划重点在村庄居民点建设、村庄整体景观提升及旅游线路规划，因此规划范围的划定主要考虑既要覆盖平天新坡的重点建设区域，同时也要包含周边山体的视线可触及面，确保景观的完整性。项目总规划面积约13.5公顷。

通过分析平天新坡整体的开发和经营需要及完善产业体系的需求，对村庄的空间结构、功能分区进行合理优化、重新组织村庄产业布局，以满足未来村庄发展的需求，并充分挖掘平天新坡的地域文化特色。通过对重要场景、重点建筑及建筑细部的改造，塑造整体建筑风貌，凸显壮乡风情和乡土地域特色，使之成为村庄的旅游亮点，并结合村庄周围休闲农业、生态农业、科技农业，打造特色乡村风貌，促进旅游发展。

（6）南宁市良庆区峒圩坡

项目成员：陈建国、隋宏达、王太龙、王乔

峒圩坡位于广西壮族自治区南宁市良庆区大塘镇南荣村，南北公路43公里处，离大塘镇政府所在地2公里，该坡拥有150户，500人。经济作物以水稻、甘蔗、玉米、果蔬为主。峒圩坡所在的南荣村曾荣获全国"民主法治"模范村称号。

在乡村景观中运用乡土元素进行景观设施小品设计，通过细微之处的景观小品能够展现乡村景观的可持续营建意义，具有乡村浓厚的生活习惯和风俗人情，从而营造具有地方场所的特色田园乡村景观。

村落传统的民居风貌、农耕生活方式和丰富的民俗文化是乡村旅游开发的核心。因此，在开发过程中必须加强保护，突出自然生态人文有机融合的资源特征。目前，地块的基础设施特别是污水处理等，跟不上旅游发展的需求。因此，必须加快推进公共基础设施建设，改善乡村环境品质，为地块乡村旅游开发提供保障。

改造前

（7）南宁市良庆区那了坡

项目成员：陈建国、谢小丹、朱睿、甘旭东、秦炜博、吴小清、周倩怡、张胜楠、单越、马瑞霞、向天鸽

那了坡位于广西壮族自治区南宁市良庆区大塘镇大塘社区。场地位于325国道南侧，村民68户，民房朝向多为坐北朝南，建筑分为四块，常住人口不足百人。村民均为壮族，以周姓为主。村内语言为平话、少数白话、土话、武鸣壮语。

特色民族村落设计策略：

①提取当地老建筑结构风格：干阑式建筑、悬山坡屋顶；

②挖掘当地乡土元素：壮族图案、绿头鸭、乡土器物等；

③使用现代新型材料替代原有木质建材：合成树脂瓦；

④改变基础设施样貌：增添当地建筑元素风格；

⑤就地取材：运用当地材料对村落进行风貌改造，提升那了坡乡土气息，如竹子、青石板和鹅卵石等。

（8）南宁市良庆区那团新村

项目成员：陈建国、林谷、何宗蔚、王晨

根据美丽乡村建设要求，乡村振兴不仅仅是对村民物质生活与人居环境质量的提高，更重要的是发展民族文化，将壮族特色弘扬出去；基于这一出发点，根据那团新村现有的环境与物质基础条件，提出"休闲民宿"的设计主题，休闲民宿与村史馆建设两线并行，建设集旅游、文化、休闲、商业、民宿于一体的精品村。

从视、触、思三个方面进行设计。

视：通过设置法治亭、宣传栏、景观小品、电影角等方式，加之植物色彩、形态上的搭配，改善村落的视觉景观形象。

触：在护坡挡土墙、闲置公共空间中，用景观小品装置的形式，增加人的参与性，通过人景互动的方式让人印象深刻，牢记村史，勿忘传统。

思：主要面向青少年儿童，举办各种知识竞赛、读书活动引发新的思考，把休闲民宿的多功能性展示给大家。

（9）南宁市良庆区那兰坡

项目成员：韦自力、叶雅欣、陆俊豪

　　那兰坡是广西南宁市良庆区南晓镇南晓社区下辖的自然村，2009年1月23日，那兰坡上榜第二届全国文明村镇名单。那兰坡村民给鹭鸟创造了温馨的生活环境，鹭鸟也给那兰坡带来了很多荣誉。2000年，那兰坡被评为"生态小康示范村"；2001年，那兰坡被评为"保护鸟类示范村""生态保护示范点"；2002年，那兰坡被广西壮族自治区林业局、广西野生动物保护协会评定为"鸟类保护基地"，这也是广西第一个鸟类保护示范基地。2002年9月，获广西壮族自治区"文明村"称号；2005年，获得"全国创建文明村镇工作先进村镇"荣誉称号。村落主要特色为大型鹭鸟基地、生态保护区（6000多亩、水面大）、生态农业基地（养蜂基地）。

　　村落规划重点突出"凸显绿色、共享生态、感受乡情、共谋发展"理念，充分利用良好的自然环境、鹭鸟基地、水景资源，做足山水和生态的文章。那兰坡产业不均衡，产业结构较粗犷，农民收入主要来源于传统种养业和外出劳务及零星的旅游接待。规划针对目前产业现状，中近期以优势产品作为带动产业，营造"一村一品"的特色，远期以三产为主，利用良好的生态基础和鹭鸟保护区，实现农业资源多极化。发展基础设施。打造观鸟栈道和田园步道景观，增加生态水塘的景观效应，在生态保护和形象景观上提升环境风貌，利用蜂箱打造特色养殖文化。丰富产业结构，形成适合当地实际情况的产业发展战略。

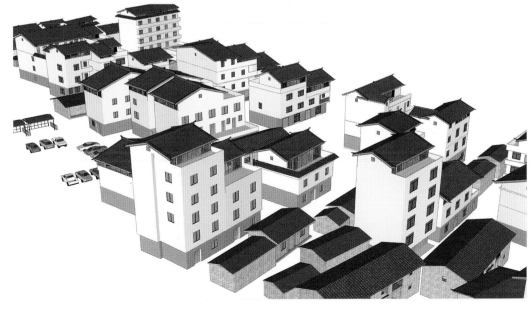

（10）南宁市良庆区岜来坡

室内组项目成员：贾悍、陈秋裕、许丹丹、张瑞、韩翊、廉静静、谢雨儿、徐克心、林佳、邓骢、陈思晴

景观组项目成员：陈建国、周泽莹、张岩松、白伟、唐秋芳、崔志强

那陈社区岜来坡现有人口52户、208人（动态数据），其中，男116人，女92人，民风淳朴，居民全部为壮族人。

打造精品乡村，突出乡村文化，突出乡村自然资源优势，挖掘文化内涵。正逢康养小镇项目将在岜来实施，机遇来临，产业多样化，有成为旅游村坡的潜在契机。因此，要开发形式多样、特色鲜明的乡村旅游产品，形成"一村、一景、

一情"的乡村旅游格局。

　　岜来坡的美丽乡村建设针对：文化覆盖、产业依托、乡村振兴的核心诉求，以"乡村旅游"作为要素整合平台，有效促进新型农业化，发展乡村旅游，促进乡村公共服务提升，助力美丽乡村建设。

　　岜来坡未来将会注入康养产业，带动村坡经济发展，乡村风貌提升借此融景活村。岜来坡位于桂中南风貌区，因此试图打造直坡青瓦的岜来新村风格，在建筑改造和完善基础设施的基础上，以"康宁生于岜来，乡愁归于故里"为主题，营造特色壮族岜来康养村。通过保持村坡山水形态，优化农田边界，置入公共活动空间，整合宅前屋后，营造微型菜园，创造生态环境优美的康养村。

2. 南宁市良庆区乡村规划师项目

乡村振兴是当前乡镇建设重点，广西艺术学院自2020年10月结合自身专业研究和社会服务优势，与南宁市良庆区就人居环境建设、乡村风貌改造等方面，并依据《南宁市乡村规划师挂点服务办法实施细则（试行）》和《南宁乡村规划师挂点服务工作方案》围绕乡村规划师本职工作达成了与南宁市良庆区乡村规划师合作框架，并开展了为期1年的乡村考察调研、测绘建档和农房改造服务工作。

2021年，广西艺术学院驻那马镇乡村规划师服务工作站共派出9人，设组长1人，联络员1人。团队人员来自于风景园林学、城市规划学、建筑学、土木工程学、设计学等专业领域，高级职称5人、中级职称4人、博士2人、一级注册建筑师1人、注册规划师1人。

农房改造设计方案

项目成员：彭颖、隋宏达、王乔、谢晨宁、陈旭熙、姚磊

3. 校园景观建筑设计实践

（1）广西艺术学院相思湖校区创意大楼外立面设计（项目成员：玉潘亮）

为与周边建筑相呼应及结合多种因素的考虑，建筑延续了现有图书馆的立面风格，形成统一的校园建筑群。通过立面表皮将整座建筑分为三大块，仿佛由三个大体量立方体相互扣接而成，扣接的缝隙与建筑表皮形成强烈的虚实对比，具有强烈的视觉冲击力，主楼部分由白色间距不等且曲折变化的装饰条与玻璃窗有机结合，塑造了时尚简约的建筑形象；裙楼部分运用褐色冲孔板，通过部分镂空的处理手法让整个立面富于节奏变化，同时冲孔板一方面能够起到遮阳作用，另一方面又能遮挡空调外机的裸露。局部架空绿化及西面两层通高的景观阳台，不仅增加了空间的灵动多变性，还丰富了建筑的外立面效果。建筑整体效果与学校的建筑形成了对比和互相呼应的效果，既与校园主轴上的图书馆综合楼相呼应，又与东侧的中国画学院大楼相协调，起到承上启下的作用。

（2）广西艺术学院相思湖校区东南角景观设计

方案一项目成员：林海、陈曦、秦铖、黄丽雅、王璐瑶、梅依宁、袁维唯

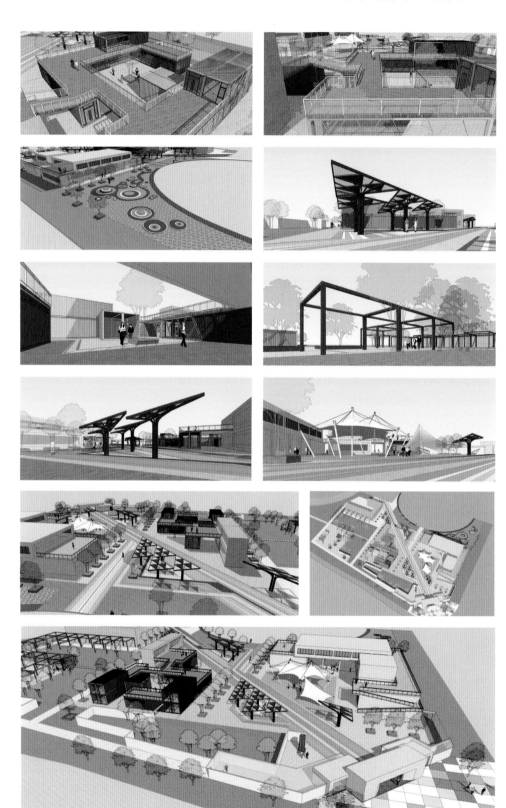

方案二项目成员：莫敷建、毛子昳、向文轩、刘靖萱、时文文

（3）广西艺术学院相思湖校区入口广场景观设计

项目成员：林海、莫敷建、黄一鸿、杨禛、谈博、张昕怡

广场设计概念来源于中国传统水墨画，地面上深浅不一的花岗岩石材犹如宣纸上的墨色在相思湖的广场上点点晕开。地面铺装整体呈现灰色调，主要采用深灰、中灰、浅灰三种颜色的花岗石组合，采用自由、跳跃、灵活的组合方式，体现了广西艺术学院富于创新的艺术特质和开放包容的时代精神。

广场的整体设计采用均衡的布局方式，从入口大门到广场、图书馆形成一条连续的景观轴线，广场轴线两侧的景观不是传统的对称形式，而是采用视觉上的均衡，两侧的景观要素能够很好地引导视线，形成对景和框景的效果。

广场布局四面开放，完善入口空间的步行交通流线，尽量保证广场景观视线的通透性和连续性。场地设计上尽可能尊重原有地形，不对场地做太大的改造。既是满足功能的需求，也是造景的要求，同时能够控制项目建设的成本，节省建设经费。

（4）广西艺术学院南湖校区大门设计

项目成员：莫敷建、黄泽禹

大门（左侧）设计主题为乐章，体现了广西艺术学院80年谱写的一首首华彩乐章，同时也包含了历史篇章和文化积淀之意。大门（右侧）构筑物兼休闲吧及开放式艺术橱窗为一体。中间的立柱呈现自下而上的挺拔姿态，蕴含顶梁柱和栋梁之意，其整体造型为"凿子"，柱体铜雕集各门类艺术为一体，象征着广西艺术学院是一所精心雕琢、培养艺术精英、艺术顶尖人才的高等艺术学府，精雕细琢的"凿"更诠释了这件作品的精神内涵。立柱呈现方尖碑形态，象征着里程碑的含义，预示着站在建校80周年新的里程碑前，全体广艺人精诚团结、勇于攀登艺术之巅的壮志与豪情。

（5）广西艺术学院图书馆室内设计

项目成员：莫敷建

（6）广西艺术学院漓江画派大楼办公空间室内设计

项目成员：莫敷建

4. 多脉村村史馆实践项目

项目成员：陈秋裕、莫敷建、黄一鸿、潘振皓、郭松、李林、徐克心

5. 宾阳县古辣村民宿景观规划设计

项目成员：林海、莫敷建、莫媛媛、黄一鸿、刘芊芊、韩子豪、汤雅媛、
毕玉泽、林谷、何宗蔚

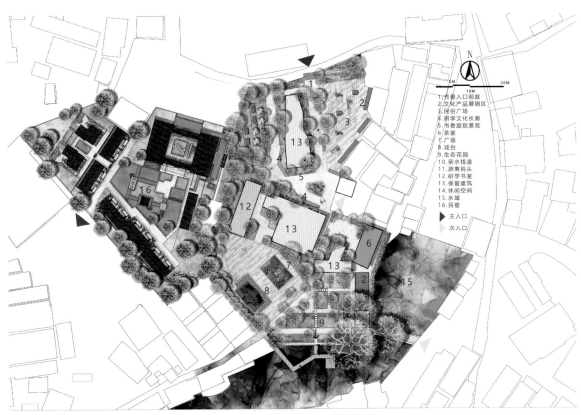

6. 车田苗族乡石山底少数民族特色村寨建设项目

项目成员：林海、莫敷建、文东海、谈博、杨禛

以多维度、多角度、多层次的思路，依据国家出台的"美丽乡村"建设指导意见，通过对已建成的民居改造实地考察，确定"尊重民意、求同存异、修旧如旧、经济适用"四大原则，以满足农户基本的生产生活需求为出发点，最大限度地保留村落建筑的差异化、多元化，用一种或多种元素使得整个村落风貌有所统一、有所联系。制定出一套针对民居外立面改造的导则，使建筑风貌与自然人文环境更好地融合。

7. 思恩镇陈双村民族文化"四坊"建设项目概念性设计

项目成员：林海、莫敷建、文东海

8. 石山底世外桃源旅居景区设计

项目成员：林海、莫敷建、谈博、文东海

9. 广西当代文学艺术创作工程第一批扶持项目成果综合展示区设计

项目成员：林海、贾悍、边继琛、李寒林、张瑞（研究生）

三

教师优秀
作品

《罗坡村综合示范村建筑设计》
林海　院长（教授/硕士研究生导师）

《广艺故事系列》

冯凤举　党委书记

《广艺故事系列之会演中心》　中国画　97cm×60cm

《广艺故事系列之老校门》　中国画　97cm×60cm

《广艺故事系列之榕荫广艺》　中国画　97cm×60cm

《广艺故事系列之徐悲鸿纪念馆》　中国画　97cm×60cm

《铜关侗族大歌生态博物馆》

莫敷建　副院长（副教授/硕士研究生导师）

2012年7月16日，腾讯公益慈善基金会选点贵州省黔东南州黎平县岩洞镇铜关村，与黎平县人民政府签约捐建的铜关侗族大歌生态博物馆研究中心正式奠基。这是当地第一个由互联网公司捐建并参与运营的主题博物馆。

铜关侗族大歌生态博物馆占地面积30亩（2公顷），由六组建筑构成，包括侗族大歌音乐厅、多媒体社区文化活动室、织染绣传统民俗文化体验区、农耕文化展厅、专家工作站、文化交流接待站功能区，辐射受益范围包括铜关五佰地区四个村寨。项目由捐建地村寨的掌墨师担任设计，全部建设均由村民工匠队自行完成。项目历时三年，于2015年10月落成并正式开馆。

《武汉四新方岛城市湿地公园规划设计》

莫媛媛　副院长（副教授/硕士研究生导师）

武汉四新方岛湿地地块位于武汉四新片区的中心区域，总面积约50公顷，拟将该场地建设成为集湿地生物多样性保护、生态环境重构、科普教育与展示、居民游憩娱乐等多种功能为一体的城市湿地公园。该项目以"水、城市、人—共生、共融"为设计理念，利用绿道、栖息地、街旁绿地形成点、线、面的生态网络；重塑可以自给自足的、持续发展的水陆生态系统，提升水质；建立稳定的野生植物生物链，并引入一定数量的公众进入途径，丰富植物的多样性，营造鸟类迁徙适宜的栖息点，为城市居民提供湿地科普教育功能，让城市居民在空间和情感上与湖区相连接，使湖区成为城市生活不可分割的一部分。

《书法作品》

闭炳岸　党委副书记

（一）>环境设计

《状元系列家具》

韦自力　教授/硕士研究生导师

此设计荣获第十届全国美展优秀奖、广西美术作品展特等奖。

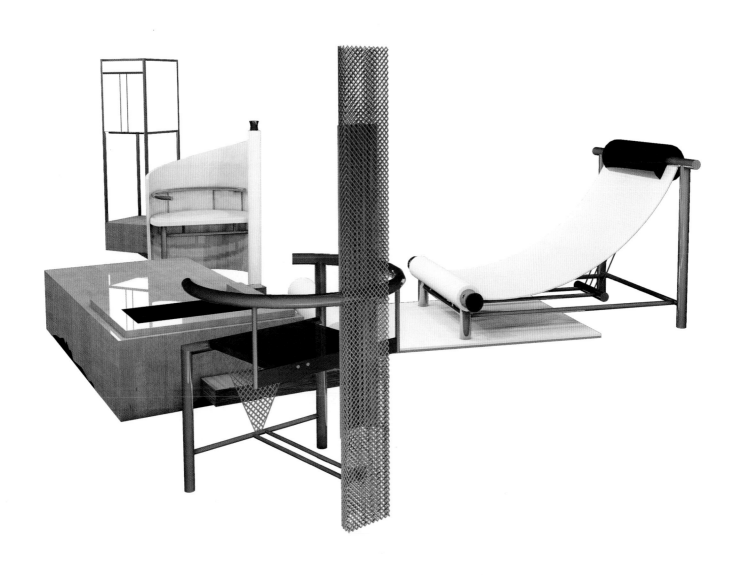

《韦克义书法馆》

贾思怡　副教授/硕士研究生导师

　　韦克义，系中国书法家协会理事、中国书画艺术委员会委员、广西作家协会会员、中国书画家联谊会副主席。韦克义书法馆为广西首个私人书法藏馆，其位于绿城南宁的南湖之滨，室内面积300余平方米，整体设计风格为简洁中式。馆内藏有韦克义的诸多书法精品、印章、珍贵照片、手札、荣誉证书、奇石、玉化石等。韦克义书法馆已经于2021年2月开馆，每天前来参观的人络绎不绝，参观者既有国家级、省部级领导，也有中小学生及书法爱好者。

《广西民族博物馆"家园"展厅展品制作》
边继琛　环境设计系主任（副教授）

广西民族博物馆"宜居广西—壮美家园"固定陈列为民族建筑模型展品，设计制作包括真武阁建筑模型（1000mm×1000mm×800mm、1：20比例）、程阳永济风雨桥建筑模型（4200mm长、1：20比例）、龙胜村寨沙盘模型（1500mm×1500mm）、侗族民居建筑模型（700mm×700mm×700mm）、苗族民居建筑模型（700mm×700mm×700mm）、瑶族民居建筑模型（700mm×700mm×700mm）、毛南族民居建筑模型（700mm×700mm×700mm）、壮族民居建筑模型（700mm×700mm×700mm）、三江马鞍鼓楼模型（1000mm×1000mm×800mm，1：20比例）共计9件。民族建筑模型按照比例制作，结构严谨，榫卯结构，实木制作，工艺水平较高，成品较精良，由广西民族博物馆收藏。

"宜居广西—壮美家园"陈列展馆入选"弘扬中华优秀传统文化、培育社会主义核心价值观"2021年主题展览重点推介项目。

《广西大学留学生公寓楼》

杨禛　环境设计系副主任（高级工程师/硕士研究生导师）

　　项目定位采用南北朝向的楼栋布置，满足通风采光和各个功能分区的使用要求。公寓布置位于地块北面，教学楼位于地块南面，前后高低错落布置有利于教室的采光通风。整栋大楼呈"回"字形布置，行成一个可以"流通"的内院，并在此基础上把与大自然交流的庭院绿化。项目集合公寓、教学与办公的多功能为一体，建筑造型规矩方正、端庄大气，国内外师生可以在此进行良好的互动交流。

《大益茶》

黄嵩   副教授/硕士研究生导师

《西庆林寺》

黄铮　副教授/硕士研究生导师

　　以桂林西山公园内唐代寺庙西庆林寺为研究对象，探讨如何基于地域文化和宗教文化重建当代佛教寺庙建筑和景观环境，构建了一种新的设计策略应用于设计中，推动了地域性文化景观的设计。

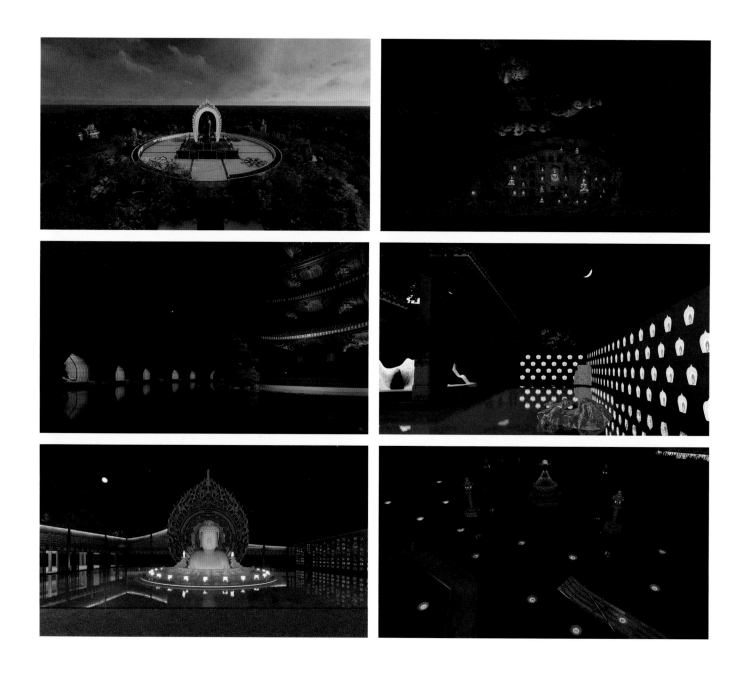

《记忆深处——老南宁》

杨娟　高级工程师/硕士研究生导师

记忆深处

——老南宁相册（三维场景还原再现）

建筑艺术学院教师：杨娟

南宁百货大楼
1956年

广西省电报局
1922年

南宁火车站
20世纪50年代至1978年

民生路与兴宁路交叉口
1932年

中山公园
1928年

南宁汽车站
20世纪30年代

望火楼
1953年

黄旭初旧居
20世纪30年代

粤华小学
1928年

广西省政府主席办公厅
1925年

中华基督会
1907年

广西高等法院办公楼
1919年

吴圩机场候机楼
1963年

陶公馆
1935年

中华大戏院
20世纪30年代

广西省气象所
1935年

新华街水塔
1937年

明德街天主教会大教堂
1906年

《艺术图书馆方案》

肖彬　讲师

《侗族民居改造设计》

陆俊豪　讲师

　　本次设计基于侗族传统民居的改造策略进行，力求在传统建筑与现代建筑中寻找平衡，使改造后的建筑更适合新时代的生活方式。在空间营造方面，生活习惯与当下文化悖论中"去"与"留"的理论基础下，在一定程度上保留侗族传统民族文化，并适应年轻一代新生活模式，使其在这样的模式下能更好地得以流传。

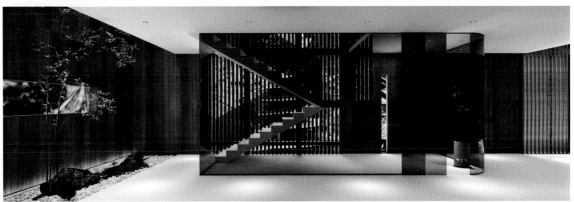

《坚守》

王兆伟　讲师

尺寸：高70cm

材质：铜

创作时间：2016年

　　时值新冠疫情防控的第三年，中华民族的伟大复兴离不开每一位普普通通的国人坚守岗位、踏实勤奋、添砖加瓦，非常时期更需要国人们坚守本心、共克时艰，共同为民族复兴不懈奋斗。

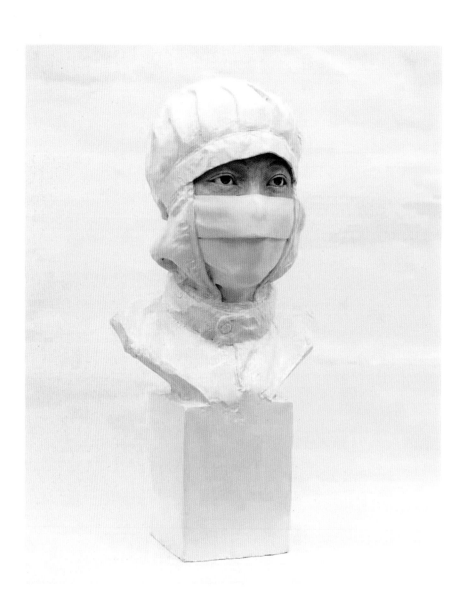

（二）> 景观与建筑

《青山霁霖阁》

黄文宪　教授/硕士研究生导师

《心圩江上游景观工程》

曾晓泉　教授/硕士研究生导师

《伍香源规划》

郭松　教授/硕士研究生导师

　　项目位于广西河池环江毛南族自治县城西工业园内，规划总面积10.42公顷，北接贵和路，东西邻经三路和经五路，南靠纬一路，地理河及其支流流经园区东北和西南边缘后汇入环江。区域为低矮丘陵地貌，整体用地建设开发条件较好，植被茂盛，环境优美。

　　根据整个场地现状和建设目的，设计师提出了"徽映毛南、福香正溯"规划主题，融入地域文化、伍香文化、五福文化、徽式和毛南建筑文化，以伍香文化院为核心，打造特色文化和民宿景观展示轴，形成了"一心、两轴、三带、五区、多点"的空间结构。

　　规划以人为本，强调文化植入区块节点，融合产业、文化、游憩、居住四大功能，统筹生产、生活、生态三大体系，最终彰显伍香源园区的乐活特色。

《彩架桥》

李春　正高级工程师/硕士研究生导师

　　彩架桥为2020年凌云县"泗水缤纷"田园综合体——澄碧河"泗城古镇—浩坤湖"滨河景观基础配套服务重要节点。该项目位于凌云县东南20公里处的澄碧河彩架村，"泗水缤纷"田园综合体游客服务中心旁。

　　彩架桥以"缤纷彩架，织锦未来"为主题。项目现场种植较多桑树，且彩架村仍保留有织布的传统。设计灵感来源于当地少数民族织布机，并结合瑶族腰鼓、壮锦等元素，巧妙地以"彩架村"的地名寓意"缤纷彩架"，以织布机和壮锦寓意"织锦未来"。桥梁分为主桥和引桥两部分，主桥宽15米，总长100米，引桥约110米。桥梁主体以混凝土结构为主，上部装饰以钢结构为主。

《居住区展示区景观设计——福瑞·尊府展示区景观设计方案》

崔勇 高级工程师/硕士研究生导师

该项目是对崇左市某一居住区展示区进行景观设计。展示区一般选择在居住区关键节点，其周边环境良好，其设计要凸显居住区的特色，具有展示、接待、营销、体验等多种功能，能够全方位、多视角地为前来观摩的人提供一种良好的情景体验氛围，形成较好的宣传效应。

该居住区位于崇左市江州区，展示区设计范围为15854.30平方米，设计风格采用新中式风格。设计理念体现山与水的融合，将山水的意境融入生活，营造典雅尊贵的生活空间；体现感官与空间的碰撞，一花一世界，将花开周期融入景观；体现现代与传统的融会贯通，一宅一浮生，将传统的空间结合入现代的景观风格中。

《慢生活——钦州阳光玫瑰安养园设计》

彭颖　副教授/硕士研究生导师

自然、宜居，远离城市的喧嚣，让时间逐渐放慢，关注于当下、自身、眼前的场景。

本案主要以"慢"为基调，突出"慢生活"的细节，让人们放松心态，体验乡村美景，让人繁重的生活也偶尔慢下来，感受下每分每秒的温度与气息。

建筑外观是以现代材料，诠释白墙青瓦的传统人居形式，院墙、水景、竹影、远山、营造一种慢下来，放空自然，退而关注内心、自身的环境氛围。

《钦州酒吧街》

聂君　高级建筑师/硕士研究生导师

　　对于风情街，不同的城市有不同的格局，依托钦州独特的背景，结合文化、风景、区域，以打造"休闲娱乐风情旅游"为目标，具有以下四大功能板块：

　　（1）以特色酒吧作为地区发展品牌及发展核心，拉动地块人气；

　　（2）以风情饮食提升品质，突出项目特色；

　　（3）以特色展览挖掘文化，重现凝固的历史风情；

　　（4）以影院、棋牌充实城市生活，发展娱乐文化。

　　根据"原、浓、重、淡、清"，将街区分为5个组团，每个组团建筑材料与立面风格分别反映了"原、浓、重、淡、清"的色彩特点。同时，通过坡屋顶又很好地将整个街区统一起来，保证了街区既个性鲜明，又和谐统一。各个建筑的红色点缀与红色为主的标志性建筑，也很好地反映了"红花墨叶"的思想。

《大观公园》

罗舒雅　副教授/硕士研究生导师

　　该设计方案为2019年首届国际水景设计大赛作品。该大赛以"健康与水景"为主题，以云南昆明市大观公园为比赛场地。大观公园占地总面积55.22公顷，以南面片区26.58公顷的水景为主体，可兼顾考虑北面大观楼片区的园区人行、车行交通和历史风貌的提升，要求参赛设计作品注重昆明市建设生态文明和健康生活目的地的诉求，结合滇池流域，尤其是大观公园的历史文化，对整个公园的景观风貌和生态环境进行保护、提升及改造，营造一个生态、文化、宜人的大观公园。

　　本方案以"养"为连接点，"养"即疗养、涵养，旨在通过养的设计理念，实现"养人""养环境""养文化"。同时，以四季为策略的实现途径，分为纳于春、观于夏、息于秋和勤于冬的四个策略，进而实现疗养人群、涵养文化的目的。此外，设计方案还融入了昆明大观公园荷莲文化，选用粉、蓝两种基础色调代表莲花和水文，给予一定的视觉印象。

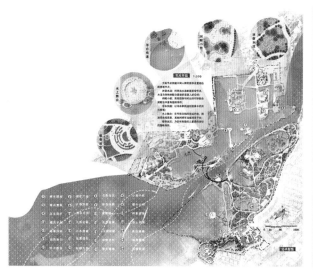
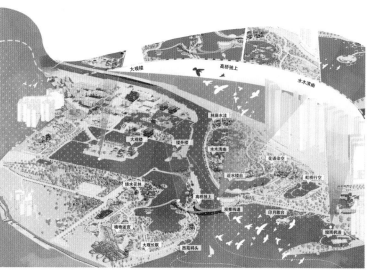

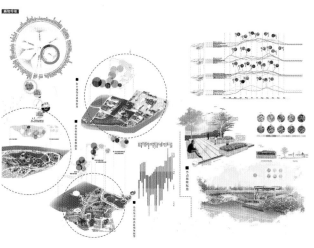

《梧州市大坡镇田中稻渔共作核心示范园生态旅游规划设计》

潘振皓　景观与建筑系副主任（博士/硕士研究生导师）

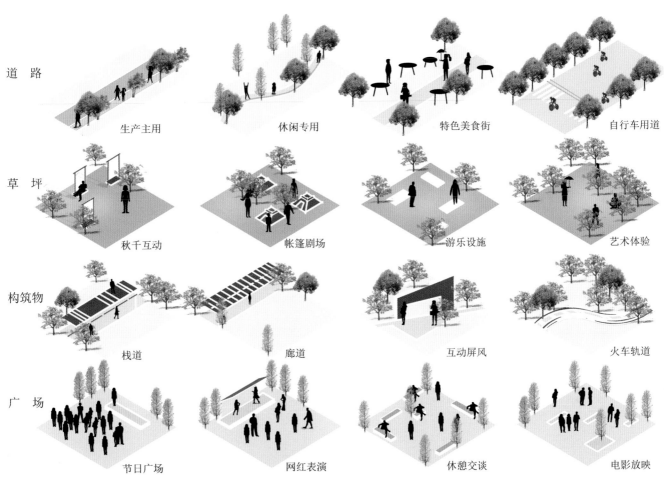

道　路　　　　　生产主用　　　　　　休闲专用　　　　　　特色美食街　　　　　自行车用道

草　坪　　　　　秋千互动　　　　　　帐篷剧场　　　　　　游乐设施　　　　　　艺术体验

构筑物　　　　　栈道　　　　　　　　廊道　　　　　　　　互动屏风　　　　　　火车轨道

广　场　　　　　节日广场　　　　　　网红表演　　　　　　休憩交谈　　　　　　电影放映

《广西艺术学院相思湖校区入口广场设计》

黄一鸿　讲师

项目成员：李骞忆、吴彤、文广娟

　　广场设计概念来源于中国传统水墨画，地面上深浅不一的花岗石犹如宣纸上的墨色，在相思湖的广场上点点晕开。地面铺装整体呈现深灰的色调，主要采用深灰、中灰、浅灰三种颜色的花岗石组合，采用自由、跳跃、灵活的组合方式，体现了广西艺术学院富于创新的艺术特质和开放包容的时代精神。

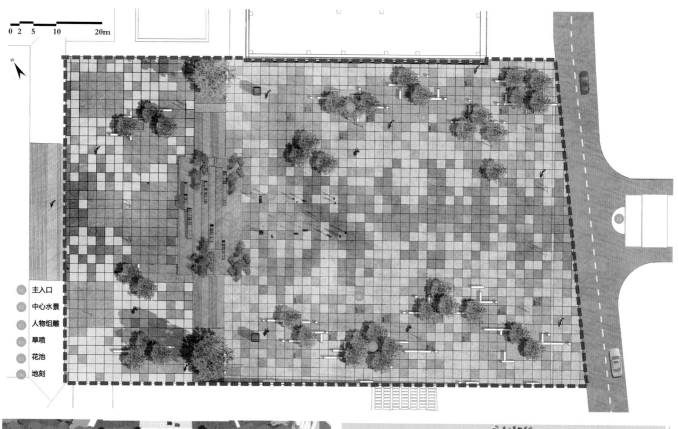

《祥瑞竹韵·璀璨绿城（花境设计）》

林雪琼　讲师

设计团队：林雪琼、聂君、潘振皓

学生：李洁钰、李嘉欣、邓雅健、王晨、李骞忆

设计元素：平面形态——祥云、立面形态——山水

本方案以中国传统祥瑞纹样——"祥云"进行设计元素基本形提取，运用相离、连接、对比、重复等美学法则，在17号的30m×30m场地内规划花园平面布局，形成三个区域、六个出入口。

本案以最美花境为依托，旨在运用传统文化的吉祥寓意、质朴的园林材料、有趣而具互动性的景观小品、层次丰富的植物配置等，创造开合有致、身心互动、惬意美好的"祥瑞竹韵"花境空间。让游人在行走、观赏、休憩、互动中体验花境带来的视觉、听觉、嗅觉、味觉、触觉的美妙感受，憧憬未来，璀璨绿城。

《不知·屾——贵州黔东南岜沙村研学基地项目设计》

骆燕文　副教授/硕士研究生导师

团队成员： 唐金荣、黎洁、黄曼娜、覃爽、聂君、骆燕文

近年来，人们的旅游形式发生了转变，从原来走马观花式的观光旅游转变成了能够深入当地文化自然，从而获得精神放松的休闲度假式旅游。为了尊重当地建筑文化与地形地势，设计将采用景观与建筑相融的手法，形成生态的旅游空间，同时使研学基地不止从经济方面更从文化活动方面带动当地的活力，以复合、多元的研旅基地作为方案的出发点，设计一个公共研学基地。

《芥子纳须弥》

（荣获区级教学竞赛二等奖、教学创新比赛二等奖）

谈博　讲师

设计团队：徐海洁、杨莹、陈子涵、廖雄威

感于中国画"芥子纳须弥"之意境，做玲珑小园九枚，分则悠然自得，合则浑然一体。此时序列不再唯一，而是随着叙事幻化无穷。入园，亦是入画：门院楼阁移步异景，咫尺之内再造乾坤，忽而见青山隐匿在袅袅烟云；又而现小亭临于静静树荫；或花廊四季花常在；或石板小桥架于湖水潺潺。人在园中游，景在眼中转。不入此园，安知秋色几许？

《稻香·绿里》

（获得全国高等院校第四届"绿色建筑设计"技能大赛决赛优秀作品奖）

王亚鑫　讲师

学生：张志翔、李光浩、黎月群、周天添、黄霏 等

指导老师：王亚鑫、潘振皓、骆燕文

项目位于广西壮族自治区百色市西林县古障镇央达村同书屯，项目着眼于夏热冬暖地区的建筑设计策略，夏季考虑自然通风、遮阳等防热措施，冬季不考虑保温。利用"人"字形斜坡屋顶遮阳，天井和开顶窗采光。

以山为屏，以水为邻，向地形的等高线扩展。以连续的天井和庭院组成，形成多个居住核心。以家的概念出发，民宿中的前庭后厅在这里演变为由原建筑改造而来的第一重公共院落与扩建的大厅。民宿之间的连廊，创造出一个绿色交流展示的活力空间。往来于此的既是来自远方的游客，更是村子里的邻里亲人，凝聚的是日常但不平庸的情感。

《漂浮的绿色基础设施》

黄思成　讲师

合作者：孙松林、饶成之、鲍梦涵

地中海危机导致难民和移民人数飙升。在中东和北非，人们被迫离开家园，导致数百万人为了逃避而在世界各地流浪。该项目选取了一个难民临时过渡的典型区域，为区域设计了一个可持续发展的绿色基础设施。前期通过利用难民在逃难过程中使用过的工具，如废弃的救生衣、救生艇、木头、塑料瓶，构建可临时生活的浮动设施，满足基本生活，中期结合环境中的自然条件为难民提供再制造的智能设施和浮动设施，如建立水运、收集能源，为难民的生活和活动提供便利，同时开始开发水域的种植和养殖、水的净化等，为难民生产提供条件。后期构建智能设施系统包括WiFi覆盖、能量收集、监控系统等，也能将场地现有材料构建沟通、培训、学习的场所等。帮助难民联系他们的家人，接受教育。当难民撤离时，过剩的难民设施可供岛上其他居民或游客使用，拆除材料还可以回收利用，以此形成了一个可持续的基础设施。

（三）>艺术与科技

《瀑布文化博物馆》
江波　教授/硕士研究生导师

　　本项目方案是本人主持的全国艺术科学规划《基于沿边民族文化特性的景观设计研究》的项目研究内容之一（项目批准号：16DG59）。博物馆位于大新县城西面5公里的新力山上的"十八洞"，利用其中的三个溶洞进行改造使其成为瀑布文化博物馆。博物馆以自然溶洞为载体，在恰当地保护溶洞特有的自然生态景观的同时，借用现代科技多媒体技术对瀑布形态景观文化进行多形式、多角度的展示。以溶洞生态结构形式结合各种瀑布形态与展示空间的丰富性相互融合而相辅相成，使其形成一个既有专业种类特性又有科技文化共性，集专业研究与普及教育为一体的瀑布文化博物馆展示场所，从而更好地诠释瀑布景观历史文化的可能性。本项目方案概念设计对当地的文化旅游开发具有现实指导意义。

《广西民族音乐博物馆广西民族音乐数字展厅设计及实施》

贾悍　艺术与科技系主任（副教授/硕士研究生导师）

　　广西民族音乐博物馆作为全区首个专题性音乐博物馆，由自治区政府立项建设，建筑面积2600平方米，是在"广西民族民间艺术藏品馆"的基础上扩展建成。展厅分为三个单元，第一单元"古器之声"，展出的是历史悠久的青铜音乐与大鼓音乐；第二单元"八桂音韵"，集中展示广西民间歌曲、乐器及器乐、戏曲音乐、曲艺音乐、舞蹈音乐、祭祀音乐等六大类音乐资料；第三单元"东南亚音乐文化"，主要展现与广西有地缘关系的东南亚各国传统乐器。广西民族音乐博物馆广西民族音乐数字展厅作为广西民族音乐博物馆的第四单元，该项目涵盖乐器实物、传统歌本、乐谱、手稿、音像资料、乐器制作和演奏等多个内容，展厅采用数字信息技术将展示内容多元化呈现，再现八桂传统音乐的精彩风貌，以更好地保存与展示广西民族音乐。

《广西艺术学院校史馆方案设计》

贾悍　艺术与科技系主任（副教授/硕士研究生导师）
陈秋裕　讲师

《南宁城投集团数字展示厅》

黄洛华　讲师

　　该展厅的主要职能为利用政府赋予的政策和资源为政府投资的城市道路桥梁及相关配套设施项目进行融资、开发、建设和运营。通过科技感的设计语言在整体空间上运用蓝、白色为主色调，简洁、明亮、独特、大气。蓝色是短波长颜色，在心理上会给人以冷静的感觉，有利于逻辑思维的运转。视觉上也更为简洁，使用了科技互动墙面等多种高科技展项，会议桌的增加给了空间新的使用方法。城市剪影的点缀大大增加了空间的观赏性，打造了一个具有展示和会议结合的独创空间。

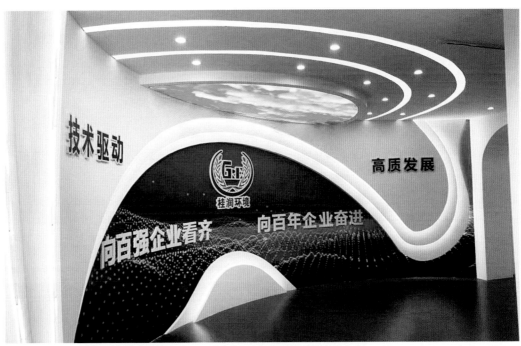

《云间客栈》

杨永波　高级工艺美术师/硕士研究生导师

　　云间客栈建在广西喀斯特地貌风景环境中。设计秉承广西民族特色吊脚楼的传统风格，运用现代设计语言进行表达，将屋顶结合行云造型以"云飘山水间"的设计创意来传达在此旅行的惬意和舒心。

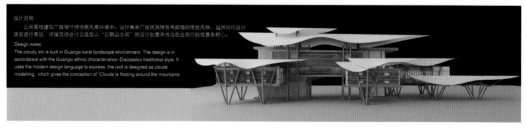

设计说明：
　　云间客栈建在广西喀什特地貌风景环境中。设计秉承广西民族特色吊脚楼的传统风格，运用现代设计语言进行表达，将屋顶结合行云造型以"云飘山水间"的设计创意来传达在此旅行的惬意和舒心。

Design notes:
The cloudy inn is built in Guangxi karst landscape environment. The design is in accordance with the Guangxi ethnic characteristics–Diaojiaolou traditional style. It uses the modern design language to express, the roof is designed as clouds modelling, which gives the conception of 'Clouds is floating around the mountains

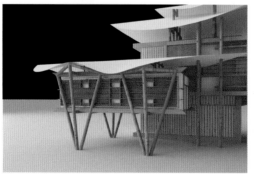

《高达系列nft》

梁献文　助教

以高达为主题，结合希腊柱式与赛伯朋克元素进行再创作。作品目前正在国内nftnone数字艺术平台作为加密艺术进行售卖。

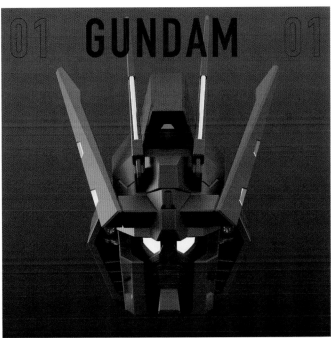

《"从前·慢"——大新县硕龙镇隘江村陇鉴屯民居风貌改造设计》

宁玥　讲师

　　本项目以"慢生活"为设计理念，结合壮族少数民族建筑风貌及现代慢生活设计元素，营造一个符合壮族审美情趣的人居环境。从恢复原生态的角度出发，采用当地材料形成绿色向建筑渗透的趋势，充分体现了本方案意图将建筑与周边生态景观相融合的设计构想。本着以人为主、生态与服务相结合的原则，注重内部空间的多样化，意图打造更适合人们居住的空间环境。设计体现了传统民族建筑可持续发展的生态原则，为当地政府重塑壮乡民族建筑特色提供了一定的设计参考。

《仰望星河》

涂照权　艺术与科技系副主任（讲师）

作品为南宁"百益·上河城"入口景观雕塑设计。方案从场地限制条件、周边景观视线及上河城特有的场所氛围分析出发，以一对亲密无间的恋人坐靠原有的斜木栈道，仰望天上河城，"对话着"天与地的美好。红色更是寓意着吉祥与喜庆，也希冀为场地增添一处新地标，为上河城的红红火火带来曙光。

《韩国蜂巢品牌旗舰店空间设计》

温玲　高级工艺美术师/硕士研究生导师

　　本设计项目位于韩国光州广域市，蜂巢是一家从事产品销售+服务的华人企业。蜂巢品牌旗舰店空间设计是以公司蜂巢通信、蜂巢物流两大主营业务展开的实体店面的品牌升级设计项目。项目于2021年11月竣工。

　　方案创意以蜂巢LOGO正六角形为设计元素，提取蜂房六边形设计元素，将此应用于空间的形象墙、展示柜造型、顶面灯具造型、文化墙及会议室等多个场景。六边形从力学结构分析具有非常高的稳定性，设计寓意代表企业具有稳定的组织结构；蜂房单体六边形可以独立存在，也可以灵活多变组合，寓意企业业务发展可以根据市场发展机制灵活应变，呼应蜂巢企业的愿景；空间色彩根据色彩心理学——黄色代表灿烂、银色代表尊贵，两者具有辉煌和财富的象征，满足企业发展前景；展厅中光影流线代表企业行云流水的发展趋势。以上定制设计的创意理念均围绕企业发展需要和企业品牌理念进行。

《百年征程　壮美华章——庆祝中国共产党成立100周年主题美术创作工程作品展》

贾悍　艺术与科技系主任（副教授/硕士研究生导师）
许丹丹　助教
陈浅予　助教

该项目为由广西壮族自治区党委宣传部、广西壮族自治区文学艺术界联合会共同主办的"百年征程　壮美华章——庆祝中国共产党成立100周年主题美术创作工程作品展"。该项目在空间设计方面结合展览主题，将空间颜色改为以红色为主，结合艺术家画作，努力让每一个党史故事更加生动，每一个红色场景更加立体，每一个英雄人物更加鲜活。

《纹样山河》

黄清穗　讲师

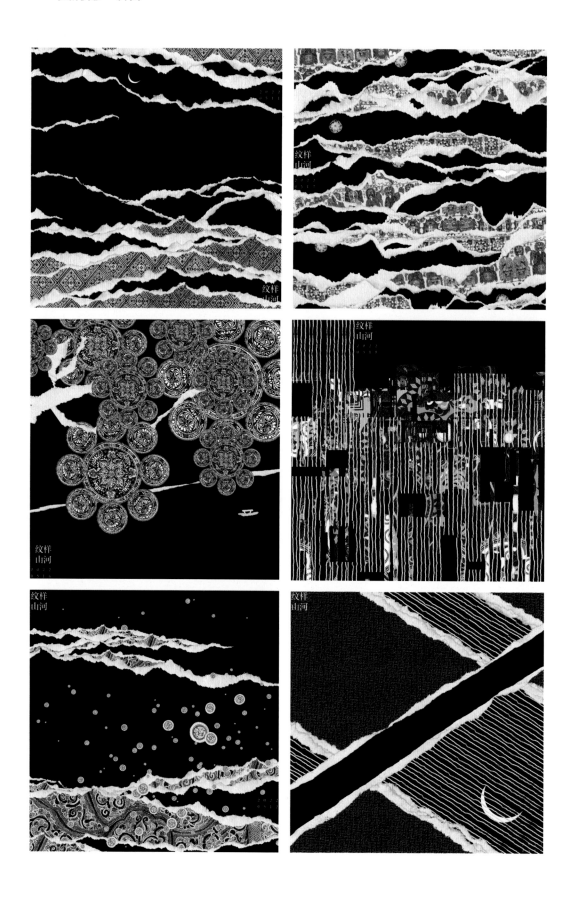

四

学生优秀
作品

本科生作品

（一）＞环境设计

《依山重隐——基于探索构成空间在传统夯土建筑设计中的传承》

年　　级：2016级
学　　生：蔡季霖、卢佳意
指导老师：莫敷建、边继琛

　　依山、重隐，前者是一种环境氛围，后者是一种生活状态。在传统与现代的矛盾对立中，设计结合当代材料、技术解决传统乡土建筑中存在的安全因素，通过设计思维创造适合观赏的环境，与艺术相结合进行表现，形成建筑、设计、艺术三者结合的新乡土建筑。再将中国传统文化中的"隐逸"元素，融合于美术馆设计。强调不同时期、不同功能建筑在形态、立面、色彩等方面的融合，形成"人在景中走，如在画中游"的文化意象。

《之山折水——"中国·东盟"艺术小镇民艺馆与美术馆设计》

年　　级：2016级
学　　生：刘启南、辛梓瑀
指导老师：贾思怡、涂照权、莫敷建、边继琛

《"一期一会"基于中国交流文化的民宿空间生成》

年　　级：2016级
学　　生：何欢、吴晓
指导老师：莫敷建、边继琛

"一期一会"，来源于茶道。"一期"指"一生"，"一会"则意味着"每一次相见都是独一无二的"。即使同主同客，也不再是当时相视喝茶的彼此，茶也不再是那杯茶。融会到民宿交流空间里，就是通过一系列的日常活动，包括水、饭、茶和空间变换，使参与交流的人静心清志，由内到外自然涌现出一种"一期一会难得一面、世当珍惜"之感。进而思考人生的离合、相聚的欢娱，体会中国交流文化的含义。

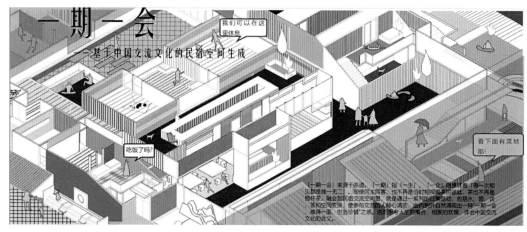

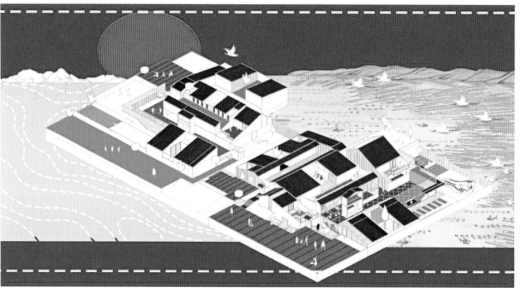

《"糖艺"东盟艺术小镇概念方案设计》

年　　级：2016级
学　　生：李怡冰、陈军、钟曼婷
指导老师：莫敷建、边继琛

　　大新县因改变了传统农业产业结构，主要盛产甘蔗，同时也提高了当地的生活质量。甘蔗的传统工艺有两种形式，第一种原生态工艺体现了过去的历史，是一种固化的、静止的技艺；第二种次生态工艺指是与时俱进的、流变的技艺。因而，我们提取了甘蔗糖浆的概念，通过传统的制糖手法与现代制糖技艺的结合，适应于当代的建筑发展趋势。提出这一概念的目的就是让糖艺传统工艺的表现形式与当地自然风光，能够以次生态的形式存活于当下技术高度发达的时代。

《跨越·交融——"中国·东盟"艺术小镇住宅综合体设计》

年　　级：2016级
学　　生：黄林芳、植昆凤
指导老师：贾思怡、涂照权

　　项目位于广西崇左市大新县堪圩乡，地形平坦，两面临山；整体为西北—东南走向，场地山清水秀，拥有得天独厚的自然资源，加上该地独特的历史文化烙印，具有浓郁的民族特色。建筑灵感来源于壮族干阑式建筑。因此，建筑是以单一的体块与线条元素进行重组，从而得到一个富有趣味性的交错空间，以错综复杂的楼梯作为跨越不同空间的桥梁。在建筑与景观的处理方式上突破以往的局限，更加注重的对其之间相互交融的新形态的探索，使建筑与景观、景观与空间、空间与人之间跨越其本身界限，产生共鸣，增强人与环境的互动性。在功能分布上也尝试突破旧的泾渭分明的空间格局，打造一个集展览、购物、休闲、居住、观光为一体的综合体建筑，使建筑成为一个共享的文化游玩场所，即建筑不只是建筑，还是生态与建筑的融合，是小镇的焦点，是建筑与景观在相互独立之外相互交融的新形态。

《重峦——大新县艺术小镇美术馆设计》

年　　级：2016级
学　　生：李广权、曾祥威
指导老师：贾思怡、涂照权

一方水土养一方人。中国人的山水情怀是骨子里的情怀，将山水的情怀、形态元素、民族文化融入其中，使建筑被赋予一种民族山水文化的含义，以及给予游人一种游戏山间的趣味和探索空间的好奇。

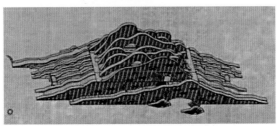

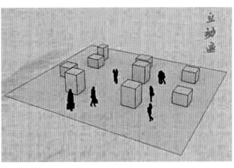

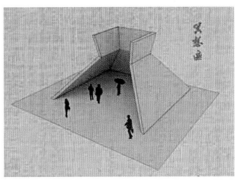

《前慢——大新县艺术小镇民宿设计》

年　　级：2016级
学　　生：黄胜梅、蒋颖
指导老师：贾思怡、涂照权

慢生活，是一种生活态度、一种健康心态和一种旅行方式。生活在科技高速发展时代的人们，偶尔也需要慢下来关注心灵、环境以及传统，在工作和生活中适当放慢速度。

本次设计为想慢下来的人打造了一个集住宿、阅读、社交为一体的建筑群。项目地址位于广西壮族自治区崇左市大新县堪圩社区五号地块。设计灵感来源于壮族传统民居半干阑式建筑——"吊脚楼"。设计采用了吊脚楼底层架空的形式，对方盒子进行组合、拉伸以及变形，形成了层次丰富的室内外空间。

书吧

茶馆

《共享易市》

年　　级：2017级
学　　生：冯建旺、黎韦言
指导老师：贾思怡、边继琛、陶雄军

　　传统地摊经济已在我国存在数千年之久，但在城市化发展不断进步的今天，它的弊端之处正在不断地暴露出来，治安管理、环境卫生等问题数不胜数，但它的积极影响却不可忽略，如刺激消费、缓解就业压力等。所以，本设计以传统地摊经济的优劣为出发点，研究共享摊位这一概念的可行性，并从共享摊位的分类和空间布局等方面提出设计方案，在继承传统地摊经济优点的基础上，科学合理地解决其存在的问题。在摊位设计上，提出了"一摊多用"的概念，提出了"两点一带"的空间布局方式。除此之外，本设计针对"一摊多用"这一概念对摊位的分类还做了新的调整，意在打造便民、利民的"易市"，为地摊经济的发展添上浓厚的一笔。

《MI乡远·入乡间》

年　　级：2017级
学　　生：蒲纯、鞠萍、叶西泽
指导老师：莫敷建、涂照权

"MI乡"表达的寓意有两点，一是通过设计促使人与动植物的紧密联系、和谐相处；二是通过设计满足村民在日常生活等方面更加便利的需求，所处环境有所提升、整治的需求，提高村民的幸福指数，使其心中蜜意浓浓。

"远"代表对桂风壮韵的悠远期许。

"入乡间"指乡村环境提升设计融入乡村整体环境，通过设计使外出的青壮年归乡再次步入乡间，体会乡情。

那兰坡的整体设计，主要从功能及乡土材料着手，各个空间优先考虑功能是否真正符合村民内心的需求、生活习惯、心灵感受，材料是否易获取、符合乡间整体环境。秉承功能先行、材料乡土化原则，通过不同设计手法，保证每一块公共用地达到最高利用率，更好地融入整体乡间环境。

《荧惑之城》

年　　级：2017级
学　　生：张璋、李小玲
指导老师：莫敷建、涂照权

　　火星地表大气压为600~800帕斯卡，大气系统中的组成气体主要成分是95.3%的二氧化碳，还有2.7%的氮气和1.6%的氩气，大气层的密度只有整个地球的大约1%。由于地表气压很小，不能产生足够的温室效应。其放在表面上的平均温度只有-55摄氏度，表面温度为-140~20摄氏度。

　　由于没有海洋热惯量的缓解，火星的日间温度差十分剧烈，接近100摄氏度；且火星地表的热量也会因为没有云层的保护而迅速冷却。

《遥问神韵处　悠然见夏均——夏均坡祠堂综合规划设计》

年　　级：2017级
学　　生：李长俊、纪耀逊、李思琪
指导老师：陶雄军、贾思怡、边继琛

　　随着时代的变化，传统祠堂的原始功能早已发生改变，有些祠堂已经遭到荒废和遗弃。对于发生改变的主要原因还是因为传统的祠堂建筑已经无法满足现代人对于日常生活的需要，跟不上时代发展的同时还没有发生改变。所以，此次项目是以当地的传统祠堂为核心的祠堂文化一体式综合体。首先，将整个村庄进行整齐划一的布局考虑，对于场地的规划设计以祠堂的发展历史流线作为主要动线。将整个场地规划分为五个群体部分，并用规划后的主要交通道路对其进行串联。其次，对于传统老祠堂，我们在保护当地地域性特色文化为主进行保护与修缮的同时，并对其建筑的空间划分与功能性重新进行定义，使其在满足对于传统节假日和特殊时间里对于祠堂的使用，又能成为当地居民在闲暇时间休闲娱乐的公共开放场所，使其在真正意义上实现功能形式多样化。最后，此次关于祠堂文化综合体的规划设计主要是让祠堂文化在现代社会中得以保留、延续与创新。

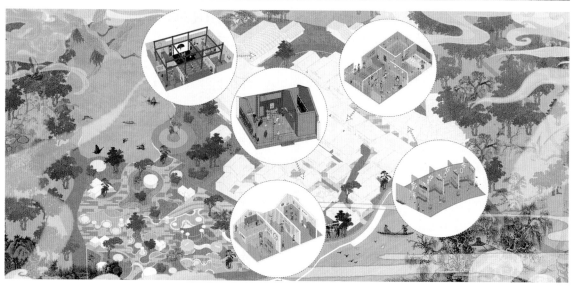

《陈市寻续——基于后疫情背景下对五里亭农贸市场的更新设计》

年　　级：2017级
学　　生：李靖雯、刘莹莹、麻筱
指导老师：贾思怡、涂照权、边继琛、陶雄军、莫敷建

本次设计方案是基于后疫情时代、疫情防控常态化的背景下，探寻老旧农贸市场得以延续的更新方向，其中着重考虑市场在平时和疫时两种状态的运行模式。将市场内部摊位以及交通流线设计为两种状态可相互切换的形式，改变传统市场在面对大型公共卫生危机时首先沦陷的状况。

项目选取广西南宁市的五里事农贸市场为设计对象，将其更新为三层建筑，一层内部空间由两条环形坡道构成，采用环形购物模式。此外，交通设计为可进行平时与疫时双模式相切换的形式。同时，附加无接触轨道购物体系，实现特殊情况下的无接触购物。一层为室内、室外和公共绿地组合而成的空间，且与一层的市场连通设置商铺和休闲空间，主要用于满足附近居民的社交需求。

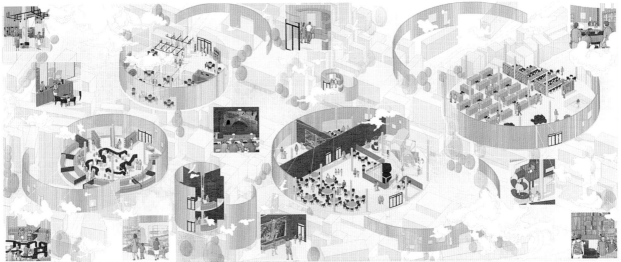

《涤故还年——无障碍系统模块下的老旧小区改造以南宁市壮宁工业园第一生活区为例》

年　　级：2017级
学　　生：周霞、黄梅玲
指导老师：陶雄军、贾思怡、边继琛

　　随着当今社会的快速发展，人口老龄化现象也在进一步发酵，特别是在20世纪70、80年代就已经建成的小区，人口老龄化现象甚为严重。基于此情况，我们研究整理设计出一套无障碍系统模块，目的在于此系统模块可以套入与研究对象一样的小区中使用。本次设计通过将无障碍系统以挑选重组的模式套入小区进行设计，设计空间有高差型空间（小区花园）、休闲区、活动中心、运动健身区及道路。对小区整体环境推陈出新、以旧促新，达到环境适老化，让老年人在区内可以感受到虽然人老但心并不老的年轻心态，享受纵然岁月流逝，生活依旧美好的退休生活状态。通过设计使小区赋予无障碍性、实用性、生态性、休闲娱乐性、安全性。将小区面貌达到适老化的目的，实现老年人无障碍出行，打造一个为老年人服务的休闲文化、绿色生态的无障碍宜居生活小区。

《继阳朔之"史"还阳朔之"新"——历史与现代共存，时光间隙里的点滴温情》

年　　级：2018级
学　　生：黄丽花、谢玉姻
指导老师：莫敷建、杨禛

南宁是广西壮族自治区的首府，南宁城市广场不仅展示着城市形象而且反映着城市文明的开放空间，更是浓缩了广西艺术、文化以及生活方式，承载着交通、休闲、娱乐、商业等多种功能，是展示壮族历史和文明的窗口。南宁市朝阳广场景观、商业更新改造，是朝阳广场景观以及商业适应当代市民的空间需求与审美需求的重要工程，有利于更好地满足市民以及游客休闲公共活动与交流的需求，促进南宁市的发展与活力。

《"觉·享"——舒缓城市生活压力的五感体验式景观设计》

年　　级：2018级
学　　生：甘甜、覃鲜梅、肖水生
指导老师：莫敷建、杨禛

　　景观形态灵感来自于大自然的山川河流形态，以主轴流线主路贯穿整体，附加濒水栈道及内部次要步道，相互串联交错，每个景观点相互联系沟通，形成多样性的景观路线和体验。在功能布局上分设人体五感对应的五觉体验区。五觉体验区针对不同感官体验强度的强烈程度来设计，各有侧重点的体验，富有特色；在整体上，五感体验相互联系，单个景观节点可以赋予多样的感官体验。以不同的空间环境构成、不同的感官体验方式，形成不同的情感体验，让人们在轻松自然的环境中体验与感受生活的愉快、美妙与放松。在一定程度上缓解因城市生活压力带来的心理、生理、社会等亚健康问题，引导人们形成一个健康舒适的生活习惯。

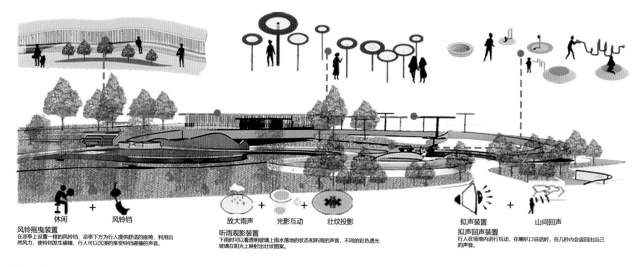

风铃摇曳装置
休闲　＋　风铃铛
在凉亭上设置一排的风铃铛，凉亭下方为行人提供舒适的座椅，利用自然风力，使铃铛发生碰撞，行人可以沉浸的享受铃铛碰撞的声音。

听雨观影装置
放大雨声　＋　光影互动　＋　壮纹投影
下雨时可以看透明玻璃上雨水落地的状态和听雨的声音，不同的彩色透光玻璃在阳光上映射出壮纹图案。

拟声回声装置
拟声装置　＋　山间回声
行人在场地内进行互动，在喇叭口说话时，在几秒内会返回出自己的声音。

《"悬浮绿洲"——城中村屋顶农场设计》

年　　级：2018级
学　　生：李旻珊、盛佳欣
指导老师：莫敷建、杨禛

　　现如今经济飞速发展，城市高楼大厦崛地而起，但仍有很大一部分人，居住在比较老旧且活动空间狭小的城中村，我们为此展开了"悬浮绿洲"屋顶农场的设计。"悬浮绿洲"集生产、生活、生态于一体，利用房屋群落楼顶的空间，不仅能为人们提供新鲜、绿色的食材，丰富居民的活动空间，提高居民的生活质量，还能起到绿化、节能、调节气候环境的作用。

动之韵

①户外探险
②篮球场
③攀岩墙
④户外健身
⑤乒乓球场
⑥滑板场

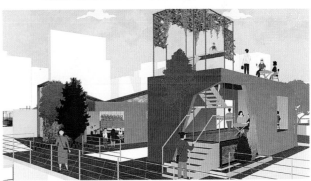

《共存·某新——良庆工业遗产更新设计》

年　　级：2018级
学　　生：柴凯、何明华
指导老师：莫敷建、杨禛

　　随着经济的快速发展和产业结构的调整、城市化进程的不断加速，许多旧工业厂区已经因不适应现代的生产模式而被抛弃，这是造成当今工业遗址形成的重要因素。当前，城市更新和旧城改造依然如火如荼地进行着，越来越多的优秀工业遗产改造出现在我们的视线里。而在南宁，工业遗产的改造与应用还处在探索研究阶段，许多废弃闲置的工厂，未能发挥自己的作用。因此，我们展开了相关研究，并决定对南宁市金刚水泥厂进行改造升级。南宁金刚水泥厂地理位置优越，有着良好的周边环境，交通便利，并且遗留的厂房有着独特的外观，改造潜力巨大。我们将为它赋予新的功能，通过对内部空间和流动路线的优化，探索新的发展运营模式，打造一个集办公、娱乐、餐饮、住宿为一体，为青年人提供更好的工作环境的青年创客中心。

《人间百位——理想新摊贩模式》

年　　级：2018级
学　　生：张乐怡、宁纳
指导老师：杨禛、莫敷建

"人间百位——理想新摊贩模式"的设计概念针对目前摊贩的消极现象，例如摊贩的现状环境差、占道经营、阻碍交通、空间利用率以及市容影响等问题，重构摊贩空间，将其原本分散在各处的摊贩连成一个整体，通过利用集装箱模块化处理，满足摊贩的各类需求，增设服务设施。以不同的职能业态为出发点，摊贩与顾客的需求皆有所不同的比例，让经营者与消费者在其空间中创造新的购物环境体验。我们期望在设计中，让未来摊贩"合法、合规、合理、合情"地长期发展。

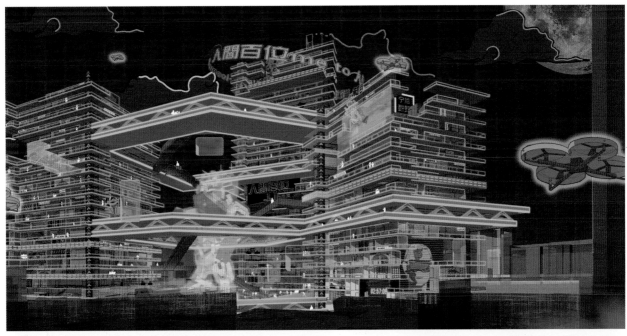

《给来自"星星的孩子"更广阔的蓝天——嵌于自闭症儿童康养型游乐空间》

年　　级：2018级
学　　生：卢柳雪、樊子涵、严燕秋
指导老师：边继琛、张昕怡

《口袋菜园》

年　　级：2018级
学　　生：谭秋、刘心怡
指导老师：边继琛、张昕怡

　　肥胖率逐渐上升、城市化问题日益严重、种植农田严重流失、疫情时期购菜困难……基于以上问题，设计出适用于社区的果蔬市场与休闲娱乐相结合的城市绿色生态空间。主要针对居住区和城市剩余用地进行设计。增加城市绿色空间，缓解城市化问题与亚健康问题。主要功能有售卖、休闲、种植。采用云种植和促进低碳出行的方式将果蔬市场、景观、互联网相结合，呈现出一个多功能的绿色空间。

《邻里间重构——社区公共空间改造》

年　　级：2018级
学　　生：卢雅诗、余水英、黄盼盼
指导老师：边继琛、张昕怡

　　该设计主要为居民交流提供有效的设施和场所，重新丰富居民的社区文化生活，提高居民参与度。以装配模块和廊架的建造方法设计竖向活动空间，与微景观结合。根据居民的需求空间将共享空间模块穿插在楼栋中间，并将整个社区中各个起伏的共享模块串联起来。由此，加强居住者与邻里、场所、地域之间的联系，重现过去和谐的居住氛围及社区文化。

《碳索乐园》

年　　级：2018级
学　　生：李少涵、黄磊、覃伶珠
指导老师：边继琛、张昕怡

在当今城市，二氧化碳急剧增加，使温室效应持续加强，导致全球平均气温不断攀升。在"碳中和"的背景下，对废旧工厂进行改造，因地制宜地挖掘场地特色，设置低碳运动场、趣味乐园、低碳科普站、低碳公益集市四个版块。坚持以生态优先，适地适树、适花适草，以丰富城市低碳型生态系统，强调低碳与智慧性协同、趣味与自然教育性并存的空间体验。

《风过稻吟》

年　　级：2018级
学　　生：廖艺、欧阳刚
指导老师：莫媛媛、钟云燕

　　本项目位于广西柳州市柳南区太阳村镇螺蛳粉小镇的一处地块，因现在多数景观中会片面地注重视觉效果，从而导致机械地重复样式。这种设计缺乏对人与空间关系的思考。

　　我们将从人的视觉、听觉、嗅觉、触觉、味觉等感官出发，进行考虑。这些并非单独的存在，而是互相制约、互相作用。融入当地现状的水稻农田等资源，设计出适合当地的景观感官路线，从多感官中更近距离地感受自然，提升游客的趣味体验，之后回想起也不只是用视觉形象来形容景观的美。

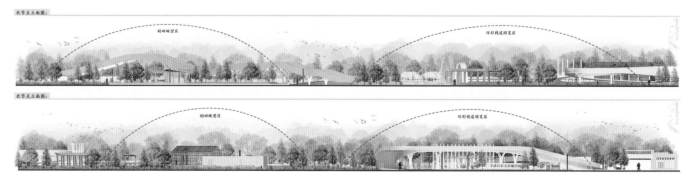

ого

《漫飘续艺》

年　　级：2018级
学　　生：覃清华、龙星合、覃胜成
指导老师：莫媛媛、钟云燕

通过环境景观布局，美化校园，装饰建筑，创造一个以静为主，具有精神凝聚功能、保健功能，净化空气功能、建筑自然生成的可持续发展的生态环境人文式校园，以及适合师生工作、学习和生活的良好生态景观场所。根据功能定位，景观规划设计的理念确定为："人文景观主题上追求大统一，环境效益上追求大生态，绿化布置上追求大绿化，艺术构思上追求大效果"。

《青山虚净》

年　　级：2018级
学　　生：陆美华、李俊宏、黄辉
指导老师：莫媛媛、钟云燕

"青山"代表着场地地处青山绿水，得天独厚。同时也代表着人们对美好生活环境的向往。

"虚"有两层意思，一层是幻想；另一层是需求。近年来人们的生活节奏不断加快，来自社会、家庭、工作等各方面的压力，均使人们的精神长期高度紧张。一些弱势群体甚至采取极端的方式来逃避社会的压力。人们需要寻求一个静谧之处来寻求心灵的洗涤。

"净"代表洁净，也是对洗涤心灵后的宁静期望。本项目坐落于南宁市宾阳县古辣镇稻花香里旅游景区，以期打造一处静谧又巧妙的心灵庇护所。项目是致敬传统的古朴韵味与现代的简洁创新的纽带，捕捉了涌动的优雅古韵，独特的空间充盈着磁性一般的吸引力，让宾客沉浸在深层次的精神体验中进行会面、用餐及放松，向积淀百年的历史遗产致以深深的敬意。

《拾嘢记——南宁中山路历史街区景观空间改造概念设计》

年　　级：2018级
学　　生：王滢颖、陈彩妮
指导老师：莫媛媛、钟云燕

本场地位于广西壮族自治区南宁市中山路与共和路主要路段，设计区域紧邻城市的主干道以及城市的主要河道。该设计以中山路骑楼文化为主脉，以南普美食记忆为串联的"特色南普，功能复合"主题。结合城市场地的发展与真实需求，提升街区与公园绿地的使用功能和服务设施，力求在街区功能复合的基础上，重塑场地文化记忆景观，使街区重获新生。本方案设计主要分为两个方面：现状废旧建筑拆除后新加建建筑设计和城市街头绿地的景观设计。新建及加建改造在原有建筑风格的基础上，提取建筑风格元素，在不影响原有建筑的前提下加建结构，对建筑的上方空间重新构建，满足当地民众对场地的文化需求与美食空间需求。

《结瓣同行——城市公园》

年　　级：2018级
学　　生：杨朝福
指导老师：莫媛媛、钟云燕

　　项目位于广西壮族自治区南宁市五象新区，那黄大道与庆林路的交叉口，地块南北长72.8米，东西宽90.9米，总面积为6168平方米。五象新区，是南宁城市规划中一个以北部湾为核心的全新城区，也是位于南宁南向发展轴线的核心位置，具有城市风貌的展示作用。

　　拟建为朱瑾花——城市公园，全面提升绿地的整体环境，充分展现五象新区的风貌和文化内涵。朱瑾花是南宁市市花，在南宁一年四季绽放，象征着"凝聚、绽放、繁荣"的美好寓意。整体设计采用朱瑾花花瓣、叶脉经过简化、旋转，花蕊简化后的削减、移动、增加以及旋转、复制、弯曲。简化花朵花瓣的形状样式，经过增加、旋转的方式得出设计的重点。

《民宿改造》

年　　级：2016级
学　　生：李程、甘雪芳
指导老师：韦自力、罗薇丽、黄芳

本设计围绕陶渊明的《归园田居》中"返自然"的思想，希望人们能在忙碌的生活中回归自然，感受自然所带来的惬意与舒适感。在保留建筑传统的基础上，提取当地独有的元素融入空间，如梯田、石刻等。同时，将建筑周围的景色引入室内，产生空间、人与自然的互动。

《归园·与舍》

年　　级：2016级
学　　生：徐胜、金燕、李程、陈妮、甘雪芳、许亚珂
指导老师：韦自力、罗薇丽

《瑾遇食间餐厅设计》

年　　级：2016级
学　　生：覃献福、金婷炫、韦娟
指导老师：韦自力、罗薇丽

《山语 · 茶馆》

年　　级：2016级
学　　生：李蓬、甘雪珍、李红秋
指导老师：韦自力、罗薇丽

　　融入传统的东方元素，营造人文意境的茶室空间，"山水"的元素点缀其中，巧妙地融入窗帘、格栅、背景墙、装饰画等，赋予空间隐约、悠远的意境，打造为产品展示、文化展示、雅座、半私密、半开放的空间。

山语 · 茶馆
我有一席茶，远离喧嚣，但求清雅。
——百益上河城旧厂房改造

《百益上河城足球文化体验中心》

年　　级：2016级
学　　生：钟国荣、瞿兆瑞
指导老师：黄嵩、肖彬

　　随着世界足球不断地传播发展，国内足球联盟的日益完善，通过网络等不同途径给中国带来了欧洲顶级足球联赛等高水平足球联赛，也正因为足球球迷这份狂热与激情，在我国国内催生了大量的足球球迷与足球爱好者。但随着球迷的增加足球基础设施并没有得到很好的发展。球迷缺少了一份归属感，为了球迷有更好的身心体验，也为了促进足球在我国的传播与发展，我们将在广西南宁市百益上河城打造一个足球文化体验中心。在那里，你可以是球场上的主角激情奔跑，也可以随着我们的脚步追溯世界足球的发展，也有你所心爱之物，更有奇特的空间体验，意将其打造为南宁市的球迷活动中心。

《好久不见艺术书吧》

年　　级：2016级
学　　生：刘扬娣、覃双金、韦晓春
指导老师：黄嵩、肖彬

　　延续旧厂房其宽阔、开敞的空间及挑高的横梁等建筑特点，将盒子的概念穿插在现存结构和空间中。盒子外的空间是开放、共享的公共客厅，这里平时主要功能是交流问读、讨论交友，也是举办书友交流会、作者签售会、小型讲座等活动的艺术交流空间。外部功能分区围绕着盒子形成了"几"字形客流动线。所谓"盒子"，强调的是私密性，因此盒子内部是一个私密性收费阅读区，经查阅资料所得，收费阅读一般是满足3个需求，这里是提供舒适、安静的或工作或学习的半私密空间。分区上有可躺可靠的沙发区以及泡茶聊天和办公式书桌的隔间，阅读、工作、会谈，只要适合，尽可随心选择。

《茶趣·共享》

年　　级：2017级
学　　生：陈文靖、苏盈予、李清清
指导老师：黄芳、黄嵩

《厦门城市中心区旧工业空间再生设计——健康概念馆项目》

年　　级：2017级
学　　生：唐绝萍、廖鹏、黄子杰
指导老师：韦自力、陆世登、黄芳、黄嵩

伴随着科技的进步和生活理念的变化，当下传统的健身方式已经不能吸引现代年轻人。现代年轻人的生活方式及特点为：习惯久坐、不健康饮食、不规律作息、缺乏锻炼。如今，亚健康已是社会普遍存在的问题。因此，我们建立一个以"健身、娱乐、社交、养生"四位一体的功能空间，提高空间趣味性，满足现代年轻人的猎奇心理，通过在空间内活动而改善身体上的亚健康状态。

《字里行间书吧》

年　　级：2017级
学　　生：李爽爽、陈婉莹、马秋莹
指导老师：黄芳、黄嵩

《自然·启蒙——幼儿园室内空间改造设计》

年　　　级：2017级
学　　　生：梁晓雯、谈学会、夏珊珊
指导老师：韦自力、陆世登

《"有茧书吧"概念空间设计》

年　　级：2018级
学　　生：卫雨星、万双巧
指导老师：韦自力、叶雅欣

　　随着全民阅读的重视程度明显提高，书吧作为一个新兴的综合性文化场所受到大众的广泛关注。本次设计亮点在空间中心区域的阶梯小剧场，运用材质对比，模拟自然的形态，采用茧的形态再创造，形成当下和未来产生联系的概念空间。

《 听任自然——室内设计工作室 》

年　　级：2018级
学　　生：陈佳怡、王莹莹
指导老师：韦自力、叶雅欣

本方案定义为设计类的办公空间室设计，根据需求和协作划分空间布局。"听任自然"的理念主要从自然生态理念出发，围绕自然、生态、健康而设计。在设计中整合生态与文化、人与空间的关系，室内设置大面积绿植，旨在营造一个舒适、灵活、健康的办公环境。

《往来于"停"校园空间改造与再生》

年　　级：2018级
学　　生：汪丽娟、崔圆圆
指导老师：韦自力、叶雅欣

　　学生活动中心可能是朋友、陌生人之间的高谈阔论，可能是紧张激烈的学术探讨，可能是在书林瀚海中的怅惘忘神，可能是闲静寂寥中的无尽繁华，也可能是独处斗室时的天马行空。由于交谈的及时性、便捷性、私密性等需求，整体空间采用一个个玻璃盒子，融合并提升了空间的趣味与规划，能够有效地满足大学生各种形式的交淡。整体的交往空间设计，采用大面积的绿色拥抱阳光，希望体现一种精神导向的生活场所。自然主义下，人们重建与自然的联系，将可持续性融入整个空间。将植物巧妙地置入空间，以丰富的植物错落搭配，融入见证建校似来学校悠久历史的大格树。整体原木色的搭配，营造出富有生机且美好的交往、休闲空间。以生态、健康的交往环境为情感纽带，打造出一个分享、相通、交谈、互相靠近的公共空间，以此呼应浓郁的学院风采。

《日夕——茶畔》

年　　级：2018级
学　　生：莫海献、罗火兰
指导老师：黄嵩、肖彬

《POP-ZONE潮流社区设计》

年　　级：2018级
学　　生：王波、卢善钦
指导老师：黄嵩、肖彬

　　时代的发展使消费市场迎来了巨大的改变。受年轻人潮流文化的热爱和对潮流生活的态度，潮玩市场已成为主要消费市场之一。该空间将传统文化和艺术跨界融合，新生空间与原始空间一起为潮流发生地的存在创造可能性。

《"山脚一隅"乡村书屋设计》

年　　级：2018级
学　　生：杨彩云、李嘉琛
指导老师：韦自力、叶雅欣

随着乡村振兴战略的实施，乡村公共图书馆建设得到了大力扶持，乡村图书室、农家书屋不断布局于乡村。即便如此，图书资源短缺仍是乡村儿童阅读受限的首要原因。基于此情况，为了有效地解决当下乡村的实际问题，帮助乡村留守儿童，为他们提供一个与小伙伴共同学习、共同游戏、共同成长的公共场所，为乡村少儿筑梦，助力乡村振兴战略。

《未来社区共享居住办公综合体》

年　　级：2018级
学　　生：覃静、陈燕兰
指导老师：黄嵩、肖彬

　　"以梦为马，不负韶华"的意思是把自己的梦想作为前进的方向和动力，不辜负美好的时光、美好的年华。而我们定位的目标人群正是一群有理想、有目标、紧凑地随着时代进步的人群，人与人之间的互动可以通过一个个关系网络不断加强，并逐渐到达世界的每一个地方。我们的青年社区基于共享、开放、融合的理念，为迎合现代青年居住需求而开发的集"艺术+创业+社交+学习+生活"于一体的平台，满足多种需求，搭配多种居住模式，实现公共设施与场所的共享，重塑紧密、融洽的邻里关系，构建社交交流平台。

《择学居——五十平方米三胎学区房空间改造》

年　　级：2018级
学　　生：李海凤、李思潼
指导老师：黄嵩、肖彬

　　随着"三孩政策"的颁布，现有的经济实力短缺问题更加明显，三孩家庭的父母和孩子在现实生活中面临的育儿压力非常大。本次设计将两室一厅小居室改造成四室两厅，充分满足一家人的生活、学习需求。同时利用拱门和圆洞元素，增加日常生活中的新鲜感，增加生活中的趣味性，为家带来生活中的美好。

《"百无聊赖"活动室广西艺术学院相思湖校区学生活动室拟 概念设计》

年　　级：2018级
学　　生：卢丽洁
指导老师：黄芳、陆俊豪

基于现在疫情防控常态化的背景，设计选址在广西艺术学院内，建筑外形基于周边建筑的提取。

室内白色、木色和灰色的关系相互影响，以极简的白色调辅以自然的灰色调，赋予空间一致的色调。大面积的窗口引进室外的光线，让人们在视觉上产生一种纯粹自然的感觉。

《后疫情时代办公空间设计——南宁市五象新区明云设计事务所》

年　　级：2018级
学　　生：王云龙、熊明梅、崔林
指导老师：黄芳、陆俊豪

新型冠状病毒肺炎（COVID-19）在全球范围内大肆蔓延，造成全人类不可估计的损失。人们的生活也因此受到了影响，很多公司的发展受到阻碍。但居家办公、远程办公终究存在许多弊端。在疫情慢慢得到控制的大环境下，人们纷纷回到了办公空间进行办公，但新冠病毒仍然存在，所以人们虽然回到了办公空间，但仍然存在对环境产生不安等因素，因此引发了人们对未来办公空间和办公模式发展与创新的思考。

《南栖·老宅再生——美丽南方忠良村民宿空间改造设计》

年　　级：2018级
学　　生：邓巧兰、赖健媚、刘小荣
指导老师：黄芳、陆俊豪

　　本方案室内设计材料上，多采用透明阳光板，透光隔热，营造出明亮且舒适的环境；结构上，在改造过程中将穿枋隔板拆除，露出主要的穿斗式结构，化繁为简，使整体空间更加简洁开阔；色调上，主要以原木色为主，营造一种素雅、质朴、悠闲自在的环境氛围；软装上，通过现代手法将传统元素融合在软装陈设和空间隔断中，营造出具有民族文化氛围的住宿空间。

（三）景观设计

《与子同"忆"・山水同游——大新县明仕河滨水景观设计改造方案》

年　　级：2016级
学　　生：李帅龙、邱思佳、杨语函
指导老师：林海、黄一鸿

　　明仕河位于广西大新县，此处环境优美景观资源丰富，我们以艺术、文化为切入点，围绕"水"进行分段设计。根据河流的发源、聚集、汇海的发展进行分段设计，打造"寻艺""追忆""归艺"三大片区，展现艺术创作的过程。

《糖田中的衍生——大新县中国·东盟油画小镇》

年　　级：2016级
学　　生：王静、宁乐期、黄室杰
指导老师：林海、黄一鸿

　　以发展生态农业为基本经营理念，以艺术文化区域为体验园的文化主线，建设成为集生态功能、文化功能、生活功能于一体的可持续发展的东盟油画艺术小镇。

　　文化就是"人化"与"化人"的过程。把当地世代形成的风土民情、艺术特色等发掘出来，让游客可以体验农耕活动和乡村生活，促进当地经济发展。

《重山・印画》

年　　　级：2016级
学　　　生：潘倩倩、黄晶晶、柳星伊
指导老师：林海、黄一鸿

《蔗乡》

年　　级：2016级
学　　生：陈家乐
指导老师：林海、黄一鸿

　　该场地位为典型的旅游风貌区，场地内的空间形式与功能都很单一。以其他的油画小镇及旅游小镇调研为参考，对场地进行空间、生态上的改造，打造一个自然融入生活、多功能、多空间的特色油画旅游小镇。在改造的过程中以空间的合理重组，景观的丰富、强化为主要内容。希望人们能够对传统的旅游概念进行更多的思考，挖掘单一的风景区有更深的人文意义。

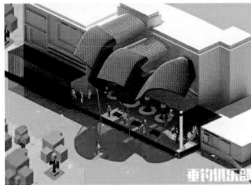

《颓垣沧沧 光之灼灼——民族区域视角下的城市修补南宁市中尧片区肉联厂景观改造》

年　　级：2017级
学　　生：何敏荣、曹喆禹、施显鑫
指导老师：谈博、曾晓泉

"颓垣"一词原指废弃的墙，在此用来代指工业遗址。"颓垣沧沧"是肉联厂现状破败的样子；"光之灼灼"指的是闪耀着光芒的样子。希望通过改造设计后让其重拾往日辉煌，焕发新的生机。每个中尧人都有自己的专属往事，平凡的中尧人有着不平凡的人生。它们或者他们，尽管在时代的浪潮中退了下去，但是它们和他们都在历史的长河中泛着光。该设计以保留工业记忆为核心，通过追寻工厂废弃前发展的破碎痕迹，保留工业记忆，在记忆中寻求新的生机。以工业改造为基础，结合民族元素，植入科技，打造一个集工业、民族、科技为一体的文化创意园。

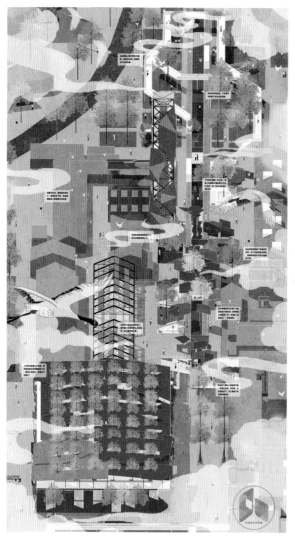
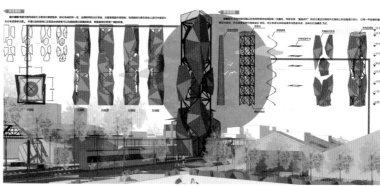
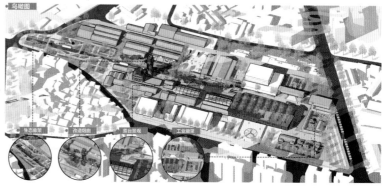

《五境桂水记》

年　　级：2017级
学　　生：卢娜、许海霞、石磊
指导老师：谈博、曾晓泉

海上丝绸之路，是古代中国与外国交通贸易和文化交往的海上通道，也称"海上陶瓷之路"和"海上香料之路"，其推动了沿线各国的共同发展。古时海上丝绸之路婉转绵长，现如今广西首府南宁水系曲度悠然被称为"水城""绿城"。围绕邕江为主线的南宁还是中国北部湾经济区中心城市、西南地区连接出海通道的综合交通枢纽，南宁的水系规划中支流被分为六环：石灵湖环、大相思湖环（可利江—心圩江—二坑溪—朝阳溪环）、南湖环、凤凰湖环、亭子冲环以及五象湖环，而心圩江更是六环首脑人相思湖环重点江域。

面对水畅、水清、岸绿、景美的规划目标，心圩江作为水系改善的重点江域被划为自然型河道，视线聚焦生态恢复与建设以及与人的和谐关系。设计着眼心圩江整条江域，选择水域面积最宽的中游，放眼城市更新速度下被挤压的自然环境进行深化。

《江心舞——南宁市心圩江滨水空间活力提升景观改造设计》

年　　级：2017级
学　　生：秦真、唐旭
指导老师：谈博、曾晓泉

　　城市的快速发展破坏了河流的原有面貌，水质的污染、生态系统的破碎、文化的缺失等导致城市河流失去了活力，人与河的关系日渐疏离，最终河流将会在城市化的进程中被人们所淡忘。城市滨水空间作为城市的重要组成，是城市与河流的缓冲带。如果它处于濒临破碎的边缘，发挥不了其"桥梁"的功能，那便失去了存在的意义。本次改造结合场地现状以生态修复与空间重塑为出发点，通过多样化活动空间的构建，串联起整个场地。通过多样化驳岸的处理、植被群落恢复以及海绵城市理念的应用形成良好的生态循环系统，延续生态的可持续发展。让城市滨水空间焕发活力、充满生机，为河流与城市拉近彼此的距离。

《回到未来·心圩江智慧景观设计》

年　　级：2017级
学　　生：郑雨轩、张春喜、吴贞图
指导老师：谈博、曾晓泉

以打造生态文明景观做保障，充分利用场地，在设计中融入"时间""文化""轮回"等概念，以环形的结构体现出轮回以及时间。该场地遗留下来的城市记忆也要遵循历史文脉，然后在这个基础上加以创行。我的设计就是在他的时间，用一些景观设施以及节点，唤起人们曾经的回忆。同时，在新型的景观体验中给人一种不同的感觉。

整个场地虽是连续的，但各个区域的景色有所不同，景观走向上是以生态走向文明、走向未来，或是从未来回到生态、体验生活并给人时间变迁或时间推动的感觉。

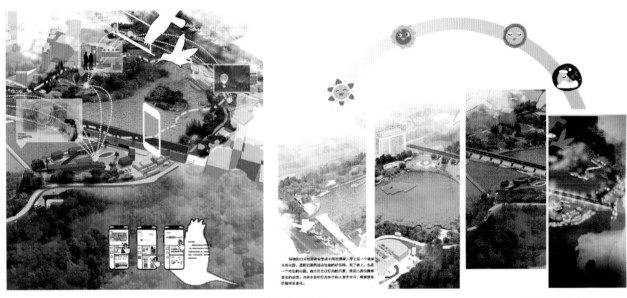

《五感六觉乐彼之园——基于山体生态修复下的三叠石山公园景观规划设计》

年　　级：2018级
学　　生：刘勇、熊谦楚、杨学宋
指导老师：郭松、崔勇

五感是尊重感、高贵感、安全感、舒适感、愉悦感；六觉是视觉、听觉、触觉、嗅觉、味觉、知觉。随着人类社会的发展与进步，居民生活水平日益提高，人们对居住环境提出了更高的要求。

我们通过分析公园的景观现状，针对该公园的地形特征，从建筑元素、景观布局、景物设计等方面，阐述了该公园中绿地景观改造的主要方式，为人们创造出舒适、优美的娱乐休闲场所。通过分析我们采用了人类的五感六觉，创造出了琉帘花镜、珊瑚海、七里香、游园会等，满足了人们在视、听、触、嗅、味、知全身心的体验，形成了人与自然环境和谐共生的景观乐园。

（四）> 园林建筑设计

《以幼为本的幼儿园设计、夏热冬冷地区幼儿园绿色建筑设计策略——以福建南平为例》

年　　级：2016级
学　　生：戴向明、丘翠君
指导老师：聂君、潘振皓

《向日葵幼儿园》

年   级：2016级
学   生：张慧萌、缪振飞、程楷辉
指导老师：聂君、潘振皓

《牧场幼儿园及服务中心》

年　　级：2016级
学　　生：徐滇、谢翠兰、刘慧芳
指导老师：聂君、潘振皓

动植物体验坡道空中走廊将园区的场地区分为园区内活动场地以及园区外动植物养殖体验区。上坡、下坡、高低不平且具有丰富有趣的娱乐设施。连廊从竖向和平面两个角度将建筑和室外动植物体验园串联起来，形成环绕式的游戏路线，丰富了幼儿园游玩的趣味性。

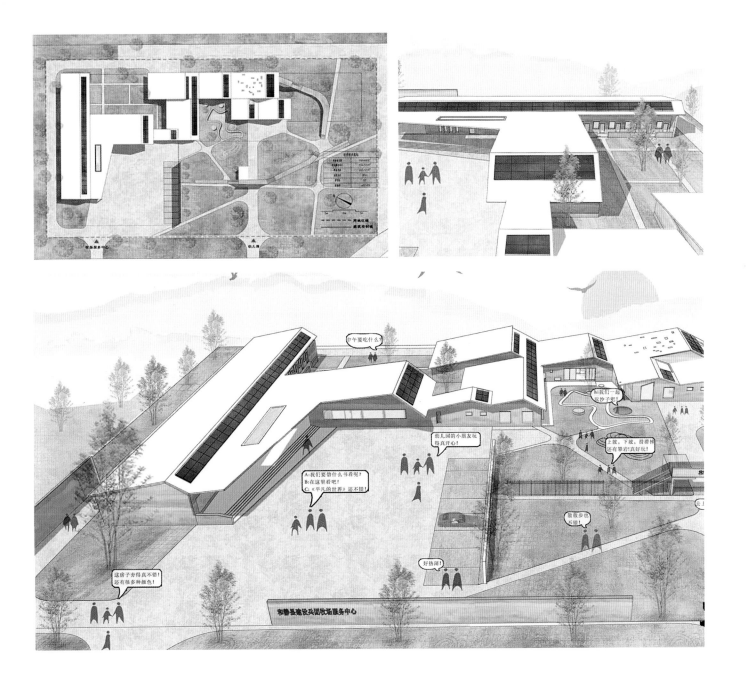

《屋檐上的云》

年　　级：2017级
学　　生：刘才祥、付国轲
指导老师：彭颖、罗瑾

1 入口空间：檐下空间方便车辆修理、宜人尺度也易于人回忆居民空间

2 入口空间：两边的夹墙形成的框景引导这人前进、引诱着人的心理

3 廊道空间：柱子的线性排列与屋顶形成了引导性空间

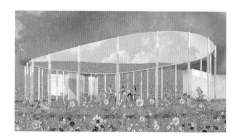

4 聚合空间：经过前奏的铺垫，聚合空间使人焕然一新。环形连接功能，同时形成圆形空间，具有向心性，圆形观景的公平性，与火塘空间的对话

5 廊道空间：柱子的线性排列与屋顶形成了引导性空间，引导人前进

6 聚合空间：空间的再现，再次让人回忆起高潮空间，增加人的印象

《惬意无限·泗水高速服务区设计》

年　　级：2017级
学　　生：罗飞飞、李隆智、韩佳鑫
指导老师：彭颖、罗瑾

　　项目位于桂北龙胜县泗水高速路段，随着社会的发展，平地建筑不得不向山地转移，从而引发新的建筑形式与新的建筑建造方法。山地建筑有利于人接触大自然，在自然环境中可以减少生活的压力，形成一种陶渊明归园田居中如释重负的心情，表达了向往自然生活的心情。建筑体沿着山体的高差起伏向等高线延展，这样山体建筑就在平面的空间上具有三维分布的特点。建筑上下与山体的坡度相连接，从而使人不管从建筑屋顶还是地面都可以自由穿梭，从而到达人在空间中的真正自由，没有拘束。山地建筑空间的最大需求是建筑与山体尽最大可能相融，达到建筑回归自然、与自然和谐共生的一种状态，使人在建筑与自然中有一种轻松、愉悦的心情。

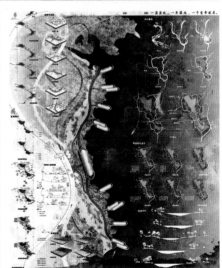

《不知屾——贵州黔东南岜沙村研学基地项目设计》

年　　级：2018级
学　　生：黄曼娜、唐金荣、覃爽、黎洁
指导老师：聂君、骆燕文

　　岜沙村是苗族少数民族居住的村落，其居民聚居在半山腰上，村寨群山环抱，古树参天，环境优美。设计认为可充分利用岜村的自然风貌特征和少数民族文化，营造一个以亲近山水自然、体验少数民族文化为基调，集教育、劳动、体验、旅游、观光、休闲于一体的研学基地。以山水元素和《桃花源记》作为概念，让人们感受到趣学、乐游、雅居、美观。以"不知屾"为主题，希望来研学的人能从其中收获到知识，充盈自己内心，从"不知"到"知"。

(五) > 风景园林

《景晨鸣禽集 水石湛花沐——扶绥永兴湖生态文化主题公园景观规划设计》

年　　级：2016级
学　　生：宾益源、黄艺满
指导老师：陈建国、林雪琼

　　《先秦汉魏晋南北朝诗·游西池》，是东晋玄言诗人谢混存世不多的诗作之一，文中"景晨鸣禽集，水木湛清华"起到升华作用，寓意着和风吹拂，轻摇着苑囿中繁茂的草木，白云如絮，屯聚在层峦深处。落日的余晖流洒在池面树梢，水含清光，树现秀色，水清木华。

《青山毓漾・荟映华年——扶绥县永兴湖公园景观规划设计》

年　　级：2016级
学　　生：吴婷婷、秦铖、邓钧
指导老师：陈建国、林雪琼

　　文化馆具有的公共性质，存在的目的是吸引普通民众前往参与感受文化氛围，决定了其需要在当地文化选择出最为贴近生活而又被当地居民喜闻乐见，且能够将人们聚集在一起的元素融入设计主题。选取"山水乡间一曲戏"为元素，拟定主题为"乡忆"，以戏入梦，感受一场历史文化的梦境，在布局的剧情上分为光影入梦、织梦山水、遨游乡梦三个阶段。

《维与续——基于多重空间维度和生态修复下的隆安县江滨路滨水景观改造设计》

年　　级：2016级
学　　生：袁黛玉、刘婉榕
指导老师：陈建国、林雪琼

以多重空间维度为设计看点，辅以码头文化，诠释右江流域深刻的历史，打造隆安县具有示范性、生态性的滨水公园，为周边居民提供一个从户外运动、休闲散步、观光游览到享受当地文化的滨水公共空间。

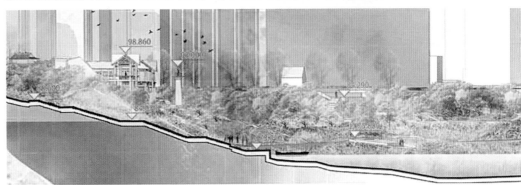

《"栖"之心圩"律"动自然——基于共生思想下的南宁市心圩江滨水景观设计》

年　　级：2017级
学　　生：李超、黄柳香、马瑞霞
指导老师：林海、黄一鸿

该设计充分利用心圩江自身环境条件和空间特征，以满足人群需求为首要目标，强调自然与人文的和谐统一，突出"空间—文化—生态"三位一体的融合发展。设计中以滨水景观带为绿色核心，创造滨水生态系统。通过四通八达的水系传送到城市各个角落。通过流畅轻快的设计手法，将人文艺术融入自然环境，以文化教育、休闲娱乐、自然景观组成风格特异的户外空间。各功能组团宛如律动的水波，荡漾出城市新活力，将心圩江公园打造成一个共享、健康、韧性的栖居胜地。

《"有界之外，无界之界"——东兴—芒街中越界河两岸建筑景观设计》

年　　级：2017级
学　　生：蔡昊宪、张雨灿、黄琪琳
指导老师：林海、黄一鸿

　　本项目从弹性城市更新策略出发，以边界区域弹性的角度，对利用时间差、满足多元化、提供模块化、创建复合空间与可变式空间，提供生态系统的调节服务等弹性城市更新策略理论，运用空间营造的手法于东兴—芒街中越界河进行在地化的转译。同时，结合针灸式城市更新理论以及互联网时代弹性空间理论更新进行设计并验证。基于边境地区的现状，补充提出了对两岸刚性化的边境分界置入"特色区域"的针对性边境弹性空间营造手法。

《"水润湿地，生生不息"——南宁金沙湖湿地公园方案设计》

年　　级：2017级
学　　生：吴小清、李昕瑜、秦金玲
指导老师：林海、黄一鸿

"绿水青山就是金山银山"是我们必须树立和践行的发展理念。基地所在城市边缘绿地系统有所欠缺，而场地本身拥有大片水域和植被，具有较好的生态基底。为场地向湿地公园方向建设奠定了坚实基础。因而，基地具有建设湿地公园的必要性和可行性。因此，在对基地进行充分调查的基础上，深入分析场地优劣势，从边坡、驳岸处理，到植物的保护、更新，在尊重场地的原则下，激发场地活力，打造生态化的城市湿地公园，以实现场地生态系统的可持续发展。

《乡音何处寻》

年　级：2018级
学　生：张跃、杨晨玙、黄子诺
指导老师：林海、罗舒雅

　　平西滨江公园为带状滨江公园，是附近居民休闲、游玩、垂钓及骑行爱好者骑行必经的城市绿道。公园整体定位为水边人家，打造公共开放的连续滨江功能景观带，改善水环境，保障城市安全。同时以当地文化为切入点，传承南宁城市发展的历史文脉，弘扬南宁平话文化，突出平话情怀，同时以治理邕江水环境为要点，修复邕江生态与水质，为市民提供一个生态、安全的滨江风景带。

《居邕叠翠——基于三态循环系统下的韧性景观重塑》

年　　级：2018级
学　　生：陶宣莎、唐学宇、张心怡
指导老师：陈建国、刘媛

干渠与自然"生互息"，人类与景观"深呼吸"。以生命的"启蒙发育、生长茂盛、开花结果、再生循环"串联展现。整体分成几个部分，从康养互动性空间，到灾害博物馆和体验馆，再到以"拥抱"为出发点的人与人之间的互动性景观空间，吸引更多想提升感情的人们进来互动，让人们体会到当下的幸福。整体上形成"延续、激活、循环、再生"的宏观理念。

设计方案展现了生命思考的命题，整体以"生命呼吸"为主题，强调了生命参与自然的活跃性，从而激活生命的活力，实现"激活延续与循环重生"的生命回环。

鸟瞰图

（六） 艺术与科技

《印锦》

年　　级：2016级
学　　生：樊丽密
指导老师：江波

　　印锦特装展位，整个特装展位是以瓦楞纸材料进行设计和搭建的。印锦意为印象中的壮锦，也意为印象广西。展位主要展示物品为广西的手工艺品和特产等旅游产品（包括广西特产和手工艺品）。设计将广西一些旅游产品和传统手工艺品赋予新的潮流创新形式并进行展示，使更多的人认识一个既有潮流又有创新形式的广西旅游产品。整个展位由三个展架围合起来的，形成一个具有个性化、潮流化和多样化的展示空间。

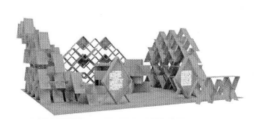

《织梦》

年　　级：2016级
学　　生：梁广云
指导老师：江波

　　梦境是神秘而奇特的一个存在，梦里发生的一切都是不可思议的。它既让人捉摸不透，又与现实世界存在着千丝万缕的关系。无论是噩梦还是美梦，似乎都没有一个能让人描述的实体形象，但是其虚无缥缈的感觉让人很容易联想到云。借用云的形象来搭建一个梦境空间，最合适不过了。

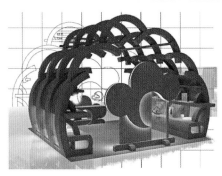
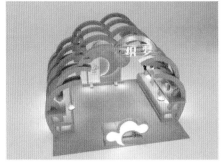

《西遇 · 敦煌——敦煌文创展位设计》

年　　级：2016级
学　　生：杨瑜
指导老师：杨永波

　　敦煌是一个有着神秘色彩的地方，那里的文化、壁画、建筑都对我有着很大的吸引力，也给我这次设计带来很多灵感。《西遇·敦煌》展位名字中的"西遇"表面意思是：向西而行，遇见敦煌；其中的寓意是指创意与敦煌文化的碰撞和结合。此展位以传承传统文化为理念，整体采用敦煌莫高窟覆斗顶的造型藻井和佛龛为元素，塑造出敦煌城市独特的地域风情。

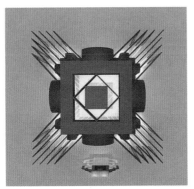 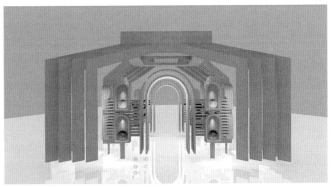

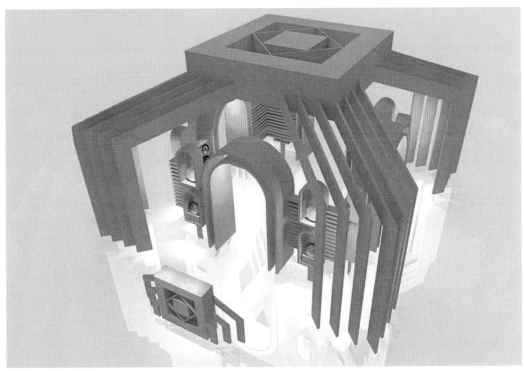

《简析壮剧文化特装展位》

年　　级：2016级
学　　生：徐克心
指导老师：贾悍

　　壮剧是广西壮族自治区的地方传统戏剧，国家级非物质文化遗产之一。壮剧是在壮族民间文学、歌舞和说唱技艺的基础上发展而成的。由于现代化进程的加速推进，壮剧受到多元文化和强势文化的冲击，生存出现危机。及时对壮剧进行抢救和保护已成为不可忽视的重要任务。

《趣乐铺》

年　　级：2016级
学　　生：韦丽娜
指导老师：杨永波

　　桌游把游戏从网络拉回桌面，几个人聚在一起玩游戏的同时能很好地深入彼此的感情。展位设计以"聚"为出发点，展位的造型采取半包围的形式，展位以长方体的延长和转折折出的造型为基本造型环绕摆放，营造一种聚拢的感觉。

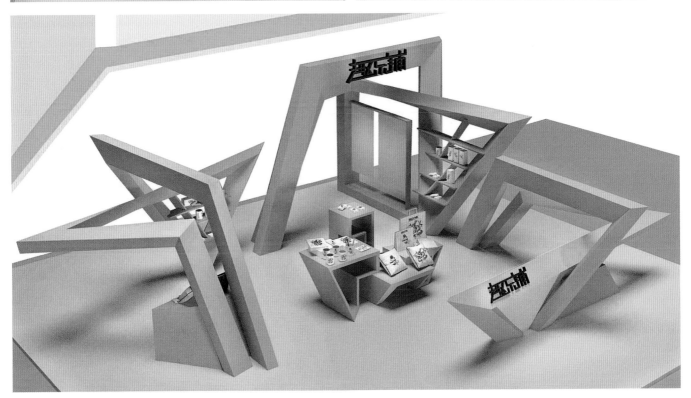

《"鼠巢"特装文创展位设计》

年　　级：2016级
学　　生：覃培源
指导老师：陈秋裕

　　把展位装进纸箱里面，让展位变成一个纸箱。箱子里面需要放东西，东西可以是一个物件也可以是一个商品。设计主题为"鼠巢"，展位里展示各式与老鼠相关的文创产品；"巢"者家也，亦有展位之家的意思，祝福同学们在社会这个大纸箱中有传统意义与心里意义的家。

《狮·态——醒狮传统文化创新文创特装展位设计》

年　　级：2016级
学　　生：李灿房
指导老师：陈秋裕

　　展位以醒狮为设计元素，通过文创形式将醒狮传统文化运用空间以及视觉的方式，结合文化内涵进行创作。展位整体元素提取自醒狮身上的波浪形纹样，通过简化与变形并结合现代感的线条形式，构成折形展位。部分元素提取自舞狮时所需的梅花桩，努力营造传统与现代碰撞的感觉。

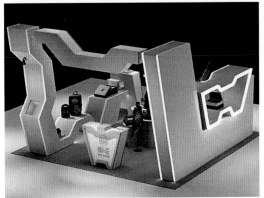

《Coffee——逗・姥爷》特装展位设计

年　　级：2016级
学　　生：黄红观
指导老师：贾悍

　　本方案是关于咖啡豆的特装展示设计，以音乐的旋律感为设计主题。整个设计运用了线面结合来体现旋律感蜿蜒起伏，既有旋律感也略带一丝动感。加上富有氛围感灯带的点缀，使整个空间更有韵味和特色，让整个空间变得更加灵动。

《映光影艺术主题展》

年　　级：2017级
学　　生：聂西洋、李锦源、陆渠文、王佳薇、杨欣
指导老师：贾悍

"映"这一展示主题灵感来源于日本建筑大师安藤忠雄的作品——光之教堂，其设计理念是"以人为本"。人与自然的不可分割性，正是我们设计初期秉承的初衷，我们也希望观众可以通过切身体验来感受我们展位的设计理念，回归人的本身，去寻找、去映射属于个人的那一份专属的美好。

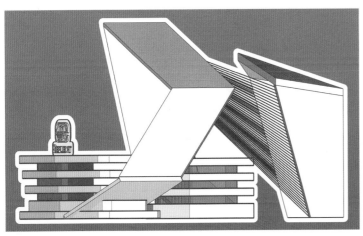

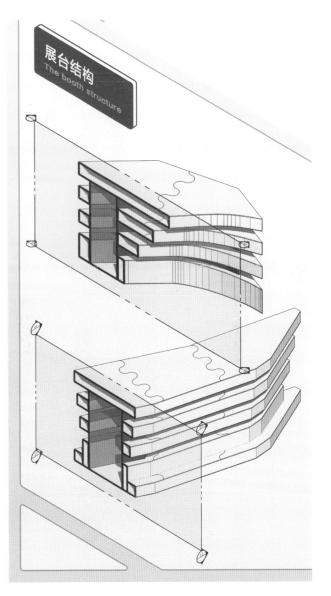

《洽——基于面对面河通特装展位设计》

年　　级：2017级
学　　生：邵超勤、王心怡、张浩鑫、韦依路、郭波秀
指导老师：杨永波

　　信息技术创造了无数的通信手段，使得我们可以更快、更远地进行沟通。结果，很多人就此习惯于生活在远距离通信技术的隔离和保护之下，却忘了最有影响力的沟通技巧和能力——面对面。为此，我们希望通过本次展示来倡导人与人之间需要积极地交流、沟通、互动，从而引起人们的认同感和情感共鸣，提倡人们放下手机，和身边人真切沟通，使我们的家园更美好。

《"云·疆"新疆长绒棉特装展位》

年　　级：2018级
学　　生：胡林辉、黄育东、李皆欣、谭亚红、薛伊凡
指导老师：杨永波

我国是世界上最大的棉花消费国、第二大棉花生产国。新疆是我国棉花第一生产地区，其中新疆地区生产的长绒棉质量位于世界前列。作为振兴民族的产业，我们通过特装展位进行专题展览的方式，对新疆长绒棉进行宣传。

在展位的造型创意上，提取了西域壁画卷云、棉絮等元素，结合新疆长绒棉的特点进行造型设计。以瓦楞纸为建造材料，搭建一个20平方米的特装展位。通过新疆长绒棉实物内容展示去传达展示信息。以实物、视觉等方式丰富展览的趣味性，最终达到我们想要的宣传目的。

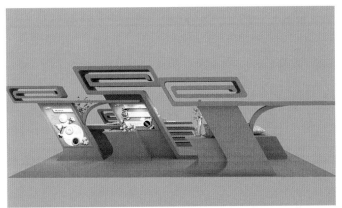

《"筑野"粮食生产可持续化展示空间设计》

年　　级：2018级
学　　生：钟亦龙、罗佳红、卢宇微、尹炫琪、莫本鹏
指导老师：江波

从粮食的来源——稻田文化出发，提炼设计元素。通过利用空间和视觉的呈现方式，展现粮食生产可持续性的相关信息。希望以此为主题特装展位的设计搭建，让大家能够更多地了解粮食可持续化发展的愿景，构筑可持续农食系统，夯实新时期粮食安全。筑梦乡野间，振兴谱新篇。

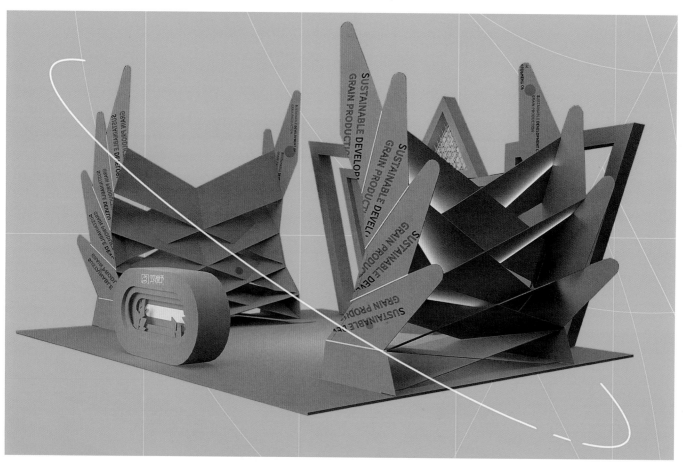

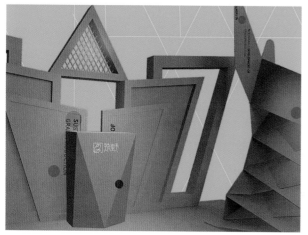

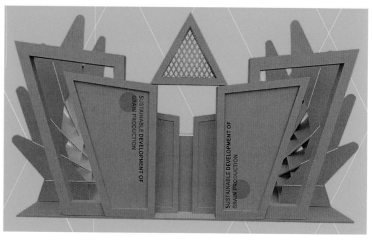

《破茧5G特装展》

年　　级：2018级
学　　生：罗时隆、岑芬妮、谢均高、梁秋秋、邓传涛
指导老师：黄洛华

　　移动通信延续着每十年一代技术的发展规律，已历经1G、2G、3G、4G的发展。每一次代际跃迁的技术进步，都极大地促进了产业升级和经济社会发展。5G是告别了国外的1G到4G的技术，由我国自主研发，更是当今最先进的技术，引领全世界，走到了世界的最前列，从而实现了破茧。

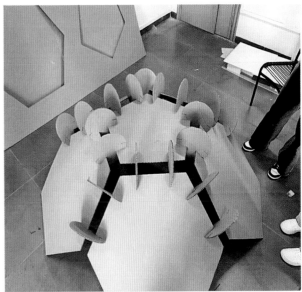
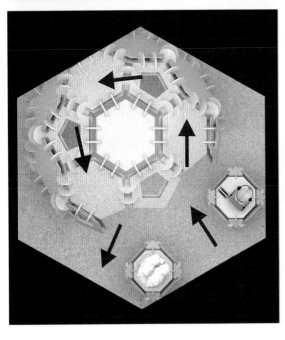

《抑愈》

年　　级：2018级
学　　生：黄健容、莫霜霜、刘玉华、何滢滢、吴赛云
指导老师：贾悍

蜗牛通常寓意着不屈不挠、锲而不舍的精神，是顽强执着、生命力旺盛的象征。但其也像抑郁症患者一般，外表看着坚硬，实则内心非常脆弱，轻轻一碰就会缩回去。因此，本案以蜗牛的形象内涵作为一种态度进行特装展位设计与创作。展位整体造型主要通过提取蜗牛壳上的纹路进行设计和演变，用同一节奏的线条设计出整体展位造型。通过重复旋转等排列方式，丰富展位造型并增加趣味性。

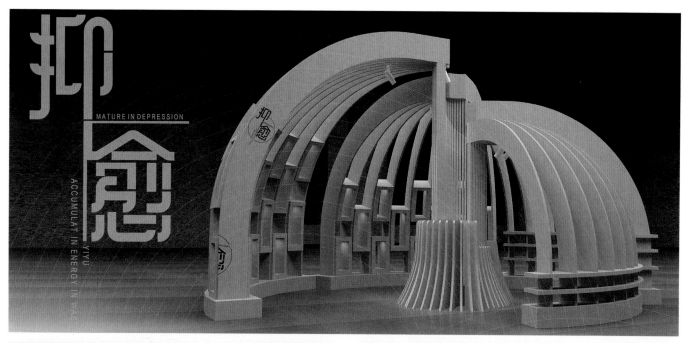

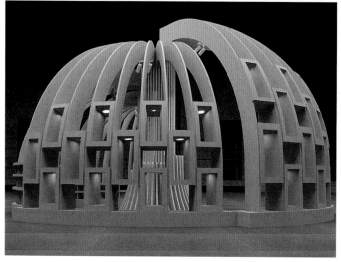
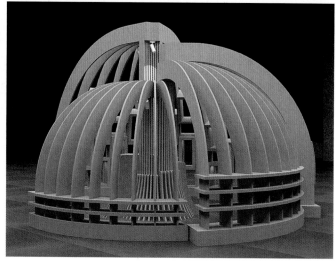

研究生作品

《骆越餐厅》

年　　级：2017级硕士研究生
学　　生：黎雅蔓
指导老师：韦自力

"美丽南方"田园综合体位于广西壮族自治区南宁市西乡塘区，综合体规划面积69.75平方公里。现有10个行政村，人口约5万人。景区客源充足、自然风光优美秀丽，旅游产业资源丰富。近几年，在政府的扶持与发展下，已成为"一轴两翼三带八区"的总体发展格局，新晋为广西文化旅游项目之一。餐饮业是"美丽南方"景区内一项重要的旅游产业，景区内约有25家农家主题餐厅，但是整体风格都较为单一，大多经营者仅对餐厅进行简单装修，餐厅主题不明确，总体缺乏地域文化特色。

《心圩江滨水体育公园景观设计》

年　　级：2017级硕士研究生
学　　生：梁好
指导老师：曾晓泉

　　本设计通过提升原有较差的滨水环境，增加场地使用功能，给周边居民带来更多的运动空间及公共活动绿地，有利于提升城市整体形象。同时，设计通过改善河道环境和周边绿地来提升生态性，在场地长期弃置的空间增加体育锻炼的功能，提高场地的使用率。

　　本设计尝试将两者的优势结合，把体育健身的功能融入滨水公园的优美环境，增加心圩江公园的使用功能，给城市居民的体育锻炼提供适宜的环境，丰富城市居民的居住体验，有利于提高全民健身的参与度。在城市经济发展和城市建设的过程中，应该主动把好生态关，保护和利用好城市滨水环境，发挥滨水环境的生态优越性，将城市滨水公园和体育相结合，创造出更美好的城市体育公园。

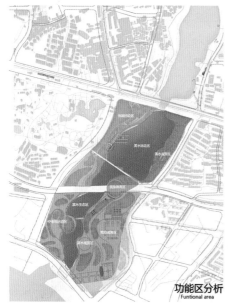

功能区分析
Funtional area

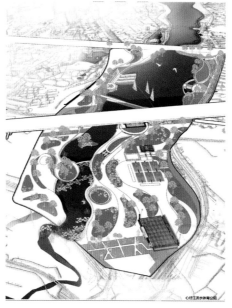

心圩江滨水体育公园

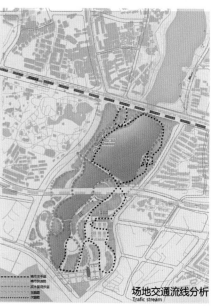

场地交通流线分析
Trafic stream

《钦城人的交往与生活——钦州市老城区公共空间改造设计方案》

年　　级：2017级硕士研究生
学　　生：颜源
指导老师：黄文宪

　　设计选取钦州市人民路片区的公共空间为研究对象，秉承"以人为本"的新型城镇化发展理念，以传承钦州历史文化根基、促进邻里交往及复兴老城生活为目的，通过基地调研了解钦州市老城区的现状和居民的意见与需求，并加以总结、归纳，提出具有针对性与实践性的设计策略和实践方案。

瞭览平台

儿童娱乐区

文化休闲区

观演景观大阶梯

儿童娱乐区

休闲娱乐区

《防城港〈观澜〉民宿设计》

年　　级：2017级硕士研究生
学　　生：邹威
指导老师：莫敷建

　　旅游业在新的经济环境下飞速发展，民宿产业不断发展壮大。现代民宿的设计中，思想潮流的变化带来了设计手法和表现方式的革新，各类元素不断融入现代民宿设计。"时尚"成为现代人们所追求的新型生活方式和体验方式。在互联网的影响下，一些具有特色的民宿在各种网络平台迅速走红，此类民宿也成为当下游客向往和旅游的目的地。以时尚元素为切入点，通过研究国内外民宿、酒店中的基本特性，总结出大多数此类民宿是运用时尚、简约、个性、独特的设计方法。在选择材质及装饰工艺上细致入微，民宿内服务体验别出心裁，这种风格的民宿整体设计有明确的受众群体，越来越被具有消费能力、追求旅行品质的游客所喜爱。

《杨溪村适老化空间提升设计》

年　　级：2017级硕士研究生
学　　生：陈思源
指导老师：彭颖

　　老年人服务中心建筑主要由室外空间、养老休闲空间、半开敞空间、服务空间构成。室外空间主要包含了景观区、种植区及入口区。在半开敞空间，提供了许多供老年人休息的座椅，让老年人在散步后，有休憩的空间，促进与其他人的沟通交谈。

　　建筑造型方面，参考杨溪村原有传统建筑样式，使它与原来传统建筑风貌统一。合院由四栋单体建筑组合而成，建筑高低错落，东面、南面建筑较低，与其他两面较高的建筑形成高差，增强建筑的空间感。造型采用中间低、东西高的错落样式，屋顶延续传统建筑的悬山顶样式，外观呈"人"字形，屋面仅有前后两坡，左右两侧山墙出挑屋面边缘两边。建筑周围设计围合墙面，墙面设置花窗，镂空的花窗以半围合的形式呈现，起到装饰作用。

《陇鉴之名：广西沿边地区乡建民居改造应用研究——以崇左大新县陇鉴屯为例》

年　　级：2017级硕士研究生
学　　生：黄开鸿
指导老师：江波

广西壮族自治区崇左市大新县硕龙镇陇鉴屯内有一个搬空的传统型村落村中遗留的二十余座砖瓦房，生态景观丰富，并连接明仕景区、黑水河与德天瀑布等景点，交通便利，地理位置优越。本项目通过运用互联网+农业+乡村旅游业的组合模式解决"空村"现象，激活场地，以此带动村落地区经济发展，提升村民生活幸福感，保护传统村落文化、民族文化。

在设计手段和方式上，通过结合人文风俗与生态环境，对旧民居进行建筑造型、建筑结构、建筑材料、室内空间等方面的改造设计，重新定义以黄泥、竹、原木、蕉叶、稻草等本土材料和钢、砂、玻璃等现代材料组合后运用于民居结构和室内陈设中的方式，将乡村中的传统民居改造为具有沿边地区人文风情的特色乡村民宿。增加旅游人口，解决乡村经济发展、村落空心化、特色建筑延续和保护等问题。此方案立足于对广西本土边关风情与传统民族文化共生的地域性生态传统民居改造方面的研究，希望通过本方案能尝试找到一条广西边境地区村落特色改造设计之路。

《旅馆经营型山地住宅建筑设计策略研究——以桂林八角寨竹湾安置区为例》

年　　级：2017级硕士研究生
学　　生：许玲
指导老师：玉潘亮

在绕竹弯居民安置区，适宜建筑的选址考虑当地桂北山地气候特点，要综合地形高程、坡度进行分析，尽可能选择背山面水的方向，保证建筑的通风采光和合理的布局。选址时还要考虑不同类型住宅的需求，旅馆经营型住宅要有一定的私密性、安静的环境、优良的观景视野、便利的交通、醒目的位置才能吸引更多的游客前来入住。综合比较三个方案的布局形式，选择集中型的布局进一步深化。

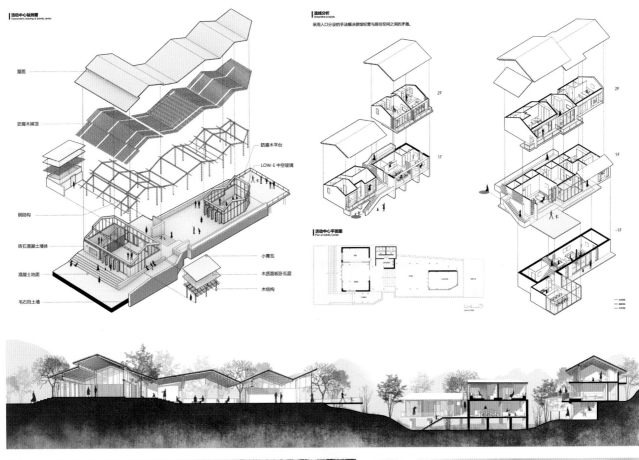

《城镇更新理念下之老街环境设计研究——以蒲庙镇胜利街、汉林街为例》

年　　级：2017级硕士研究生
学　　生：薛映
指导老师：黄文宪

　　首先，应该对老街进行修复。包括建筑立面轮廓的修葺以及街道设施的完善，要保证老街的原真性。在此基础上利用地域特色营造时代特点，提升老街的时代感，促进商业价值的回温，最终达到复兴古镇的目的。其次，要对街道进行疏通。避免出现占道经营的行为，充分利用老街的交通运输空间，合理区分人行道与车行道，使街道交通流畅。再次，要开展老街的整治工作。包括街道两旁店铺门面的更新、老街景观节点的设计。拾遗补缺，调整街道的宽窄。因地制宜，充分利用老街的闲置空间，必要时进行合理的加建，营造安全舒适的漫步空间。最后，老街环境更新设计要注重空间使用上的创新。例如，营造老街漫步空间、夜市商业空间以及休闲空间等，既可以吸引外来游客，又能够为当地居民创造做小型生意的机会，使一个空间有更多的使用价值，起到活化环境的作用。

《南宁市垃圾科普馆展示设计研究》

年　　级：2017级硕士研究生
学　　生：金晶
指导老师：江波

《南宁市武鸣区两江铜矿矿山遗址公园设计》

年　　级：2017级硕士研究生
学　　生：黄伊晗
指导老师：陶雄军

《生态型主题餐饮空间设计研究》

年　　级：2018级硕士研究生
学　　生：覃保翔
指导老师：韦自力

《下灵村民俗博物馆"活化"展示空间设计》

年　　级：2018级硕士研究生
学　　生：马雯静
指导老师：江波

项目设计重点：（1）针对下灵村民俗文化无人系统性研究、整理、总结的现状，通过以乡村民俗博物馆形式的设计实践案例进行归纳；（2）下灵村为战争时期的驻军在此留下的汉族小村落，由于受到周边地域文化的影响，从而衍生出一些壮族文化习俗，将汉族、壮族文化结合运用于此次实践设计项目；（3）展示的内容不仅包括乡村的传统实物器具以及民俗文化精神，还将通过活化手段设计民俗产品并将其展示在乡村民俗博物馆中；（4）将活化理念注入博物馆，每个展示的区域将以散点方式设置民俗文化体验项目，如民俗器皿的手工制作活动；（5）将古建筑作为乡村民俗博物馆的外建筑体，内部进行活化的民俗文化展示，例如手工艺人现场制作、民俗艺人现场表演等，将物质文化与非物质文化结合，用物质文化凝固住非物质文化。

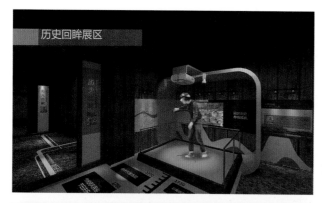

《桂东南陆川县客家古建筑群修复设计研究——以长旺村老屋组团为例》

年　　级：2018级硕士研究生
学　　生：梁添凯
指导老师：黄文宪

长旺村古称蕴珠村修复设计原则与意向：建筑主体，建筑主体应业主要求，重塑长旺村悠久历史，坚持"修旧如旧"原则。针对损毁或因历史原因消失的建筑，采用走访和考察对比等方式，尽可能恢复原始格局形制。对于现有建筑已经不能使用的屋宇或结构部分，采取推倒重建更换的做法，与原有建筑结构相互共存。细部装饰方面，老屋建筑组团三座围屋的装饰构件多为功能与装饰一体的性质。对于原有的目前保护尚可的装饰采用刷漆打磨等修复方法，如罩落、花窗和帐枋等。对于壁画类先进行取样，之后按原样重新绘制。对于损毁十分严重的部件，修复采用的方式是在玉林地区取样之后按照传统恢复。景观轴线和功能拓展方面，景观轴线位于老屋建筑组团的前部，相依的有马路、民居、风水池和护城河等。在对此处进行规划时，坚持原地取材和不破坏原有形态的前提下进行设计。最终预期达到的效果是适应环境、改善环境、升华内涵、亲近环境、亲近大众。

《基于地域文化的乡村风貌——以南宁市良庆区那排坡为例》

年　　级：2018级硕士研究生
学　　生：田世林
指导老师：莫敷建

　　新建类民居建筑是那排坡现阶段风貌控制设计的主要内容主要以村民自建房为主。民居建筑主要为整贴瓷砖立面和裸露烧结砖立面两种类型，且多数自建民居都十分完整，主要针对屋顶形制、建筑立面、装饰构件等进行改造提升。旧址改建类是对于格局较为完整的传统民居进行设计改造，绝大部分村民都不愿住进整体居住环境较差的传统民居，老旧民居被当作杂物房、柴房等使用。因此，在民居改建时还需要考虑到功能的转换。在原本建筑的形式基础之上，采取适当改建部分建筑空间、院落空间和拆除无法整修部分的方式，丰富建筑的立面外形。而在细节控制上则延续传统的屋面形式，对其墙体、装饰部件、门窗样式等三个方面进行介入更新，适当地在原本的形式之上做突破。而在材料和色彩的搭配上则沿用设计架构中的规定，以保证整体风貌形式的延续性和统一性。

《 芳华——抱团养老模式下的平天新坡再生利用设计研究 》

年　　级：2018级硕士研究生
学　　生：黄泽禹
指导老师：莫敷建

　　我国老龄化问题日益凸显，现有的几种养老模式已经不能满足急剧增加的老龄人口，国家和社会都在积极探索更多的养老模式。作品以"抱团养老"的这种正在探索中的新型养老模式为切入点，以南宁市良庆区大塘镇平天新坡的废弃旧宅为设计对象，探索将其再生利用以适合"抱团养老"空间的可行性。本设计的主要目的在于试着将城市养老人群吸引到乡村，缓解城市养老压力。平天新坡属于南宁市的近郊村，交通方便，有着独特的文化，周边旅游资源丰富，可以更好地吸引"抱团养老"人群入住。平天新坡旧村闲置的房屋，为相邻又全部独立的壮族传统民居，将这些闲置的房屋整合起来，围成一个个相对独立的小组团，再将其中的一些房屋改造为养老的配套空间，形成了既私密又相互关联的一个"抱团养老"社区。"抱团养老"社区的建设，关注、切合、提升了养老人群的需求，解决了旧村房屋闲置的问题，使村里产业单一的问题得到了解决，周围养老服务的各种产业可以为村民提供工作岗位，增加村民收入，吸引年轻人回归，促进以养带建、互助发展。

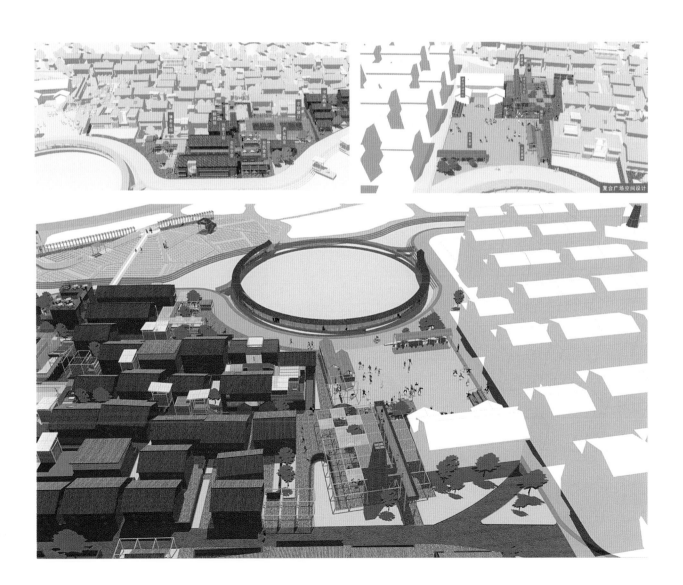

《传统安全观下的村落空间形态研究与重现设计——以广西磨庄为例》

年　　级：2018级硕士研究生
学　　生：司凯文
指导老师：贾思怡

项目位于广西壮族自治区南宁市上林县巷贤镇磨庄，是一个防御性特征突出的历史村落。调研发现，村落中少有可以供游客驻足吃饭、休息的场所，旧建筑紧靠新建筑，建筑密度较高，祖堂与民居是磨庄村落中重要的历史文化载体，是往来游客主要欣赏参观的场所。但在村中参观的游客在此停留的时间不超两小时，这对于村落历史文化内涵以及村落的防御性建筑特点的了解远远不够。设计从尊重村落历史文化的角度出发，针对不同功能的建筑，采用针对性的设计方法，在不破坏其防御性特征的基础上，提升"空心"民居与磨氏祖堂的使用价值。

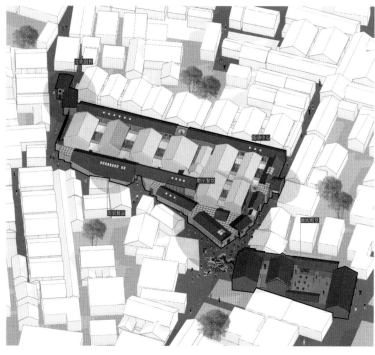

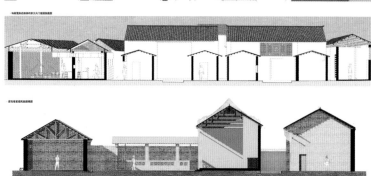

《康养型农旅综合体景观设计研究——以广西大新县明仕村为例》

年　　级：2018级硕士研究生
学　　生：李凯强
指导老师：林海

本方案设计地块风景资源丰富，周边旅游设施完备，具有较好的旅游开发基础，但旅游产业模式相对单一，为丰富其产业结构，增加对游客的吸引力，形成了基于康养模式下结合本地优势风景资源的农旅综合体设计方案。本方案占地28公顷，设计中将保留大量的基本农田、甘蔗田，一方面可以作为植物造景，另一方面使游客深入体验稻作文化、农耕文化，在保证农耕产业的基础上发展第三产业，助力乡村振兴。由于得天独厚的自然风景资源，在侧重于农耕文化保护的同时，结合园艺疗法增建"五感"果蔬种植园、"抗抑郁花草带"、康养中心等康养景观与服务设施，为游客、亚健康人群、老年人群提供具有针对性的康养景观与服务设施。同时，通过在功能设计中增加康养服务，弥补农旅综合体受季节性影响而造成的客流波动，保证农旅综合体的正常运作。

《文化景观遗产视角下广西龙胜细门村景观规划设计研究》

年　　级：2018级硕士研究生
学　　生：钟雯婧
指导老师：彭颖

《碧滩栖鹭——生态修复理念下的城市湿地公园景观设计研究》

年　　级：2018级硕士研究生
学　　生：韩尚廷
指导老师：陈建国

　　本设计充分利用场地现有的人工鱼塘养殖池水体，结合上游大王滩水库引水，将场地内外水系进行连通，构建完整的水体系统。结合地形改造，利用引水规划的开阔水面，设置相应的长堤、岛、桥等，形成切割水面的效果。将其与水系规划结合进行修复，结合场地现状调整原有农田与水体之间的关系，将农田与堤埂分割开的农田斑块与水网斑块进行整合与改造，使得各个水体之间形成整体上相互独立又存在一定贯通关系的结构系统。应对场地现状的鱼塘养殖池予以保留并进行整合与改造，进行清淤和基底形态调整，结合生态岛等设计，创造良好的水生生物成长空间。通过亲水平台、栈道等亲水设施与自然驳岸相结合，增加游客在大王滩湿地公园内的参与感与互动性。在遵循以乡土植物为原则的基础上，搭配种植耐水湿兼具观赏性的临水植物，增加滨水区域的生态性与空间观赏性。

《笔山村村落空间更新设计》

年　　级：2019级硕士研究生
学　　生：邱梦杰
指导老师：黄文宪

　　目前，国内关于"城市针灸"的理论主要运用于城市更新，乡村层面的研究较为缺乏。乡村和城市一样可以理解为一个有机生命体，在尊重传统村落空间结构的基础上，引用"针灸疗法"，激发乡村活力。鉴于此，本设计以笔山村作为设计实例，试将"城市针灸"写入传统村落中，结合传统村落内生条件的优势，提出适用于村落空间更新的"针灸策略"，从而使传统村落重新焕发生机，并为其他传统村落更新改造提供借鉴意义。

《〈至合〉办公空间设计》

年　　级：2019级硕士研究生
学　　生：梁清霞
指导老师：韦自力

　　该办公空间位于广西壮族自治区南宁市，项目所在地为南宁糖业机械修理厂旧址，现处于闲置状态。该设计公司主要从事室内设计等业务，根据其办公活动和部门性质进行办公区域的划分，通过对历史与现代、整体与局部、空间与功能、材质与色彩、光影与环境、生态与自然的整合，实现旧工业建筑向现代化空间的跨越，在更新改造过程中融入新的功能、新的工作需求，把突出场地工业文化、营造健康、高效的办公环境作为最终的设计目标。

《吴元猷纪念馆展示设计》

年　　级：2019级硕士研究生
学　　生：韦礼礼
指导老师：江波

　　道郡村位于海口旅游发展总体规划中的"滨海东部生态休闲度假旅游发展区"。为了配合战略需求，应挖掘该村的潜在旅游文化资源。在了解该村庄的历史背景后，将吴元猷将军故居进行修葺、改造，作为吴元猷将军个人纪念馆使用，服务于村民与游客。吴元猷将军故居作为该村庄的重要文化遗产资源，设计中尽可能地在保持其原有建筑结构与历史痕迹的情况下进行改造。纪念馆将吴元猷将军的生平介绍，结合当时的历史与特色人文背景进行展示，以此来吸引游客、提高旅游价值，增强村民对当地人文历史的了解和兴趣。

《心灵捕手——基于积极心理学视角下高校治愈空间设计》

年　　级：2019级硕士研究生
学　　生：魏雨晴
指导老师：莫敷建

　　大学校园是孕育未来人才的重要场所，在面对大学生不同的心理活动和情感需求时，以积极心理学的角度去探索"以人为本"的校园治愈空间，缓解大学生在校园承受的压力和焦虑等现象，使其情绪得到宣泄与释放。设计以人的"七情六欲"为出发点，打造校园"六欲"空间，分别以"见欲""香欲""身欲""听欲""意欲""表达欲"对应六欲中的"眼""鼻""身""耳""意""舌"。通过感官打造沉浸式校园治愈空间。

《打造乡村振兴人才培训示范基地——以广西多脉村党群中心为例》

年级：2019级硕士研究生
学生：梁钦健
指导老师：莫敷建

以打造乡村振兴人才培训示范基地为主题，壮族文化为主线，逐步提升乡村环境，提高村民生活品质，服务乡村振兴发展。优化道路：完善道路布局，增强可达性。场地塑造：合理利用地形高差，融入乡村特色、历史文化、民俗风情，塑造景观空间。植物设计：保护现场5棵大树，发挥本土化植物生态效益。建筑改造：村落民居建筑文化被记忆，融合现代需求功能获新生。

《城市社区公园弹性设计——水塘江段雨洪调控下社区公园景观设计》

年　　级：2019级硕士研究生
学　　生：杜相宜
指导老师：林海

本项目在城市社区公园15~20分钟生活圈的活动背景下，综合场地现状将城市雨洪管理理念融入景观设计，综合考虑场地的自然、气候、土壤和水文条件，并将建筑、道路、地形等其他景观要素有机结合，丰富场地原路面，结合微地形高差做出相应规划，并充分考虑生物群落介入生态修复设计。设计基地在周围环境基础上，对地块功能空间、基础设施等进行组织安排，以功能社区活动、游览休憩为主，园路系统主次分明、方向明确，适当放宽人流活动聚集区域空间尺度，适当降低休憩区园路密度。

《穿廊引院，街市茜生——南宁市发展大道城市游园景观活化设计》

年　　级：2019级硕士研究生
学　　生：唐秋芳
指导老师：陈建国

　　随着中国城市化速度的加快，许多城市大规模、盲目开发土地资源，导致了建筑密度越来越大、城市绿化面积越来越小。在这样的困局之下，城市游园的出现为人们提供了休憩的场所。如何高效利用土地资源，建设改善人们的生活环境已经成为新时期、新形势下研究设计的重要趋势。基于我国城市游园发展现状和面临的问题，选取以南宁市发展大道城市街头游园建设项目这一具有代表性的典型样本空间进行布局与设计。

《江水潺潺帆影过——城市织补视角下的南宁港滨江公园景观空间设计》

年　　级：2019级硕士研究生
学　　生：白晓创
指导老师：彭颖

　　场地位于广西壮族自治区南宁市西乡塘区，处于邕江中段，起点为清川大桥，终点为中兴大桥。城区码头的废弃不可避免，如何用发展的眼光，通过合理规划和技术让邻近旧码头的区域走向重生，找到新时期旧码头与城市共生的方式。上尧码头有很重要的历史价值，是当地先民精神以及生活缩影之所在。场地内有几座传统庙宇，在节庆日附近居民会来此祭拜，可以适当开展一些民俗活动。

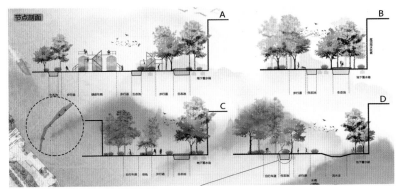

五

师生论文

建筑艺术设计类工作营实践教学研究

——以中国·印度尼西亚建筑设计联合实践工作营为例

韦自力

摘　要： 本文通过中国·印度尼西亚建筑设计联合实践工作营教学所呈现出来的主动探索与信息共享交融、主题训练与在地实践交融、团队协作与个性培养交融等多元化的特点，探讨触动学科发展的新思路和新途径，强调跨界多元、融合创新的人才培养理念是构建适应国际环境、国内需求的新文科人才培养模式建立的基石和保障。

关键词： 建筑设计；工作营；教学；人才培养

一、引言

创新教育是社会发展的永恒动力，也是高层次人才培养的核心。创新教育本着理想化的需要，为满足社会需求，进行创新人才培养体系和模式的转型升级。社会的进步和发展，促使高校创新人才培养体系和模式的不断变更，学科建设中进行专业课程的重组，把现代的信息技术融入学科建设，以交叉融合、协同创新、资源共享为主要途径，促进学科升级换代。当下，新文科、新工科发展已成为高校教育的新热点、新方向，它将稳定而持续地为学生提供综合性、跨学科的学习机会，拓展创新人才培养理论体系和模式。

设计学作为新文科专业集群的一个重要组成部分，其人才培养模式的改革必须具备一系列新的特征。首先是战略性特征，新文科要求学科建设能够根据国际环境的复杂性和国内形势的需要，服务于我国社会领域的全面发展，体现出大国情怀和担当，奠定思想观念和精神层面的理论基础；其次是创新性特征，对传统学科进行转型升级，寻找传统文科领域的新突破，实现新文科人才培养的机制创新和模式创新；再次是融合性特征，新文科包含了多学科的交融与渗透，其关联性可以在人文社会科学领域开展，也可以在文工交叉、文理交叉等领域相互渗透；最后是发展性特征，事物的发展总是表现为一个不断变化的动态过程，它存在着许多不确定因素，这些因素的存在使问题的解决方式呈现多样化特征和无固定模式，需要通过诸多的实践和探索，去丰富和完善解决问题的思路和方法，这些都是高校人才培养应该思考的地方。

二、专题性设计工作营教学模式促进高校人才培养模式的创新

设计工作营教学是艺术设计类院校针对封闭式教学模式弊端而采取的多元化实践教学活动，这些实践教学活动围绕某一主题展开，用"走出去""引进来"的方式邀请一所或多所学校参与，邀请与主题活动相关的社会专家参与课题性教学、在地化实践，和院校的师生一起进行主题实践创新。因此，工作营教学活动是一种具有针对性的教学创新活动。

设计工作营活动时间不长，一般为一周时间，但其针对性强、效率高，教学内容交叉、多元，教学形式灵活多变，学生们可以在地训练，体验实践性教学的动态过程。通过实践的认知手段和途径去寻求问题的原创性解决思路，并且通过不同的媒介去开展设计的创新。这种密集化、高强度、短周期的实践教学方式对学生的实践能力、创新能力及协调能力都有很好的促进作用。

近年来，国内外高校联合企业举办设计工作营活动颇为流行，如"中澳跨文化设计国际工作营""ICID跨文化国际整合设计论坛暨工作营""中国·东盟建筑艺术工作营"等。国际工作营促进了国内外校际间的交流与合作，鼓励学生用发展的眼光、跨领域的思维去理解设计，

运用协同创新的模式解决各种主题的专项案例。这一重视过程的协作式教学对参与活动的学生来说是一次很好的实践创新体验,激发了青年学生的创造力和创新思维的开发。这种无固定模式的思维方式也体现了新文科人才培养的趋势和特点。

三、中国·印度尼西亚建筑设计联合实践工作营概况及呈现

(一)工作营实践性教学的背景及过程

1. 工作营的实践性教学背景

随着中国·东盟博览会、中国·东盟商务与投资峰会举办地永久性落户广西南宁,南宁瞬间成为世界瞩目的中心,同时南宁也借助于东盟商业圈的中心地缘优势成为东盟区域经济和文化交流中心。2017年3月,由广西艺术学院倡议成立"中国·东盟艺术高校联盟"成立大会在广西南宁举行,该高校艺术联盟响应高等教育国际化趋势,顺应了高等教育国际化发展的时代化潮流。为中国和东盟国家搭建起一个广阔的艺术类高校合作平台,这个平台的搭建拓宽了联盟间的交流渠道,丰富了合作内涵,促进了中国·东盟文化艺术的互通与共享,增进了双方艺术高校师生对彼此文化和艺术的了解,拥有跨文化交流的能力,彼此共享跨文化交流带来的成果。在这一背景下,广西艺术学院大力开展与东盟国家为主的国际交流与教育合作,如"中国·东盟音乐周""中国·东盟舞蹈教育论坛""中国·东盟建筑空间设计教育高峰论坛"等有影响力的国际化专业论坛,每年吸引五百余位国内外优秀艺术家到校访问,成为促进区域文化艺术和教育交流的三大平台。"中国·印度尼西亚建筑设计联合实践工作营"正是在这一背景下开展的一次实践性教学活动。

2. 工作营实践教学过程

中国·印度尼西亚建筑设计联合实践工作营的活动安排:第一天,开幕式、专题性学术讲座,分别由我国广西艺术学院、广西民族大学、南宁师范大学以及印度尼西亚马拉那达大学的教授、副教授和博士担任演讲嘉宾;第二天至第四天,到桂林龙胜各族自治县龙脊景区的古壮寨、平安壮寨展开工作营实地调研活动,参观龙脊古壮寨

生态博物馆,进行主题性工作营的资料收集和在地化设计工作;第五天、第六天,在广西艺术学院进行主题创作的实践与交流;第六天晚上举行工作营设计成果分享会、活动总结和闭幕式。

(二)工作营实践性教学的特点

1. 多元融合与信息共享

联合实践工作营活动的参与院校分别由我国广西艺术学院、广西民族大学、南宁师范大学以及印度尼西亚马拉那达大学的12位导师和30位本科学生组成在地训练工作组,学生分为十组,打散组合,本院学生不能重复组合在一个小组,中国和印度尼西亚两国的六位导师分别在开幕式上进行主题演讲,并连同三位来自建筑设计企业的专家一起在工作营活动的分享、总结交流会上对学生的设计作品进行点评。不同国度师生的组合与参与,丰富了工作营教学的内涵,工作营既是信息共享的平台,又是国际学术交流的平台,促进了双方建筑设计领域的交流互建。工作营活动的组织方式,体现出了教学的多元融合与信息共享特点,这个特点不仅体现在参与的院校和参与的人员构成上,在工作小组的选题上也有体现。

2. 主题性训练与在地化实践相结合

联合实践工作营教学活动的地点安排在龙脊古壮寨、平安壮寨等传统村落里,活动的主题设定为"村落传统文化还原与再造实践"以及"景区民宿建筑的升级改造实践",师生们实地考察、在地训练,具有较强的针对性。工作营以解决文化遗产保护、乡村振兴建设和传统村落旅游业态问题为导向,考虑传统村落发展的多样性和复杂性特点。从跨领域的现代教学思路出发,让工作小组成员自己选题,寻找介入传统村落发展的切入点,使工作营的训练呈现持续性、动态性特点,使主题的训练活动始终处于思维发散的探索中。

(1)主题性调研

从传统村落的自然条件、文化属性、经济条件等因素出发,对传统村落中的自然环境、人文环境、民居建筑、村落道路、基础设施等进行调查访问和资料收集,为后续工作做好铺垫。

(2)在地化设计

第一,采用分类保护、分区建设的策略,对传统村落中保存完好的历史性建筑,采用"修旧如旧"的办法,

保护好建筑的历史风貌，并作为文化示范户对外开放。对传统村落中的一般性建筑，在保持其外观与传统村落一致的基础上对其内部生活环境和生活设施进行提升，使其符合现代生活的需要。对已存在的破坏性建筑（方盒子），进行建筑的文化还原，强化历史建筑的特征。第二，根据民宿所处的位置，寻找民宿改造设计的方法，对拥有景区资源的民宿，可以合理利用已有资源回应场地的特殊性和构造的适应性，强化民宿建筑的再造性利用；而远离景区观景点的民宿，则需要寻找资源整合的各种可能性，如把"水"这一生态资源引入民宿内，打造民宿水主题空间吸引游客，增加民宿的附加值。第三，根据游客的需求，考虑景区所需的基础设施的营建，包括传统民宿文化场所的营建，开展传统营建技艺传承与现代技术推广工作。

3. 团队协作兼顾个体培养

小组的构成以学校间打散重构为基础，以自愿为原则进行组合。人员配置考虑能力互补、专长互补，有意混合各专业背景的学生组成工作小组，形成包容性更强的设计团队，保证团队教学和工作任务的顺利完成。每个小组选定小组长，小组长统筹整个工作的进度和安排，并分配好组员的工作任务。每一个小组成员都是学习的主体，大家相互信任、相互支持，小组成员根据自己的能力特点，为传统村落的保护和传统民居建筑再造提供多样化的意见和建议。在凸显头脑风暴和团队协作优势的同时，兼顾小组成员个性能力的培养，使之成为具备团队协作能力和自我提升能力的建设性人才。

4. 主动探究替代被动接受

联合实践工作营的教学活动是以实际问题解决为主导的在地化教学活动。以解决传统村落中存在的典型问题、普遍问题为抓手，培养学生解决问题的思维逻辑。对于工作营的学生来说，这种逻辑式教学法给予了他们更多自主学习的维度，选择的问题也更有挑战性。如对于"方盒子建筑"破坏村落传统风貌的问题、对于传统村落环境防火问题、对于合性理利用村落资源解决民宿改造设计问题等。这些问题的解决，需要学生主动探究、积极思考。从问题的逻辑关系中寻找解决问题的办法，并选择最为优化的思路呈现出来。相对于被动接受而言，主动探究的学习方式不仅重视问题解决答案，连同问题解决的过程以及解决问题的逻辑思维活动也很受重视，因此我们可以看到

主动探究对现代人才培养带来的益处。

5. 交流分享促进综合能力的提升

交流分享是国际社会互联、互通的基本特征。人们通过交流可以了解不同国家、不同地区间的文化；人们通过分享也可以了解对方的想法和思路；还可以通过交流分享展现自我、推销自我……联合实践工作营的交流与分享贯穿整个工作营的教学活动过程，师生们在乡村振兴实践中既有分工又有合作，分享见解、交流意见，在接受和批判性接受他人意见中去完善自己对传统村落传承创新的看法。这种交流与分享能力的培养不仅决定了学生专业素质的高低，也决定了学生未来的人生格局。

四、专题性工作营教学对高校人才培养模式的启示

随着乡村振兴战略和文化遗产保护越发受到高等教育的重视以及新文科人才培养理念的提出，我国建筑艺术设计类专业人才培养模式、培养体系也面临转型发展时期。传统单一性的专业背景和相对封闭的课程教学模式以及固定的课堂培养体系向文理交融、文工交融的新文科培养模式发展是不可避免的。因此，新文科培养模式下的本科应用型创新人才培养模式将是基础理论和社会实践相结合的培养模式。

中国・印度尼西亚联合实践营是强调设计逻辑与文化创新的实践性活动，是跨域、多元、灵活、实用的创新人才培养模式的探索。联合实践工作营的师生来自不同的国度、不同的院校、不同的企业，活动增加了校企、校地、校校之间的联系与交融，对于开阔学生的国际化视野、开拓设计思维有很大的帮助。活动不仅提升了学生的专业能力，而且在综合能力培养方面也有很大的提升，因此用工作营的实践教学活动触动高校人才培养的机制创新和组织创新，促进新文科人才培养体系的建设和完善无疑是有效的办法之一。

五、结语

新文科建设是在新的国际环境和国内形势下提出的学科发展新思路，它突破了传统文科育人的理念。因此，

中国·印度尼西亚建筑设计联合实践工作营的教学活动对新文科建设起到了抛砖引玉和推波助澜的作用。同时，我们也要清醒地认识到，类似的联合实践工作营活动的开展仅仅是高等院校课程建设和教学改革重要的组成部分。它可以平行于新文科建设的阶段性目标，成为新文科人才培养体系和常态化教学的补充，而不是新文科人才培养的主要手段。只有跨学科领域人才培养模式得到全面的推广和实施，真正形成一流本科专业集群，才能更好地服务和支撑我国经济建设的发展。

参考文献：

【1】 段禹，崔延强. 新文科建设的理论内涵与实践路向［J］. 云南师范大学学报（哲学社会科学版），2020，52（2）：149-156.

【2】 唐衍军，蒋翠珍. 跨界融合：新时代新文科人才培养的新进路［J］. 当代教育科学，2020（2）：71-74.

【3】 胡煜寒，屠良平. 学科交叉与跨界融合推动创新型人才培养［J］. 科技创业月刊，2017，30（18）：45-47.

【4】 漆彦忠. 新文科应用能力培养目标内涵及其路径探析［J］. 科技创业月刊，2020，33（12）：131-134.

基金项目：文章系广西高等教育本科教学改革工程项目"建筑艺术设计类创新人才联合工作营培养模式研究"（项目编号：2018JGA225）成果之一。

共享文化景观遗产视角下桂林西山摩崖造像的数字化初探

黄　铮

摘　要： 唐代南方五大丛林之一的西庆林寺位于桂林市西山，寺庙崩毁后遗存了98龛242尊摩崖造像，大量的佛龛和灯龛。佛像风格反映了印度秣陀罗时期佛教艺术对我国摩崖造像的影响，同时也印证了汉传佛教存在一条陆路之外经海上传播的路线。如今这些文化景观遗产被遗忘在西山诸峰深处，缺少保护和利用。数字化时代为文化景观遗产的保护和利用提供了新的平台和技术支撑，展示地方文化景观遗产的未来走向。基于桂林地域文化，本文尝试从共享文化景观的角度，"线下+线上"相结合的形式讨论如何共享西山摩崖造像遗产，研究结果将为分布在桂林市区多达160处的600余尊摩崖造像保护和共享提供设计借鉴，为公众数字化共享文化景观遗产提供一种新的思路。

关键词： 文化景观遗产；共享；数字化；桂林；摩崖造像；城市有机更新

一、定义和国际保护条约

（一）文化景观遗产

联合国教科文组织从属性角度将人类遗产分为自然遗产、物质文化遗产（有形文化遗产）和非物质文化遗产（无形文化遗产）三大类，三类遗产相互交叉、密不可分，无论是在东方还是西方的语境里都具有物质性和精神性双重含义[1]。

从保护和管理角度，世界遗产分为自然遗产（Natural Heritage）、文化遗产（Cultural Heritage）和复合遗产（Mixed Cultural and Natural Heritage）三大类。1992年12月，联合国教科文组织世界遗产委员会第16届会议中，将文化景观遗产（Cultural Landscapes）补增为第四类遗产。世界遗产委员会颁布《操作指南》中将文化景观划分为三类，其中有机进化的景观类型，是产生于原始的社会宗教需求，与周边的自然环境相互联系，并与当地传统的生活方式连接，文化景观遗产仍处于活态演变发展过程中，具有积极的社会意义[2]。早在20世纪初期，文化地理学说的代表美国地理学家卡尔·索尔（Carl Ortwin Sauer）就提出，在文化景观里文化是驱动力，自然是实现的媒介，两者相互交融形成独特的人类文化痕迹[3]。联合国教科文组织对文化景观遗产的定义是：人类有意识建造活动，在自然

环境和人类经济、文化的推动下不断发生的进化，表现出地域的特征和文化意义，具有明显的普遍价值和明确的区域文化特征[4]。

（二）国际保护条约中的共享意识演进

1977年12月，国际建筑协会发表的《马丘比丘宪章》继承和发展了《雅典宪章》，强调城市的个性和特性取决于城市的体型结构和社会特征，保存和维护好城市的历史遗址和古迹，应积极鼓励公众参与文化遗产保护。2003年，国际文物保护与修复研究中心举办的生活保护宗教遗产论坛中，倡导遗产的活态保护和利用。在2008年第32届世界遗产大会上，世界遗产委员会将"世界遗产的战略目标"从《布达佩斯宣言》的"4C"上升为"5C"，增加了"社区"（Community）概念，强调当地民众对世界遗产及其可持续发展的重要性[5]。2012年，世界遗产委员会更是将《世界遗产公约》诞生40周年的主题定为"世界遗产与可持续发展：本地社区的作用"，凸显出关注生活在遗产中的社区民众，以及遗产与社区之间的重要联系。

2014年发表的《奈良+20：关于遗产实践、文化价值和真实性概念的回顾性文件》继承了《奈良真实性文件》对于文化景观遗产社区保护中的重要作用，通过二十年以来的实践经验，肯定了社区民众作为重要的利益相关者，在保护和共享中发挥的重要作用，并呼吁将

社区民众纳入遗产利用和管理之中[6]。隶属于国际古迹遗址理事会（ICOMOS）下的共享建筑遗产委员会（ISCBH）关注于遗产共享领域的研究，2020年4月18日ICOMOS国际古迹遗址日的主题为"共享文化、共享遗产、共享责任"，文化遗产作为文化认同的一部分，会议呼吁各团体和社区紧密相连，强调遗产的包容和共享，文化景观遗产的保护和利用正在成为世界各国和文化组织关注的热点。

（三）共享文化景观遗产

共享文化景观遗产思路缘起于"城市有机更新"理论。"城市更新"（Urban Renewal）来源于20世纪50年代之后，欧美国家从城市功能入手对城市基础设施、建筑物、遗迹保护以及城市规划进行局部或整体的整理和重建，以解决城市功能萎缩问题，改善居住环境复兴城市。在此理论基础上，清华大学吴良镛教授在"城市更新"理论基础上提出"城市有机更新"，他引入了生物学的知识，形成了城市发展和演变，表现了整体、和谐、成长、衰落的思想。认为城市如同鲜活的生命体有机被联系在一起，从城市的"保护与发展"角度，他主张顺应城市的肌理，在可持续发展的基础上进行城市有机更新建设活动[7]。"城市有机更新"的概念最早在北京旧城更新中得到应用，在继承传统和当代更新上获得有益的探索。

世界遗产——不儿罕合勒敦山及其周围的神圣景观（Great Burkhan Khaldun Mountain and its Surrounding Sacred Landscape）位于蒙古国境内，不儿罕合勒敦山是成吉思汗的出生地和埋葬地，也是萨满教与佛教共同的崇拜之地，被蒙古人称为圣山。联合国教科文组织在认定其为世界遗产的讨论时，由于当地居民保持着传统的保护方式，约束在山上的打猎、砍柴和其他开发行为，保持了其神圣性，委员们肯定社区居民作为利益相关者对于遗产发自内心的尊重、可持续保护和传承。

泰国素可泰历史遗迹公园（Sukothai Historical Park）在1991年被联合国教科文组织列入世界文化遗产名单，在这里保留着13世纪中期泰国历史上首个王朝——素可泰王朝的宫殿、寺庙以及城墙的遗迹残骸。经过修缮保护，现今公园已成为旅游景点、村落和社区公园一体的文化景观遗产，历史遗迹与市民生活和睦相处。西安的古城墙整体性改造成为西安城市形象名片，除了开放旅游之外，逐步成为社区公众日常生活的场所，各种节庆活动、体育赛事和民众日常健身都能够在城墙范围内举行，城墙利用应当适度，保护与共享不矛盾，文化景观遗产得到了活态发展[8]。

二、数字化文化景观

在数字化、科技飞速发展的现代，数字化文化景观正在创造出一种全新的线下视觉和精神体验。景观数字化设计是运用各种现代数字化技术，结合景观场地并通过各种交互行为来创造出超越传统、超越现实，可控的虚拟景观空间。创新性地利用数字化保护文化景观遗产，是当下景观和遗产界的热点[9]，本文将数字化景观分为线下现实景观和线上虚拟景观两个方面。

近年来，数字化技术的迅猛发展，各国在景观数字化方面推陈出新。在1993年世界电子年会上，美国科学家Brdea和Philipe Coifet提出沉浸感、交互性和构想性为数字化虚拟现实技术三大主要的特征[10]。韩国首尔的韩国SM娱乐公司名为"Wave"的LED显示屏，逼真的浪潮不断向外冲击，甚至在现场还能听到海浪的声音，仿佛大海近在眼前，完美融合创意艺术和现代科技手段。日本很早已经开始通过数字化技术，加大文化遗产开发力度，传播文化魅力。京都高台寺推出的"夜游"项目，在京都高台寺（Kodai-ji）创新地引入全息投影技术带来的梦幻效果枯山水灯光秀（图1），佛教文化与现代科技融合互动，展现出一片古朴而神秘的禅宗美学。遗产保护以文化传承为目的，景观设计中运用数字化技术是必然趋势，数字景观突破了传统时空维度的限制，是科技与艺术的全面表达[11]。南浔古镇借助数字化技术，夜景灯光设计中结合声、光、电等数字化多媒体技术，设计出"桑蚕南浔""商之南浔""梦回南浔""百家南浔"四个主题夜景。在2.1公里总游线里，3D投影、互动景观装置、舞台电脑灯、投射激光等数字化手段还原了古镇历史场景，让游客体验到南浔古镇文化景观遗产的独特魅力（图2）。

线上虚拟景观的途径集中在三个方面，首先利用数字化技术对文化景观遗产完成数据扫描、整理和编辑，建

图1　京都高台寺波心庭

图2　南浔古镇主题夜景

立数字档案馆。其次是借助多媒体、VR、AR、MR等虚拟现实技术，完整复原和再现出一个虚拟的历史时空，建立虚拟博物馆，云游文化遗产景观，通过数字化技术手段达到传播、教育、科普等功能。20世纪90年代初，敦煌研究院率先开始做敦煌石窟数字化保护，文化景观遗产的数字化走在全国前列。近些年，国内在线上虚拟景观建设卓有成效，如立足于推广上海市优秀历史建筑的手机端应用软件"行走上海"，文化科普的微信小程序"数字故宫"和立足于游戏技术打造的社会公益小程序"云游长城"。数字化技术融合了景观、历史、考古、计算机、艺术等多学科，强化互动增添趣味，推进了文化景观遗产活态保护利用。最后是数字化形象的开发，延伸数字形象产品的整体价值。

2022年，中共中央办公厅、国务院办公厅印发了《关于推进实施国家文化数字化战略的意见》文件中明确提出：到"十四五"时期末，基本建成文化数字化基础设施和服务平台，形成线上线下融合互动、立体覆盖的文化服务供给体系。到2035年，建成物理分布、逻辑关联、快速链接、高效搜索、全面共享、重点集成的国家文化大数据体系，中华文化全景呈现，中华文化数字化成果全民共享[12]。该《意见》鼓励文化产业数字化创新，将文化产业数字化上升为民族复兴的战略高度，这将为文化遗产景观的发展带来新的平台和契机。目前我国文化遗产保护和共享的主导权在政府，公众数字化共享参与主要集中在数据的收集，缺少话语权，数字化时代文化遗产景观从被动参与到主动共享[13]。

三、西山摩崖造像和桂林石刻遗产现状

桂林城风景如画，独特的喀斯特地貌奇峰林立、碧水环抱，摩崖造像多开凿于静谧山林之中，注重雕像与周边环境相结合。摩崖造像文化景观最能代表桂林的山水文化特征，西山摩崖造像又是桂林摩崖造像最为集中的区域。唐代西山有西庆林寺，经过战乱和数次灭佛运动，寺庙早已被毁，但遗址周边的西山里遗留下98龛242尊大小不一的摩崖佛像，主要建造于唐代与宋代。佛像多为以1龛3尊构图，其他为1龛1尊、2尊、5尊、7尊、11尊等形式，主要雕刻卢舍那佛、阿閦佛和观音，少数供养人也出现在佛龛里。佛像最大有2米，最小佛像仅几厘米，造像讲究面部丰满，耳垂大直到肩膀，胸部丰满，腰细，表情柔和。有别于北方石窟造像的大气宏伟，西山摩崖造像表现出精致和小巧的岭南地区的特征（图3、图4）。

位于西山观音顶的李实造像古典雅致，历史记载建于唐调露元年（公元679年），中间是1.2米高的佛像坐在金刚座上，莲花瓣为背光。两尊0.9米高胁持菩萨在两侧，头戴花冠，双手合十面向佛陀，立在莲花茎上。罗向林在《唐代桂林佛像摩崖考》书中认为，桂林西山唐代佛像风格与印尼爪哇地区佛像和印度菩提伽耶大佛塔佛像风格相似，而与中国其他地区的佛像不同，由此印证中国佛教存在一条由海上从印度经东南亚穿越印度洋登陆中国南部的传播路线[14]。另外，大量的佛龛和灯龛遍布在西庆林寺遗址周边，民众将祈福的雕像和灯放入在龛中期盼愿

图3　桂林西山观音峰摩崖造像

图4　桂林西山龙头峰摩崖造像

图5　西山延续至今的民众祈福活动

望达成，这种习俗保持至今（图5）。

2014年，桂林山水文化景观作为中国南方喀斯特的组成部分增补入《世界自然遗产名录》，桂林摩崖造像是世界遗产的重要组成部分。桂林的摩崖造像始于东晋，兴

盛在唐宋，明清直至民国，遗存分散在市区各座山中，据统计现有178龛、610余尊，主要分布在西山、伏波山、叠彩山、普陀山、虞山、象鼻山等30多处，具有极高的历史和艺术价值（表1），它们成为桂林文化景观遗产的核心组成部分。

唐朝是西山摩崖造像的鼎盛时期，当时西山佛寺星罗棋布，佛教盛极一时被誉为岭南佛教圣地，在《佚名造像记》《曹楚玉母西山造像记》等古籍文献中均有对唐代西山造像记载。令人惋惜的是从唐武宗会昌灭佛开始，西山佛寺历经劫难从此一蹶不振，桂林西山的摩崖造像湮没于西山深处而鲜为人知。近三十年来，西山佛教文化景观遗产破坏严重，1986年李实造像中间佛像头被切下盗卖至境外，经过多年的追寻终被找回并复原到原处。桂林山水旅游闻名世界，然而对于摩崖造像文化景观遗产保护力度不够，作者调查发现大量的佛头被斫砍，佛身也遭到破坏性劈凿，面目全非甚至被低俗的内容喷绘涂画，文保警示牌年久文字大部分脱落，难以起到警示作用。

桂林市区现存摩崖造像分布　　表1

桂林市摩崖造像分布								
地点 西山	叠彩山	伏波山	骝马山	隐山	月牙山	象鼻山	普陀山	虞山
时期 唐代至清代	唐代至清代	唐代至清代	唐代	唐代至清代	宋代至民国	宋代至清代	隋代至清代	唐代至清代
数量 98龛242尊	26龛100余尊	45龛239尊	6龛23尊	1龛1尊	1龛2尊	1龛5尊	2龛4尊	1龛1尊

四、文化景观遗产的数字化共享设计

共享文化景观遗产将成为遗产保护和城市景观设计面临的必然趋势，如何利用文化景观遗产融入当代城市社区生活之中，构建一种更为高级的城市文化遗产景观生活形态，成为当前设计中需要思考的问题。当前西山摩崖造像文化景观遗产现状，首先是过度依赖政府，忽视社区民众参与管理和利用。其次强调文化景观遗产物主体的保护，缺乏从周边环境、社区民众日常生活作为活态演变整体考虑。西山摩崖造像保护力度不够，缺乏前瞻性思维。数字化作为一个途径，考虑线下现实景观和线上虚拟景观相结合为之赋予当代的数字化表达（图6）。线下现实景观城市有机更新理论下，保证造像的真实性和完整性，注入新的功能空间共享，以沉浸式体验重新赋予摩崖造像遗产的文化内涵。

线上数字化的目的是将西山摩崖造像数字化存档，建立虚拟博物馆，修复完善破坏的佛像，实现云游西山摩

崖造像。数字化对文化景观遗产保护和利用，通过数字化手段建立起一个社会共享的数据库，让公众参与到文化景观遗产建设中，实现与公众的有益互动，形成共享的文化遗产数字社区。在2017年3月，桂林市发改委印发了《桂林市现代服务业发展"十三五"规划》文件中明确将唐代佛教造像作为独具桂林历史文化特色的旅游项目，保护和利用西山佛教造像景观是历史文化和旅游深度融合的有效尝试。数字化的遗产形象价值在旅游中获得延伸，成为创造新的经济价值和民众认同感的载体。

（一）构建西山摩崖造像导视网络

桂林西山现存98龛242尊摩崖造像，分散在西峰、观音峰、立鱼峰、龙头峰、千山等地，由于自然条件和历史的原因，摩崖造像遭受了来自自然活动和人类破坏活动的巨大伤害，现存佛像破坏情况严重，缺乏统一的管理，社区内民众鲜有人了解摩崖造像文化，西山摩崖造像濒危程度。利用数字化高科技光学技术，扫描记录并保存西山现存摩崖造像，部分损毁严重的佛像现场拍摄素材，后期通过遗产救援以及数字化重建。线上数字化是建立西山摩崖造像导视网络的先决条件（图7），游览者借助手机端APP可以准确了解佛像的形状与位置，讲解佛像历史知识。众多佛像已经消失或者形状发生破坏，在手机上直观看到佛像复原场景，延长了文化景观遗产的生命周期。

设计以桂林漓江斗笠为设计元素，结合西庆林寺出土的灯台为原型设计景观导视识别灯具（图8），

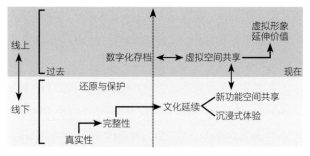

图6　西山摩崖造像的数字化途径

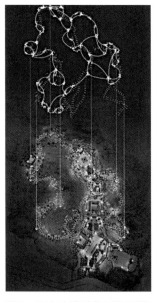

图7　西山摩崖造像导视网络　　图8　景观导视识别设计

灯座上标注佛像的身份介绍，并为游览者提供安全报警装置。西山群山环绕风景优美，通过连接散落在西山诸峰里的摩崖造像，开辟完整的游览路线，保护和共享文化景观遗产不仅扩展了社区民众的活动场所，夜间游览更是延长户外使用时间，符合旅游和民众的需求。

（二）尊重社区生活方式，空间有机再生

保持民众的生活传统对于活态利用文化景观遗产具有积极的意义。在设计中，选择佛像集中的西山观音峰，寻找相对宽阔的空间设计景观石龛墙（图9）支持延续传统的民众祈福。景观石龛墙设计中结合声、光、电等数字化多媒体技术，引入全息投影展示出更生动的遗产知识，在这里也将再生和演化出更多新生活的方式和游览活动，有机更新将会带来更多活化的可能性，而不仅限于设计者和决策者的想象。遗留在西山中大大小小的灯龛和佛龛构成了历史悠久的祈福画面，以延续民众祈福活动、激活空间再生为目标。通过数字化转化、线下共享体验、线上沉浸式互动，微博、微信、APP等多种技术平台，将灯龛石和佛龛石的文化景观延伸扩展。通过一个完整的遗产网络和多个景观节点空间的叠加，形成了可识别的文化景观遗产网络布局和丰富的景观节点空间场地，推动文化景观遗产的展示和传播形态更加多元、丰富和立体，从而激活整个西山文化景观遗产，为民众营造出开放的共享空间，发掘创造出更广阔的共享前景和更大的市场价值。

图9　景观石龛墙

（三）数字化"共享"

线上数字化"共享"的途径是数字化复原、重建和场景建模，设计严肃游戏（Serious Game）达到云游体验。西山摩崖造像受到自然风雨剥蚀及人为破坏，目前大量佛像破坏严重仅有一些残件，线下游览难以产生情感共鸣，通过VR技术还原，游客能在线欣赏到唐代的桂林城风貌，感受到摩崖造像魅力。通过"数字化社区共享摩崖造像"，用户不仅可以体验云游西山摩崖造像，还可以了解到历史、建造、造像艺术等知识。当观众对某个内容尤为感兴趣，点击获取进一步的信息，这样一来，观众在拥有了线上多场景的沉浸式视觉体验，也能够补充获得与线下展览类似的文化遗产知识，扩展游览了文化视野。

借助AR技术游客可以随时拍摄穿着不同朝代的服装，切换在不同时间线之间沉浸式游览在自然和人文历史遗迹之间，提升了游览的趣味性。AR与VR技术，再现建造摩崖佛像的过程，游览者可以利用严肃游戏，深入了解当地佛教的文化特征，模拟历代文人墨客在线题字石刻，生动活泼的形式在数字平台中复现给公众。线上的活动将会反向影响到线下，利用网络上的"群体智慧"，赋予公众一定的话语权，在数字平台对文化遗产纠错并提供新的信息知识，吸引和激发公众共享文化遗产的主动性。

沉浸并互动式的体验中，选择不同佛像进行礼佛，在线体验正念冥想正念，相互交流感受，在家就能享受到平静的身心体验。中国是世界上保存石窟数量最丰富、历史跨度最大的国家，数字化能够跨越时空和文化的限制，与云冈石窟、龙门石窟、敦煌莫高窟、麦积山石窟等在虚拟平台上交流共享，建立石窟"数字社区"，活化文化景观遗产，促进石窟之间的传播，让文化景观遗产在数字化保护与传承中绽放光彩。

五、结论与建议

桂林是广西佛造像最集中的区域，由于年代久远加之自然环境和人为认知因素的影响，摩崖造像的病变和破坏是普遍存在，更为遗憾的是缺乏整体的保护、利用和推广。当下大量摩崖造像被遗忘在荒野山林，即使是本地居民也鲜有了解，实现共享文化景观遗产策略迫在眉睫。

文化景观遗产保护和利用的核心目的是让年轻人能够接受和传承，所以要从现实的角度去思考，吸引更多的年轻人关注和了解文化景观遗产，让技术转换成互动短视频剧、剧本杀、衍生品牌形象等新兴的数字产品，获得年轻人的认可，才能延伸到更远的未来。数字技术赋能弥补了遗产在传播上的限制，不再局限于线上和线下的界限，自由游览于现实世界与虚拟世界之间，文化遗产数据共享开辟道路，推动数字文化产业进一步发展。

社区民众是文化景观遗产重要的利益相关者，共享数字社区为公众提供更大的话语权，提升了专业知识，活态、常态化保护和利用遗产，关系到遗产的可持续传承发展。公众共享又能促进管理者改进管理方式，提高文化景观遗产的保护利用能力共享遗产保护成果的同时赋予民众参与遗产保护和管理的权力，是一条活态利用文化景观遗产的可行性途径。本文研究思路也将适用于桂林其他摩崖造像区域和其他文化景观遗产。该途径为民众共享文化遗产景观提出建议和参考，提高全社会的遗产保护意识，积极推动遗产保护和利用的高质量推广。

参考文献：

【1】 范今朝，范文君. 遗产概念的发展与当代世界和中国的遗产保护体系 [J]. 经济地理，2008（3）：503-507.

【2】 孙克勤. 中国的世界遗产保护与可持续发展研究 [J]. 中国地质大学学报（社会科学版），2008（3）：36-40.DOI:10.16493/j.cnki.42-1627/c.2008.03.007.

【3】 李倩菁，蔡晓梅. 新文化地理学视角下景观研究综述与展望 [J]. 人文地理，2017，32（1）：23-28+98.DOI:10.13959/j.issn.1003-2398.2017.01.004.

【4】 周年兴，俞孔坚，黄震方. 关注遗产保护的新动向：文化景观 [J]. 人文地理，2006（5）：61-65.

【5】 金一，严国泰. 基于社区参与的文化景观遗产可持续发展思考 [J]. 中国园林，2015，31（3）：106-109.

【6】 贾丽奇，邬东璠. 活态宗教遗产地与宗教社区的认知与保护——以五台山世界遗产文化景观为例 [J]. 中国园林，2015，31（2）：75-78.

【7】 吴良镛. 历史名城的文化复萌 [J]. 城市与区域规划研究，2008，1（3）：1-6.

【8】 万红莲，王宝琪. 西安明城墙在现代城市发展中的保护与开发 [J]. 宝鸡文理学院学报（社会科学版），2019，39（6）：88-93.DOI:10.13467/j.cnki.jbuss.2019.06.014.

【9】 杨晨. 数字化遗产景观——澳大利亚巴拉瑞特城市历史景观数字化实践及其创新性 [J]. 中国园林，2017，33（6）：83-88.

【10】宋刚，刘倅伶. 基于虚拟现实技术的楚建筑复原重现研究——以屈原祠为例 [J]. 三峡大学学报（人文社会科学版），2020，42（S1）：47-49.DOI:10.13393/j.cnki.1672-6219.2020.S1.015.

【11】成实，张潇涵，成玉宁. 数字景观技术在中国风景园林领域的运用前瞻 [J]. 风景园林，2021，28（1）：46-52.DOI:10.14085/j.fjyl.2021.01.0046.07.

【12】中共中央办公厅 国务院办公厅 印发《关于推进实施国家文化数字化战略的意见》[J]. 广播电视网络，2022，29（6）：6.DOI:10.16045/j.cnki.catvtec.2022.06.002.

【13】林轶南. 数字化时代的公众参与遗产保护：基于福州复园路的观察 [J]. 中国园林，2020，36（11）：100-104.DOI:10.19775/j.cla.2020.11.0100.

【14】韩光辉，陈喜波，杨仁举. 桂林摩崖石刻的特点及其文化价值 [J]. 热带地理，2005（3）：283-288.

东南亚室内设计元素与照明设计研究
——以南宁华南城柬埔寨馆为例

黄　嵩

中国—东盟博览会在"促进东盟自由贸易区建设、共享合作与发展机遇"的宗旨下，涵盖商品贸易、投资合作和服务贸易三个内容，是中国与东盟扩大商贸合作的新平台。

在这样一个国际背景下，我国越来越多的室内设计作品引入和借鉴了许多东南亚风格的设计元素，国人通过旅游、贸易等途径更多地了解了东南亚各国的风土人情、名胜古迹、民族服饰、图形纹样、工艺饰品、民间传说、地方语言、特色美食等。这些淳朴简洁、华美精妙的设计元素被越来越多的人所接受。

东南亚多元化计元素在长期的历史交融中产生出许多奇异的艺术形式，随着中国—东盟贸易圈的形成，这种交融更加强烈。东南亚餐厅、东南亚风格家装、东南亚风格度假村酒店、东南亚风格的展厅等，都是在这个国际背景下应运而生的。

东南亚室内设计中不可缺少的就是光环境的营造与其特有的照明方式，东南亚室内设计中的光环境营造方式与方法非常值得深入研究。

本文以南宁华南城柬埔寨国家馆为例，分析和探索如何在众多东南亚元素当中提取最有价值的设计元素用于设计，并且从照明设计的角度来分析东南亚特有的照明方式以现代照明手段运用于实际项目。现阶段东南亚多元化设计元素的应用还普遍停留在原材料表面的简单堆砌上，未能深层次地挖掘其本质内涵，部分设计甚至是"拿来主义"，把简单的艺术元素照搬过来，缺乏深刻的艺术体验，导致艺术构思先天不足，传达给观众的是"落后""过时"的艺术设计形象，与东南亚室内设计匹配的照明设计研究可谓是零起步，东南亚特殊的光环境营造是一个很有趣且很值得研究的课题。

广西南宁华南城柬埔寨国家馆位于华南城四号馆第四层，总面积约为750平方米，一年一度的东盟会议在南宁召开，且南宁华南城定为东盟永久场馆，四层总体规划了每一个东盟成员国的国家馆。

柬埔寨，旧称高棉，位于中南半岛，首都金边。柬埔寨是东南亚国家联盟成员国，经济以农业为主，工业基础薄弱，因此，展厅内大多展出的是柬埔寨生产的手工制品，以木质家具、手工工艺品为主。

吴哥窟又称吴哥寺，位于柬埔寨。原始的名字是Vrah Vishnulok，意思为"毗湿奴的神殿"。中国古籍称为"桑香佛舍"。它是吴哥古迹中保存得最完好的庙宇，以建筑宏伟与浮雕细致闻名于世，也是世界上最大的庙宇。吴哥窟的造型，已经成为柬埔寨国家的标志，展现在柬埔寨的国旗上。

因此，从吴哥窟传统建筑语言中汲取养分，提取元素展现柬埔寨精神，本次项目的主要元素来源于吴哥窟，将吴哥窟的一些主要建筑手法和神话元素作为华南城柬埔寨馆设计的文化设计来源。但是，仅仅提取古老的建筑元素作为场馆的设计装饰元素和文化符号，会使得整个场馆变得陈旧与俗套，要让柬埔寨国家馆使人感觉既有历史内涵又有时代特征，展现一个继往开来的柬埔寨精神，必须对提取元素进行再加工。

一、华南城建筑群室内特点

华南城是个现代感十足的建筑群，在这样现代的建筑群里要展示出东南亚国家的悠久历史文化内涵与继往开来的精神风貌，场馆的外立面采用吴哥窟的传统建筑元素进行装饰，内部一并采用现代、简洁、构成手法来演绎。

首先，吴哥窟最具特色的建筑的主要形式和内容提炼归纳后是以下几点：（1）象征着宇宙之山的五座角锥形高塔；（2）头戴花冠且呈现舞蹈姿态的天女（Apsara）

造型的浮雕；（3）高塔四壁的仿造高棉国王肖像的菩萨头像，这些巨大头像面部浮现出的神秘微笑被称为"巴荣的微笑"；（4）守护神兽Naga那迦；（5）油灯壁龛；（6）回廊的精美石柱子；（7）800米浮雕回廊的神话传说、历史故事。这些归纳总结出来的建筑结构与艺术品，都以各种崭新的形式呈现在整个展厅的外立面及入口处，强化了展厅的地域性和文化性，也是柬埔寨国家馆最有力的元素代表。（图1）

其次，展厅内部的动线都要打破常规思路，采用45度斜线方式，让参观者从其他的馆进入本馆时感受到不同的视觉体验。45度斜线的布局有着足够的魅力去征服所有的观众，但是它的缺点也是很明显的，因为斜线的分割与场馆建筑的方正产生了无数的夹角，这些夹角对空间的利用率很低，造成了不少空间的流失，这些夹角也可以采用柜体隔墙的形式把它们弱化或隐藏，因此这个方案通过了审核。

最后，凡是艺术品都有高潮部分，所以在展厅的三分之一位置划分了一个相对开阔的区域，利用四根柬埔寨特色的石柱，围合成一个小型"广场"。此外，根据消防要求合理设置了几个进入场馆的入口，并且保证这些入口与其他场馆有着便捷的联系。值得一提的是，在远离"广场"的另一个入口处设计了开敞的休息区，供参观者小憩，休息区与"广场"成了这个设计最开阔的两个场所，一大一小，相互呼应，参观者从展位到"休息区"再经过展位到"广场"，这种起承转合的空间设计，带给参观者很强的视觉体验。

二、东南亚传统建筑照明灯具

研究柬埔寨传统建筑的照明，就必须从东南亚风格的灯具着手。东南亚风格的灯具大量使用麻、藤、竹、草、原木、海草、椰子壳、贝壳、树皮、砂岩石、青铜、黄铜等天然材质作为灯罩，照明形式可以归纳为以下几种类型：

（一）壁龛式

在墙体中挖出若干小洞或用火山石制成的砖块砌成壁龛，放入油灯，主要作用是起到墙面装饰以及走道照明的作用。

（二）落地式

用椰子壳、树皮、贝壳等小物件作为灯架灯罩摆在地上，中间点油灯，获得一种光线自下而上照明的特殊效果，人影会被拉长后投影到附近的墙上。

（三）吊装式

使用麻、藤、竹、草、原木等制成灯具，悬挂在房梁上，树干上形成顶部照明的形式，但因为是以燃料灯芯的燃烧形式照明，光线方向不可控，基本只能向上照亮高于吊灯的天花板或以上的物体。

（四）壁挂式

使用麻、藤、竹、草、原木、海草、椰子壳制作成壁灯的形式，悬挂在1.4～1.8米的墙面上，火苗燃烧产生的光束跟这些材料制作的灯罩形成特定的照明范围。

因为东南亚传统的灯具使用的燃料+灯芯的形式，是比较古老的照明方式，这种火苗类的光线和当今的LED灯、金卤灯等不可同日而语，但是，也正因为这种传统照明形式的特殊性，特殊的材料、天然的光束角、近似烛光色温的光源，能营造出独特的光影效果和典型的光环境特征。

三、用现代照明手段实现传统的东南亚式的光影效果，还原独特的光环境

（一）模拟壁龛式的照明，用火山石或仿古砖建成壁龛的形式，将射灯安装在每一个壁龛内部的上方，嵌入式安装，虽然光束角向下，但是对于壁龛整体发出来的光也是属于折射或者漫反射光，虽然在与传统油灯光源的发光方向相反，但是呈现出来的光影效果是一样的，（色温2400～2800K）（图2）。

（二）模拟落地式的灯具造型，利用树脂等人工材料或者天然材料并且经过科学的防火处理做成灯架、灯罩，内部装入相同火苗色温的LED球泡光源，呈现出来的光影效果跟古老的东南亚壁灯如出一辙。

（三）模拟吊装式的灯具造型，同样也是利用树脂等人工材料或者天然材料并且经过科学的防火处理做成吊灯形式，现代吊灯与传统火苗照明存在最大的区别就是方向性，现代吊灯的方向可以向下，但是传统的油灯，蜡烛无法直接向下照明，所以为了获得最古朴的且接近传统的照明形式，光源光束角全部向上，获得的效果即灯具上部分照亮，下部分因为本身托盘灯座的阻挡，为暗面，光线无法直接到达，只能通过天花板的反射获得衰减过的漫反射和折射光。（图3）

（四）模拟壁挂式的灯具造型，也是利用树脂等人工材料或者天然材料并且经过科学的防火处理做成壁灯形式，壁灯是可以通过灯罩的具体位置和开口方向来控制光的方向，有的设计成开口向上，或向下，或向左，或向右，再或者是多种方向的组合形式，这样可以在特定的墙面上做出丰富多变的光影效果。

四、结语

用现代的照明技术来模拟仿制出东南亚特有的照明形式，配合之前挑选的最具代表性的各种建筑形式、材料，编织出梦幻的、地道的东南亚特色室内空间。东南亚室内设计元素与照明设计的独特性，经过历史的演变拥有其稳定持久的表现力，在多主题、多元化的度假村兴起的现象背后，一种特有的东南亚地域性设计秩序早已存在，设计师们应当避免停留在原材料表面的简单堆砌上，必须做到结合当地的民俗、民风，吸收当地传统建筑的经典元素与智慧，创造具有时代和地域特征的东南亚室内设计作品。中国广西南宁华南城柬埔寨国家馆的设计与探索也只是该研究完成的第一步。

参考文献：

【1】马丽. 环境照明设计 [M]. 上海：上海人民出版社，2013.

【2】漂亮家居编辑部. 照明设计终极圣经 [M]. 南京：江苏凤凰科学技术出版社，2015.

【3】《走遍全球》编辑室. 走遍全球：柬埔寨和吴哥寺 [M]. 北京：中国青年出版社，中国旅游出版社，2019.

【4】卡门. 柬埔寨：五月盛放 [M]. 北京：中国青年出版社，中国青年出版社，2004.

图1

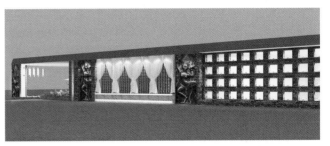

图2

图3

环境设计在实时仿真虚拟平台中的应用

——以广西体育中心为例

杨　娟

摘　要： 本文解析了仿真虚拟平台的概念。通过对广西体育中心仿真虚拟平台环境设计的实例分析，为广西体育中心在实际运行中可能遇到的问题提出了优化建议，为仿真虚拟平台的设计、研究、开发进一步积累经验、夯实基础。

关键词： 环境设计；仿真虚拟平台；广西体育中心

一、环境设计与实时仿真虚拟平台

环境设计占据了人们现代生活中的方方面面，大到城市规划设计，小到室内设计。环境设计几乎涵盖了地球表面的所有环境设计和与美化装饰有关的所有设计领域。随着无线通信4G时代的到来，手机和电脑等数码产品成为人们了解和掌握信息、便利生活的重要平台和通道，游戏、城市2.5维地图定位查询等平台使虚拟现实得到了迅猛发展。实时仿真虚拟平台成为人们每天工作、学习、生活中必不可少的交互式终端媒体平台。环境设计为无形象的数字化搭建了一个仿现实的可视化空间概念，使许多复杂多变的信息转变为数字化模型。自此，环境设计成为辅助智能城市规划、智能社区、智能医院、智能交通、智能体育中心等数字建设中不可缺少的重要组成部分。

实时仿真技术，也称之为模拟实时技术，就是用一个系统模仿另一个真实系统的技术。借助计算机生成虚幻的环境虚拟仿真技术，通过方案比选，实时修改体育中心的设计方案。实时仿真虚拟平台有别于传统的2.5维电脑效果图，它可以360度无死角，全方位地展示各个场馆的建筑、道路以及园林规划。不仅为环境设计提供了新的手段，也带来了全新的思路和创作方法的变革。

随着无线通信4G时代的到来，游戏、逃生三维仿真系统、2.5维电子地图查询、人机交互式场景游览使得实时仿真虚拟平台越来越成为未来数字化发展中的一种趋势，如何使传统的环境设计更完美地从尺度、比例、色彩、质感、形体、风格融入未来环境设计仿真虚拟平台建设，更科学、合理地预测整个工程造价，使大型工程项目的整体规划效果及成本预算在"干前"预见、预知。为项目生产降低成本，提高效率，并解决安全及消防隐患。现代的环境设计为工程项目决策者和各个对接设计的管理者及施工部门展现了一个三维可视化立体工程项目方案，实时仿真虚拟平台为大型工程项目建设提前整合各工程要素，提前预见各种不可预见的因素，规划实施方法。通过在仿真虚拟平台三维模式全方位展现中修改设计方案，使空间布局更合理化。

二、广西体育中心仿真虚拟平台中环境设计的应用

广西体育中心，有承办全国性运动、区域性国际运动会和部分国际、国内重大单项赛事的主体育场、体育馆、游泳跳水馆、网球中心、新闻中心等。广西体育中心实时仿真虚拟平台基于Unity3D系统开发，是自主研发的高新技术项目。其旨在通过共享、集成地理信息资源，提前预见灾情险景，为辅助决策、预防灾情提供良好的技术平台。运用移动终端设备进入虚拟仿真平台场景，可以以飞行视角全览整个体育中心，也可以以步行视角漫步整个体育场馆。

（一）虚拟平台开发

虚拟平台的开发分为平台场景搭建和模块开发两个部分。模块开发的内容建设是重中之重。

1. 平台场景搭建

平台运用3D Max软件制作场景模型，在搭建平台初期撰写城市三维建模型技术规范，并按此规范严格建造五象体育中心场景模型。采用3D Max建立模型，即使是不同的驱动引擎，对模型的要求也是相同的。当一个VR模型制作完成时，它所包含的基本内容包括场景尺寸、单位，模型归类塌陷、命名、节点编辑，纹理、坐标、纹理尺寸、纹理格式、材质球等必须是符合制作规范的。一个归类清晰、面数节省、制作规范的模型文件对于程序控制管理是十分必要的。

2. 平台模块开发

运用Unity3D开元软件搭建仿真虚拟平台，通过编写C++语言、Java语言进行脚本制作，对Unity 3D平台进行二次开发，制作广西体育中心仿真虚拟平台。Unity3D具有层级式的综合开发环境，具备视觉化编辑、详细的属性编辑和动态游戏预览特性。可以兼容3D Max、Maya三维模型软件。通过联网可以实现人机互动虚拟现实。仿真虚拟平台其环境设计的应用可以从人员疏散模拟设计、动态场馆分布设计、警力布置分析、游览模式四个方面来体现（图1）。每个模块有自动路径漫游功能，用户可以选择系统定义的路径，让程序播放动画的效果沿指定路线进行自动漫游，用户在自动漫游过程中可以随时暂停播放路径，停下来欣赏四周，然后再继续播放。

平台中的人机互动展示模式为体育中心紧急预案和最快时速疏散人群提供了借鉴。例如发生险情后，通过实时检测逃生门的逃生人数，可引导民众前往人数少、离火情远的地方尽快逃生。广西体育中心仿真虚拟平台场景的展示，为管理部门提供了预案参照，同时也可作为与民众交流互动的三维时实可视化信息平台。

（二）人员疏散模拟

依托Unity3D软件对体育中心主体育场的布局以三维动态空间的形式描述，模拟主体育场在发生火灾时，场馆内的人群逃生动向，直至所有人最终到达规定的安全地点为止。要实现这个模拟，首先需要建筑体育中心建筑网络模型。这个模型由一系列的节点以及连接各个节点的路径组成。节点

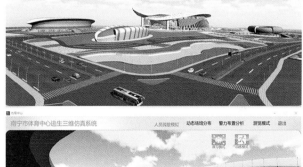
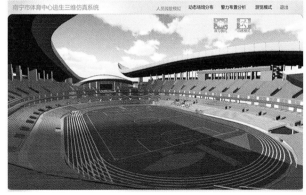

图1

代表了体育中心内不同看台区域、通道、楼梯间、安全出口等各个空间部分，模型将体育中心外的安全地点定义为目标结点，人员疏散以人员达到目标节点为结束。空间上相邻的节点通过虚拟的路径来连接，这些路径在空间上实际并不存在，只是通过它们来反映各个节点之间的连接关系。同时，需要设计路径的方向，以反映人员在网络内的流动方向。

广西体育中心南看台共计60层，划分为若干座位区域，以A、B、C不同的字母符号来表现，每个座位区域的有效空间区域长142米、高3米，有2个出入口与外部链接，出入口高2.5米、宽4米。根据这个数据，再使用Unity3D软件进行模拟设计，可以清晰地围绕人—平台—场景进行仿真虚拟交互式体验（图2），观众从发生紧急

图2　体育中心周边警力布置

情况，开始按路径逃离，撤离过程中的人流状况。通过编写C++脚本、Java脚本，在出口处放置虚拟碰撞器体进行碰撞计算，每跑过一个人就会碰撞一次碰撞器，触发一

次人数的增加。模拟呈现出来，系统显示，1分钟内，可以有150名观众有序通过出口撤离至安全点（图3）。

以下是在场景逃生中制作的内容（表1）：

场景逃生制作内容　　　　　　　　　　　　　　　　　　　　表1

序号	内容	功能
1	场景公共建筑或公共设施逃生口的设置	逃生紧急出口，各逃生出口总逃生人数统计［总计：分区域统计（模块形式分析），如A、B、C、D……区；区域里分路口统计，A1、A2、A3……路口分别统计］
2	演唱会模式以及体育表演模式	人物随机性（高、矮、胖、瘦）
3	点火功能	随机点火脚本控制
4	人物逃生	分区添加人物
		人物分区逃生
		人物数据分析
5	计时功能	从火场起火到人员逃生成功，自动分析个体人物从所在的位置到最近的出口逃生的计时功能以及分析从火灾开始到人流全部逃生成果所耗时间
6	人流统计	每个出口
		总流量（所有出口）
7	小地图制作	小地图预览
		切换画面
8	消防通道	消防车在发生火灾之后什么时候开入场馆内部位置

这样的模拟设计，将为广西体育中心人员紧急疏散的安全性问题提供进一步的评估数据，为抢险救灾提供科学依旧。当然，这个人员疏散的模拟设计仍存在一些不确定性，主要表现在：（1）遇到险情时不同个体真实的心理反应，个体间的相互作用情况，决定了逃生过程中的状况也不尽相同；（2）真实险境的情况与模拟设计肯定存在一定差距，还需要尽可能多地在真实环境下获取更多数据，不断完善设计。

（三）动态场馆分布设计

动态场馆分布设计主要使用建筑模型软件3D Max进行制作。以建筑物三维数字化为载体，将建筑产业链各个环节所需要的信息关联起来，而形成的建筑物信息集对广西体育中心各体育场馆进行模拟设计。一共模拟了主体育场、体育馆、游泳馆、网球馆四个建筑，每个建筑均为独立场馆，根据场馆内不同的配置区域制定各类人员的活动区域，如观众区、运动员休息区、媒体区、贵宾区等。用

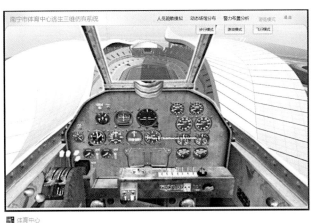

图3　体育中心虚拟平台逃生系统

户根据需要，自己定义颜色，在场景中添加矩形区域、圆形区域和不规则区域，将场景划分为若干个层次，对整个场景进行划分和标示，可以用文字或图片来标示区域，更人性化地表现出区域特点。平台研究测试后，后期可运用BIM进行模拟设计，BIM的主要优势在于：BIM技术的设计，对建筑施工开始后合理组织施工流程、进行精细化项目管理、节约资源、提高施工效率都是非常好别的借鉴和依据。四个场馆建筑，如果针对进入体育中心的游客，可以实现三维互动的动态导游模式，全景式地呈现建筑外观及周边环境，清晰地引导游客寻找既定目标。对于体育中心的运营方来说，动态地呈现各建筑间的内在结构及机电位置情况，将进一步提高中心的运营和管控能力。

（四）警力布置分析

警力布置分析其实也是三维安保显示，是以广西体育中心电子地图为基础，以信息共享和综合利用为目标，实现安保基础信息基于三维地图的可视化查询和分析，多层次、多方位地直观显示体育场内及周边相关数据、图形等信息，提供各个位置安保元素在空间的分布状况和实施运行状况，分析其内在联系，做到安保资源的合理配置和调度，提高广西体育中心在指挥决策、快速反应等方面的综合能力。具体功能表现在：（1）为安保信息提供快速的空间定位参考。在体育中心电子地图中进行各个安保区域的编码，从而将安保信息在三维地图上直观定位展示。指挥人员根据所查询到的目标，在三维空间地图上定位安保区域，迅速锁定其位置。（2）为安保信息提供全新的展示平台。借助仿真虚拟平台，可以展示各种动态的、静态的、历史的、实时的安保信息，反映实时的安保情况及其发展状态等，进行多样化的可视展示，方便决策，提高安保工作效率。（3）清晰呈现安保力量分布。通过平台设计直观展示体育场内不同区域安保力量的分布情况及控制范围，结合现场布控进行三维化的作战指挥管理。（图2）

（五）游览模式

在虚拟仿真平台场景中，通过人行、游戏模式、飞行三种方式来浏览场景。可以以飞行视角全览整个体育中心，也可以以步行视角漫步整个体育场馆，随心切换场景视图，通过视感了解整个体育中心。对体育中心的建设不仅有可视化的数据指导作用，也有民生的互动了解、应急联动等作用。

综上所述，广西体育中心虚拟仿真平台的环境设计，展现了场景中逃生系统人员疏散、动态场馆分布、安保布置分析等方面的情况。围绕人—平台—场景进行仿真虚拟交互式介绍，强调了环境设计在其中的关系。为体育中心提供了更全面、更整体、更合理、更经济的规划设计，有利于中心降低运行成本、提高效率。通过人机互动虚拟现实，实现在家中也能通过电脑、手机等设备在体育中心游览。能帮助火警、公安更好地进行紧急预案，疏散现场人流。由此可见，环境设计在实时仿真虚拟平台中的应用领域还可以拓宽到科学、政府、企业和产业等各部门，进一步丰富我们的智能化生活。

基金项目：2015年度广西艺术学院科研项目一般项目，项目编号：YB201517。

高步村侗寨公共空间研究——"公共性"特征

肖　彬

摘　要： 侗寨公共空间具有"空间性"和"公共性"双重属性，二者是相辅相成的统一体。随着行政统一取代了宗法组织以及生活生产方式的变革，侗寨公共空间不断演变，在发展过程中经历了消失、弱化、延续、增强不同状态。文章对高步村侗寨的公共空间使用人群和活动类型进行分析，从可识别性、可达性、开放性、复合性四个方面入手，评价了高步村五个公共空间组团的公共性特征。

关键词： 侗寨；公共空间；公共活动；公共性

一、侗寨公共空间的双重属性

传统村落是自然、文化高度融合的整体人居生态系统，传统村落公共空间的生成和发展具有自发性和自组织性，是村民进行物质、能量和信息交流的重要场所。在乡村范围内形成的具有公共性的社会关联和人际交往的场所最终通过特定的空间形式固定下来，承载了居民日常活动、生活观念和价值观，体现着村落的精神文化风貌。

村落公共空间兼具"空间性"和"公共性"的双重属性。空间性是公共空间的外在表现形式，体现了物质属性，是承载日常交往、公共事务和民俗文化活动等社会活动的重要空间载体。公共性体现了公共空间的社会属性，反映了社会关系和人际交往，体现了村落社会的公共价值和公共精神。

村落公共空间的空间性和公共性相辅相成，是缺一不可的统一体。

通道县高步村侗寨位于湘、桂、黔三省交界处，历史悠久，具有深厚的文化传统。高步村地处偏远，受到现代化侵蚀相对较少，且作为联合国世界文化遗产预备名录之一，受到政府建设政策的严格控制。因此，整体村貌保存完好，一定程度上延续了传统的生活方式，较完整地保持了侗族原生的文化特质和社会形态。村落布局和空间要素上都具有典型的侗族传统村落特征，公共空间类型丰富、数量众多，也保留了公共空间增长、延续、转型、弱化和消失的不同发展阶段的典型案例，体现了村寨公共空间相对完整的发展脉络。

二、侗寨公共活动的类型

公共活动和公共空间的互动，体现了传统村落空间的社会文化和生产生活方式。历史传统、地域文化、生活方式等社会因素决定了村落公共空间的公共性特征。侗族传统的宗法组织"款"和较亲密的邻里关系，决定了侗族人民外向型的社交传统，使得村民活动集中在公共建筑的室内进行，促成了以鼓楼、戏台、风雨桥等侗寨特有的公共建筑的蓬勃发展。随着行政统一取代了宗法组织以及生活生产方式变革，各个公共空间不断演变，在发展过程中经历了消失、弱化、延续、增强不同状态。

传统村落公共空间使用者是具有亲缘关系的村民和外村村民。随着侗寨的发展，公共空间日常使用者包括原住村民、驻村干部、外来村民和游客四种类型。他们对公共空间有不同的使用需求，活动范围彼此交叉又相互影响。公共活动主要包括公共事务、公共服务、日常生活、节日庆典、商业活动、参观游览等。

公共事务包括行政集会、宗法活动、祭祀等，鼓楼、宗祠、寺庙、村部楼等都能承载这类型公共活动；公共服务包含文化、教育、医疗以及体育、休闲、文艺等方面，例如学校、图书室、卫生室和各类健身户外场地。

日常活动往往以家庭为中心，围绕日常生产生活展开，具有相对的重复与固定性。主要分为体育、休闲、文艺和生活性活动。例如，村民在广场进行晒谷、编织、修补农具等手工活，在河边水井取水盥洗，屋前屋后乘凉闲聊等，满足了生产生活和日常交流互动的需求。

节日庆典则是在特定日子举行聚集性活动，例如侗寨里的"多耶节""芦笙节"等传统民俗，往往聚集着附近村寨的大批村民，同时吸引着大批游客参与互动。

近几年来随着商业发展，商业活动类型越来越多，例如商店、餐馆、纪念品店、民俗体验店等应运而生。商业活动除了满足村民的日常商品交换需求，更多的是面向游客，与游客的参观游览活动交叉进行。

三、高步村公共空间组团的公共性评价

空间公共性评价可以从可识别性、可达性、开放性、复合性四个方面入手，这些基本特征决定了公共空间的活跃程度。通过对高步村公共空间节点分布情况分析，将该村公共活动相对集中的空间节点划分成以下六个组团（表1和表2）。

1. 组团一：龙姓宗祠—龙姓鼓楼—鼓楼坪—戏台

龙姓鼓楼面对鼓楼坪，和戏台相对，与不远处的龙氏宗祠成为一个节点组团。

龙姓宗祠位于高步村的中心，靠近河岸，具有较高的识别性和可达性。鼓楼最初作为宗族和款组织议事、祭祖、讲款、庆典的场所，现在宗法功能弱化，但仍然是举行节庆活动和红白喜事的集会场所。鼓楼坪就好像村寨中的露天客厅，可以举办集会、娱乐活动。日常生活中，村民闲暇之余聚集鼓楼闲聊休憩。游客也会集中在鼓楼和鼓楼坪进行参观活动。因此，该组团具有很强的开放性和功能复合性。

2. 组团二：永福桥—洗涤台—健身广场

该组团在永福风雨桥桥南岸，具有较高识别性和可达性。风雨桥具有风水意义和遮风避雨、沟通两岸的实际功能，还是村寨里的重要社交场所。村民常常聚集桥上打牌、闲聊等。作为侗族木构建筑技艺的重要代表，风雨桥是游客参观的重要景点。与风雨桥相连的洗涤台，曾经是重要的取水盥洗场所。现在该功能弱化，但因为可达性强，视线开阔，仍是村民很喜欢的聚集交流地点，也是游

客停留拍照的重要节点。永福桥南中轴线两边是飞山庙和南岳庙。飞山庙基本闲置，南岳庙改为健身广场，可达性很好，环境宜人。但实际利用率很低，也基本闲置。因此，该组团具有很好的可达性、识别性和开放性。但除了永福桥具有较高功能复合性和使用频率之外，其他场所的使用频率很低，空间活力不足。

3. 组团三：秧田鼓楼—文化活动广场—新村部楼—新戏台

该组团围绕着新村部楼，以公共服务和公共事务行政为主。功能上除了行政办公，还有文化服务中心、警务站、卫生室等服务型空间。新戏台规模和造型都和村落传统风貌格格不入，并没有像传统戏台一样全体开放，只在需要进行侗戏表演时开放使用，因此功能复合性较弱。文化活动广场作为戏台前坪场地，使用频率也不高，一般做停车场使用。总的来说，该组团作为村寨的行政中心，具有很强的识别性和可达性，但基本脱离了村民日常生活，开放性和复合性都较弱，并不具有公共空间的活力。

4. 组团四：女鼓楼（文化活动中心）—五通庵—五显庵

该组团不在村寨中心地带。村寨内空间接近饱和，因此新建的文化娱乐空间都选择在村寨边界。女鼓楼作为文化活动中心，供村民日常闲聊、打牌等活动。五通庵、五显庵是新建成的祭祀场所，因为当地宗教意识和祭祀文化传统已经弱化，重要性减弱，使用频率也不高。该组团主要辐射周边村民，游客很少到达，可达性、识别性较弱，开放程度和功能复合性不强。

5. 组团五：高步学校—操场—高步书屋—相团坪

高步学校开学期间面向学生开放，操场的使用频率较高，有公共体育健身设施、篮球架，村里的少年、儿童都喜欢过来运动。球场作为村里红白喜事举办酒席的露天场地，也具有功能复合性。高步书屋紧靠操场，面向本村的青少年儿童开放图书阅览，也向村民提供休闲、交流的场所。高步书屋获得了WAF世界建筑大奖，成为高校学生的实训基地和乡村振兴考察团参观的重要节点。空间具有高开放性、复合性、可识别性和可达性，使用频率很高，是乡村社区再生和重新融合的典范。相团坪是旧时村寨联盟的款坪，集会仪式的固定场

所，举行讲款仪式、颂唱款约村约等。现在因为合款组织被国家的行政机构替代，相团坪的集会活动消失。现在相团坪就是商业街尽端的临时停车场和露天市场，偶尔举行丧葬仪式。

6. 组团六：商业街条带

该组团呈条带状，分布在龙姓屯和高升屯之间的村路主干道，是高步村最主要的商业服务区，包括商店、民宿、餐馆、网吧等，主要由住宅改造形成。作为非正式的公共空间，商业服务空间是小范围、高频率、半开放的公开空间，为农民提供了最佳的交往场所，同时也是游客最集中、使用最频繁的场所。因此，具有很强的可达性、开放性和复合性。

高步村公共空间组团空间形态和要素　　　　　　　　　　表1

形态	要素	形态	要素	形态	要素
	组团一： 龙姓宗祠 龙姓鼓楼 鼓楼坪 戏台		组团二： 永福桥 飞山庙 健身广场		组团三： 新村部楼 文化活动广场 新戏台 秧田鼓楼
	组团四： 女鼓楼 五通庵 五显庵		组团五： 高步学校新楼 高步学校旧楼 高步书屋 操场 相团坪		组团六： 高升鼓楼 萨坛 供销社 商业节点

高步村公共空间组团公共性状态　　　　　　　　　　表2

组团	空间节点	使用人群		公共活动类型						识别性	可达性	开放性	复合性	状态
		村民	游客	公共事务	公共服务	日常生活	节日庆典	商业活动	参观游览					
组团一	龙姓宗祠	●	●				●		●					弱化
	龙姓鼓楼	●	●	●	●	●	●		●	●	●	●	●	活跃
	鼓楼坪	●				●	●	●	●	●	●	●	●	活跃
	戏台	●	●		●	●	●			●	●	●	●	活跃
组团二	永福桥	●				●	●	●	●	●	●	●	●	活跃
	洗涤台	●	●			●	●	●			●	●	●	弱化
	飞山庙	●										●		闲置
	健身广场	●				●						●		闲置
组团三	新村部楼	●	●	●	●						●	●		常态
	文化活动广场	●	●		●	●					●	●	●	常态
	新戏台	●	●				●				●	●		常态
	秧田鼓楼	●	●			●				●	●	●	●	活跃

续表

组团	空间节点	使用人群		公共活动类型						识别性	可达性	开放性	复合性	状态
		村民	游客	公共事务	公共服务	日常生活	节日庆典	商业活动	参观游览					
组团四	女鼓楼	●			●	●				●		●	●	活跃
	五显庵	●		●										弱化
	五通庵	●		●										弱化
组团五	高步学校	●			●						●			常态
	高步书屋	●	●		●	●			●	●	●	●	●	活跃
	操场	●	●		●	●	●				●	●		活跃
	相团坪	●					●							常态
组团六	高升鼓楼	●	●		●					●		●		活跃
	供销社	●	●					●			●			常态
	商业街	●	●			●		●	●	●	●	●	●	活跃

●表示该公共活动发生

状态评价：活跃（指开放程度高，功能复合性高）、常态（指根据特定功能正常使用）、弱化（指使用程度不高呈弱化趋势）、闲置（指特定功能不能正常使用）。

四、结语

通过以上分析，本文总结了高步村公共空间具有四个特点：

1. 高步村历史延续性较强，传统文化风俗和公共活动形式得到了较好的传承和延续，从而在根本上维护了公共空间的存续和更新。一方面，传统公共空间仍然是最活跃的公共生活场所，例如鼓楼、风雨桥等传统公共空间都具有很强的公共性特征。另一方面，乡土生活在现代化潮流中呈现弱化趋势，传统文化和信仰的逐渐衰弱导致了宗法和祭祀类公共活动逐渐淡出生活，祭祀宗法类公共空间没落，公共性降低。

2. 公共空间兼容性较强，外来游客的停留空间和村民的生产生活空间高度重合。游客主要停留在典型的传统建筑例如鼓楼、风雨桥，进行参观拍照的活动，或者在鼓楼坪体验歌舞表演、百家宴等民俗娱乐，以及在商业服务区购买纪念品吃饭住宿。村民多在游客聚集的景点中从事旅游服务业，如歌舞表演和纪念品售卖。在村落旅游开发的影响下，村民的日常休闲性公共活动和领域受到一定的限制，但错峰使用与从事商业贸易，使得村民和游客的公

共活动总体上呈现相互吸引、相互促进的和谐状态。

3. 新空间的建设与活力不足。行政主导下新建的公共空间，例如新村部楼、新戏台和健身器材等，往往将城市中的范例进行直接复制，因为忽视了村民的生活习惯和实际需求导致活力不足，造成了闲置和浪费。因为旅游开发而兴建的标志性建筑，例如新戏台因为体量过大而破坏了原有的村寨景观。随着乡村发展人员流动性逐渐增大，外来人员使用需求的公共空间明显不足。

4. 公共空间营建中注入社会力量和学术支持，成为乡村振兴的有效途径。由广州大学和香港中文大学联合策划、设计并募资捐献建造而成的高步书屋，是"空心村"背景下针对留守儿童设计的公共空间，将传统文化和现代技术结合，致力于农村城镇中社区的再生和重新融合。实现村民参与策划、建设，成为村寨社区建设的一次成功的尝试。

通道县高步村于2012年被列入中国申报联合国《世界文化遗产预备名录》——"侗族村寨"，乡村发展的现代化、城镇化趋势下不可避免地需要发展新的公共空间类型。通过重塑公共空间适应新的需求，发扬侗寨村民共建的传统，保护和传承丰富的娱乐生活方式，保护和传承侗

寨建筑特色和传统技艺。通过社区营造增强村落活力，增强村民的归属感和责任感，重塑乡村社区，实现侗族村寨的可持续发展。

参考文献：

【1】 徐赣丽. 侗寨的公共空间与村民的公共生活 [J]. 中央民族大学学报，2013（6）：41-47.

【2】 范俊芳，熊兴耀. 侗族村寨空间构成解读 [J]. 中国园林，2010（4）：76-79.

【3】 韦浥春. 广西少数民族传统村落公共空间形态研究 [M]. 北京：中国建筑工业出版社，2020.

【4】 王治国. 通道县高步村公共空间体系演变研究 [D]. 长沙：湖南大学，2019.

【5】 吴斯真，郑志. 桂北侗族传统聚落公共空间分析 [J]. 华中建筑，2008（8）：229-233.

【6】 龚敏. 侗族聚落公共空间的文化认知与场所营造 [J]. 三峡论坛，2017（1）：27-30.

【7】 郑赟. 村落公共空间研究综述 [J]. 华中建筑，2013（3）：135-139.

【8】 王云才，孟晓东，邹琴. 传统村落公共开放空间图式语言及应用 [J]. 中国园林，2016（11）：44-49.

基金项目：广西艺术学院2019校级科研《社区营造视野下侗族村落公共空间研究》，项目编号：YB201932。

建筑速写课程教学方法探讨

王兆伟

摘　要：当前环境下，很多环境设计专业的学生貌似对建筑速写这门课程不屑一顾，以往艺术院校学生的那种显著手绘能力呈现出日渐衰微的趋势。基于业内普遍认为该课程的重要性，尤其是其在培养学生对感受生活、观察现实以及审美表达等方面均有着电脑所不可替代的重要作用，以及笔者教学中发现的一些问题，我们更应该研究总结该课程一些好的教学方法，充分利用好这门能够"即时行乐"的速写技艺，及时纠正学生出现的一些问题，以提高该门课程的教学质量。

关键词：感性审美；理性思维；建筑速写；认真钻研

一、引言

守正才能创新，通过近几年教学观察，环境设计专业学生们的薄弱手绘能力在建筑速写课程中显露出来，那些画面上本该呈现出的正常视觉形象被描摹成了各种表现形式，这种能力的不足难以有效衔接高年级的课程，学生毕业后也难成为独立设计师，我们迫切需要在教学中及时调整好方向。笔者根据实际教学情况，认为应该在专业培养方案上设置本课程保底的课时量和作业量，同时应在以下几个方面多下功夫，以不断推进环境设计专业建筑速写课程的教学改革。

二、注重培养学生敏锐的感性审美素养

设计专业的学生在进入高校后，对电脑的依赖性特别强。电脑的普及使用确实提高了工作效率，使学生能脱开画材、画具的"累赘式干扰"，轻装上阵，随时通过一个笔记本就可把其想要的模型效果等建构出来，但电脑也会呈现出其模式化的一面，学生的感性审美能力会被削弱，这是笔者在教学中发现的一个问题。如何培养并更好地保住学生敏锐的感性审美能力，便引起了笔者的警觉，此时这门课程对学生在这方面能力培养的独特作用便凸显出来。环境设计专业在本科阶段课程设置中，保留了如建筑速写、设计素描及手绘效果图等为数不多的

手绘课程，其中素描课程中的作业练习所占用时间较长，而侧重于效果呈现的手绘效果图又是被安排在大学二年级以后。可见，建筑速写这门基础课肩负着其他课程无法完成的任务，所以教师应该利用好这门课程，尽力弥补学生在感性审美素养上的缺失，为后面课程的密切衔接打好基础。

三、注重培养学生惯性的理性思维素养

对于环境设计专业的学生，我们不能止于对其感性审美思维的培养，同时要注重对其惯性的理性思维能力的培养。我们在此指的这个惯性为何？这惯性应该是一种出手即是的潜移默化式的内在力量。这种思维方式不应是在设计完作品之后强加的，而应是从一开始着手这件作品时便已潜意识化地惯入其中，这便是笔者在此所指的惯性的理性思维。该课程在培养学生这种惯性的理性思维素养方面的独特性也凸显出来，速写这门技艺不但很利于师生在授课交流的过程中快速地分析呈现；教师在授课时也应不断提醒学生要将这种理性分析的思维方式贯穿于整个速写课程及每一张速写作业的始末，凡是在画面上分析得出的一些错误、不合理的地方，都要马上修改完善。在速写绘制过程中，经过一张又一张、日复一日地反复打磨，这种设计师惯性的理性思维素养便培养起来。

四、守住手绘的快乐，杜绝"磨洋工"式的作业

何为守住手绘的快乐？笔者在教学中发现很多学生去画一张建筑速写，其实是脱离了快乐的，与其说在画一张画，其实是在"磨洋工"，是在完成一张张需要提交的作业任务，这背离了绘画的初衷。若是失去了绘画带给我们的快乐，那从事绘画的人们再去做这个事还有多少意义呢？一位能够不厌其烦地、快乐地手绘各种设计方案的学生，才有可能在未来成为一名能够为美化环境出力的优秀设计师，所以我们应该好好地思考究竟是什么原因导致学生在绘画时没能获得应有的快乐？教师应该想办法激发学生们的兴趣，使之带着一种有成就感的快乐去完成一张张建筑速写作品，这些都值得我们深思。

五、"看似简单、并不简单"的建筑速写，我们要培养学生认真钻研的专业态度

一张已画好的优秀速写作品摆在人们的面前时，看上去很简单，但其实并不简单。想要绘制一张优秀的建筑速写作品，需要先吃透画面背后的绘画逻辑，比如对透视的学习、理解、应用，只有对其理解得很透彻后才能画出一张没有透视错误的作品；又如学生们对于光影规律的学习，不能止于室内静物三大面五调子的层面，应该多走出教室对景写生，具体物象具体对待，才有可能上升到艺术性表达的层面；再如学生如果不理解结构与实物本身之间的关系，并针对不同的对象作反复针对性练习，就无法将所要表达的物象结构艺术性地呈现于画面上，诸此种种问题都需要认真钻研……否则就无法将一张张精美的作品呈现于人们眼前。

六、结语

环境设计专业虽然在课时中包含了少量户外写生，但主要是临摹照片为主的授课方式，使教学方式呈现出较为匮乏的面貌；同时加上学生对电子产品的依赖使用、对该课程的兴趣不足且缺乏正确认识等原因，使得该课很难取得好的效果并与其他课程的衔接连贯密切。笔者结合经验提出我们应该在建筑速写课程教学中注重培养学生敏锐的感性审美、惯性的理性思维、守住手绘的快乐、认真钻研的专业态度四个方面，以期提高该课程的教学质量、取得更好的成效。

参考文献：

【1】陈新生. 建筑速写技法2020 [M]. 第2版. 北京：清华大学出版社，2020.

【2】邓光成. 建筑速写对环艺设计专业的重要性 [J]. 现代园艺，2016（12）.

注：该论文《建筑速写课程教学方法探讨》（文章编号：2021-27-0702X），已发表于期刊《文学少年》2021年27期，该期刊主管单位：中国作家协会辽宁分会，主办单位：辽宁省作家协会、辽宁省儿童文学学会，国内统一刊号：CN21-1038/I；国际标准刊号：ISSN1003-7640。

景观
与
建筑

筑园识趣——中国园林景观品读

黄文宪

近日品读有关园林建筑的美学著作，偶有体会。想到最近完成的园林建筑工程项目青秀山霁霖阁，虽已竣工数月，但设计创作过程中的每一段过程、每一个环节依然历历在目，事事入心，顿时不胜唏嘘……

建筑创作是一段心智和毅力的练历。从整体规划到建筑创意，直至设计绘图，再到现场指导，一步步走来，从来都不会一帆风顺，左右逢源，而是波澜起伏，峰回路转。尤其在设计园林建筑时，需要的知识和技能实在太多，需要的素质和修养实在太深，有时力不从心，往往有弃之任之的念头。但不知是什么原因，没有随便放弃，而是坚持再坚持，这大概也是建筑，特别园林建筑中那种特有的艺术魅力，吸引着我们一步步地走了过来……

当这一切已经过去，每每经过自己的作品面前，成就感不时会在心中泛起，但更多的是自责的疑问。假如屋顶弧线再舒展一些？假如色彩再质朴含蓄一点？假如门窗更雅致考究一点？假如再给我一块空地，从头开始设计的话……

时间不会倒退，建筑难有假如，"遗憾的艺术"多有遗憾，只有希望着再次创作机遇的来临。

中国筑园历史源远流长，其中的典范数不胜数，卓尔不凡的构思，精湛绝伦的手法，意味深长的境界中包含着隽永、清新的人文精神。在明代计成的著作《园冶》中，在陈从周的《说园》中，在文学家聂鑫森的《触摸古建筑》中，在建筑家侯幼彬的《中国建筑美学》中，都有论述和研究。读书、解惑、传道、授业，本来就是教师的职责。诸多感想，只想执笔写就，于是一口气写出了如下的读书笔记，实为一系列的园林建筑欣赏讲座提要，浅陋之至，自我解嘲曰《筑园识趣》。

一、门窗邻虚，自为美景

"窗含西岭千秋雪，门泊东吴万里船"[①]。门窗作为中国建筑艺术中最重要元素之一，早已为古代的诗人所洞识。由于有了门窗的巧妙设计和精心安排，自然景色的魅力和园林建筑的美感得以大幅的提升和高度的凝练。景色借门窗之镜窥有了层次、深度、意境，建筑凭门窗之洞开，有了灵气、动感、神采。这就产生了隔景、取景、造景、借景的一系列美学价值，从而成为我们所欣赏的对象。

先说取景与隔景。"嘉则收之，俗则屏之"[②]是其设计原则，园林建筑门窗可以通过自身的形状图案及组织结构，对窗外的景色进行恰当的艺术处理。如若风景宜人，门窗设计应尽量敞开，窗棂可以尽量简练，以取得园林建筑与自然美景互为映掩的最佳效果；若市井喧哗，门窗面积应该尽量缩小，起到屏蔽的作用，窗花可以倾向繁密，以减少外界的干扰，缔造闹中取静的境界。"窗户邻虚，轩楹高爽，纳千顷之汪洋，收四时之烂漫"[②]，正是园林建筑门窗作取景的界面，获得不凡艺术效果的生动写照。

再说借景与造景。"眼睛是心灵的窗户"，而门窗则是建筑的眼睛。从外部看，园林建筑的门窗千姿百态，是建筑艺术中最富有表情的造景元素。圆形门窗饱满有神，透花门窗含蓄优雅，方形门窗端庄大方，异形门窗生动活泼，分别表达了园林建筑的深刻内涵和丰富的形态。从内部看，各式各样的门窗将景色引进室内空间，形成了物与人的交融。物我交融的结果令人心旷神怡，使人产生了新的意境联想。由此及彼，由彼及心，园林建筑的门窗成为借景的媒介，达到以小见大、以近取远的造景效果

---

① 出自唐代杜甫《绝句》原文："两个黄鹂鸣翠柳，一行白鹭上青天。窗含西岭千秋雪，门泊东吴万里船。"
② 出自明末著名造园家计成的《园冶》。

（图1）。颐和园借西山塔入园，拙政园借北寺塔入景，都是很好的范例。

欣赏园林建筑，感受自然美景，可以忘忧，何乐而不为呢？

二、屋顶如冠，翼然而飞

"南朝四百八十寺，多少楼台烟雨中"[①]。园林建筑中的种类很多，有亭、台、楼阁、榭、轩、桥、廊、舫、斋、馆、厅、堂、塔等。除了平面布局不同，使用功能各异，屋盖的造型也是丰富多彩的。对于中国园林建筑的整体美感中，突出的屋盖形象是最具特色的。

屋顶是建筑之华冠，中国园林建筑的屋顶主要有如下几种：硬山、歇山、悬山、庑殿、卷棚、攒尖、方壶以及由此基础上演变的重檐、三重檐、多重檐的多种造型，呈现出高低错落、参差嵯峨的气象（图1）。作为赏析对象，屋顶的审美价值在于如下几个方面：

独特感：在与西方园林建筑的对比中，中国园林建筑屋顶造型及其组合的丰富性非常突出，令人目不暇接。北方的皇家园林和南方的私家园林都是如此。北京的颐和园万寿山上各种亭、台、楼、阁，各个屋顶主次分明，形象突出，组成了一条条起伏跌宕的轮廓线。苏州的拙政园庭院内众多榭、舫、轩、馆，各种屋顶错落有致，各具特

色，展开了一幅幅别致优雅的水墨画。两例都分别印证了这一点。

和谐感：其中有两方面的观赏价值，一是与自然环境的和谐，二是与建筑群体的和谐。由于许多情况下，园林建筑瓦顶使用同一材料和釉色的瓦片，很容易取得和谐的效果。另外，园林建筑的瓦顶多用斜面、弧面，瓦背多用弧线、折线，与周边的山体、树木发生某种联系，"虽由人作，宛自天成"的感觉油然而生，造就了祥和、和谐的建筑意象。

生动感：中国园林建筑的屋顶形状各异，却又易于组合，任何地形、任何布局都有相应的构成连接方法，厅堂硬山屋顶的规整、亭榭攒尖屋顶的悠然、轩廊卷棚屋顶的灵动，楼阁歇山屋顶的嵯峨，各种屋顶显得神采奕奕、生气勃勃。以廊为例，园林建筑设计让临水廊桥屋檐尽量接近水面，有如仙子凌波，又以爬山廊道屋盖依山匍匐而上，有如蟠龙腾跃。"如鸟斯革，如翚斯飞"[②]是中国园林建筑屋顶优美意象的总概。

细细欣赏，深深品味，园林建筑果然其趣无穷！

三、粉墙黛瓦，天然图画

游览中国园林建筑环境，总有一个令人难忘的印象，就是一堵堵黛瓦白墙，在园内延展流转，如一抹

图1　北海公园什锦窗

图2　颐和园画中游景区的亭顶

---

① 出自唐代诗人杜牧的《江南春》。
② 出自《诗经·小雅·斯干》。

云烟，一条素缟，飘然而至，又随时消失，如国画中的飞白，似是虚无但不可或缺。"粉墙花影自重重"①园林中的白墙确实给人们以遐想，它的美感也是其他建筑形式不可更替的，细细寻思，它有三种特质值得欣赏。

自由的体态：白墙黛瓦似是单一界面，但正由于它的单纯，使得其容易与其他构件相融合，或平直，或曲折，或围或透，或藏或露，自然而然，不拘一格，以不变应万变，灵活地适应各种环境的要求，分割着园林的内外空间，使之层次清晰，意象丰富。

单纯的色彩：白色与黑色是颜色的两极，人称之为极色，在与其他建筑构件造型或自然林木花卉很容易协调，色彩缤纷的自然景物一旦有纯色的背景相映，更显得有如天然图画一般，动人心魄。另外，光线照射将树木花卉的剪影通过白墙展示出来，形影相随，互得益彰，虚实掩映，变化多姿。

多样的造型：传统的园林围墙，往往配合着其他建筑构件，上海豫园的龙墙、扬州个园的云墙、北海公园的爬山墙等都是在墙顶上做文章，使之饶有生趣。而苏州留园以相同形状、不同图案的漏窗，北京颐和园则以不同形状、面积大至相等的锦窗与墙体结合，黑白双衬妙趣横生。再说墙裙变化也不少，有用青石勒脚的，有以灰浆抹面的，有以砖墙铺砌的，不变中有变，别出心裁的手法使人耳目一新，赏心悦目。

都说白墙黛瓦充满美感，正是它映衬着自然，映衬着建筑。缺少了白墙黛瓦，园林就缺少了几分神韵（图3）。

四、园路纵横，曲径通幽

中国文化讲究含蓄、藏秀。"庭院深深深几许"②"大隐隐于朝"③。园林建筑环境受到深刻的影响。园林中的路径往往宜曲不宜直，宜窄不宜宽，且铺道的材料丰富多彩，有青板石、鹅卵石、沙岩石、青砖，甚至用立起的

瓦铺张起来，由此形成了许多铺砌的式样，错缝式、平顺式、冰裂式、人字式、方格式、斜纹式、点石式、杂陈式、拼图式，应有尽有而用其极。但最具中国特色的铺地方法为点石拼图式，在皇家园林用得甚多，主要是用小颗彩石拼成一些吉祥如意的字样、图案，常见的有：福、禄、寿、喜等字样和喜鹊登梅、五福临门、连年有鱼等图案，使人在游览之中，脚底生花，增添了情趣。此外，方格式路面大方端正；菱形式路面舒展通达；人字式的路面显得很有方向感；错缝式路面富于韵律感；冰裂式的路面最为自由，可用直线石块砌好基本形式，然后填上各种色石。八角式砌法交角处留有菱形空格或填上其他材质，或干脆空着任其长出青苔，这大概是现代流行的生态地砖最早的形式。

"曲径通幽处，禅房草木深"④，园林的道路大都一曲三折，原因很简单，游人可以在道路的引领下右转左弯，前顾后盼，从多个侧面欣赏自然，达到移步异景的效果。此外，道路的起伏跌宕亦十分讲究，忽高忽低，忽上忽下，园路的设计目的是提供多个角度欣赏园景。园林设计中还常把道路的伸展做一些断裂性的顿挫变化，如把一段弧形园路变成散铺的步石，似断未断，使人们改变走路的姿态；又如若园路通过水面，往往又变成荷步、莲墩，溪水哗哗从步阶下流过，此时的步阶成了一个个跳跃的音符，合着自然的节拍，谱写着美妙的园林之歌。

俗话说：山不转水转，水不转路转，路不转人转。园林建筑作为空间的艺术，也是时间的艺术。随着时空的转换流动，园路不断延伸转折，起承转合，送我们来到秀林美地，领我们进入仙景瑶池。

五、勺水为湖，片石成峰

"一峰则太华千寻，一勺则江湖万里"⑤，说的是盆景艺术，但用来形容中国园林艺术中的山水意境，也是相当准确的。园林中的水景是不可或缺的。水面安排是宜静

① 出自《玉簪记》琴挑部分戏词："粉墙花影自重重，帘卷残荷水殿风，抱琴弹向月明中……"
② 出自北宋欧阳修的《蝶恋花》。
③ 出自东晋王康琚《反招隐诗》的开头："小隐隐陵薮，大隐隐朝市。伯夷窜首阳，老聃伏柱史。"
④ 出自唐朝诗人常建作的《题破山寺后禅院》。
⑤ 出自明代造园家文震亨在《长物志》中所强调的造园立意。

图3　颐和园画中游景区的墙顶

图4　冠云峰

不宜动。"静则明,明则虚,虚则无为而无不为也"①,"水静如镜",很符合道家的无为和佛家的禅意,此外静水显得若有若无,真实地倒映着景物,两相对应,有一种沉着无言的张力,使人得享静思的境界。水景布局则宜曲不宜直,"曲水流觞"②是东晋士大夫们饮酒作诗的乐事,由此而演化出的流杯水景,是很有特色的创造。曲水又显得源远流长,使人联想到高山流水,有很强的暗示性和象征性,无形中突破了园林的空间界限。水源设置宜藏不宜露,虽然从整体来观察,中国园林水景的营造不太注重来去匆匆的流水,但却十分欣赏来去无踪的活水,哪怕只是一个小小的池塘,也会想办法种植一些柳树、芦苇将源头及去处隐蔽起来。"问渠哪得清如许,为有源头活水来"③,通过增添空间层次以表达与自然和谐与天地同在的情怀。

园林中的石景更是不可偏废。白居易在《太湖石记》中有精彩的阐述,"列而置之,富哉石乎。厥状非一……又有如虬如凤,若跧若动,将翔将踊,如鬼如兽,若行若骤,将攫将斗者"。太湖石的审美标准,即透、漏、瘦、皱四字经。透为石质通透,漏为石孔多空,瘦为石相萧条,皱为石纹多折,品石主张是清奇古怪。由于中国地大物博,南北各地亦有各地域选标准。桂林钟乳石的独秀、四川滩石的挺拔、山东团石的浑厚、西安峰石的峭峻,各

有特色、各显姿容,都为中国园林的构景提供了丰富的素材。此外,石景与其他造园要素的配置也十分需要功力,比如水边石宜圆,树中石宜团,草上石宜平直似座,墙前石宜峥嵘有型。江南园林三大名石:瑞云峰、冠云峰、皱云峰,世称石中之典范;颐和园的名石——青芝岫,安置时由于石形奇伟,竟只能破墙而入,一时传为园林建构的佳话。

"智者乐水,仁者乐山"④,中国园林是诗化的自然,是梦中的天地。在园林中玩水赏石,似是小情调,其意却在山水间(图4)。

六、楹联匾题,诗情画意

提起园林建筑艺术总离不开画意诗情,总离不开楹联匾题,这是中国传统文化的影响所在,亦是中国园林建筑独树一帜的特色。

世人只知唐朝的王维是著名诗人、画家,却不知王维也是一位有为的造园家,其亲自构思建造的"辋川别业"⑤是名噪一时的园林,他本人亦是较早地用诗情画意的概念去造园的先行者。到了宋代,山水诗兴起,于是山水画应运而生,影响后世。及至明清,士大夫们又将山水诗画的意境物质化、现实化,结果就是山水园林的成就

① 语出《庄子·杂篇·庚桑楚》。
② 语出王羲之的《兰亭集序》。
③ 出自宋代朱熹的《观书有感》。
④ 出自《论语》雍也篇,子曰:"智者乐水,仁者乐山;智者动,仁者静;智者乐,仁者寿。"
⑤ 辋川别业,最早是由宋之问在辋川山谷所建的辋川山庄,后来唐代诗人兼画家王维在此基础上营建的园林,称为辋川别业。今已湮没,后世根据传世的《辋川集》中王维和同代诗人裴迪所赋绝句,揣摩出《辋川图》。

了。明代造园家计成在其著作《园冶》中曾描绘过园林的境界："峭壁山者，靠壁理也，藉以粉壁为纸，以石为绘也。理者相石皴纹，仿古人笔意。植黄山松柏，古梅美竹，收之圆窗，宛然镜游也。"有无画意，成了评价园林成败的一个标准。清人钱泳曾指出，"造园如作诗文，必使曲折有法，前后呼应……"。有无诗情，亦关乎园林品位的高下。

事实上，中国的园林正是以诗画为主题，以匾联作引导，使游者通过诗画匾联，进入造园家设想的艺术境界。试举几例，便可明晓。

承德的避暑山庄，有一园景名曰"万壑松风"①，因近有古松，远有岩壑，风入松林似涛声阵阵而得名。康熙曾有诗云："云卷千松色，泉如万籁吟。"诗的点题引导使旅人兴趣大增。

苏州网师园的待月亭，其匾题为"月到风来"，而楹联则以唐代诗人韩愈"年晚秋将至，长风送月来"的诗句点景，秋夜赏月，此情此景，尤为贴切。又如拙政园的扇面亭，仅有一几两椅，以宋代词人苏轼"与谁同坐？清风明月我。"的佳句作引，带出一种高雅清幽的情趣，令人一咏三叹，回味无穷。

在游园时，切不可以忽视这些诗词对景色的召唤作用，正是由于这些佳句题点，我们才能把对楹联题匾的欣赏，提升到了对自然景物的观照当中，进而领悟到大千世界给予我们的晨光夕照、清风明月的心情之感概，领悟到自然万物赐予我们的鸟语蝉鸣、花姿竹影的感官体验（图5、图6）。

图5　楹联匾额　　　　图6　颐和园画中游对联

七、兰馨竹影，园苑缤纷

建筑、花木、山石、水景是园林建筑中的四大要素。"园所以树木也"②，汉武帝在修上林苑时，群臣曾各自献名果异卉千余种，可见在中国园林草创之时，就是从种植花木开始的。

佳木异卉，兰馨竹影，各自有着不同的姿态、颜色、气味，而且会随着时令季节的变化，呈现出不同的风貌。中国的园林建筑环境许多都以植物花木成景，给人留下隽永、悠然、回味无穷的印象。这些印象诉诸我们的各种感官，声色交融，情景互动，使我们能多维地、全身心地感受和领悟园林建筑的艺术魅力。

郑板桥有文："十笏茅斋，一方天井，修竹数竿，石笋数尺，其地无多，其费亦无多也，而风中雨中有声，日中月中有影，诗中酒中有情，闲中闷中有伴，非唯我爱竹石，即竹石亦爱我也。"品读文章，会增添对园林空间的理解和认知。

苏州拙政园有许多直接用花木点题的景观，如玉兰堂、海棠春坞、枇杷园等；也有借花木间接抒发某种情怀的，如听雨轩、远香堂、留听阁等。听雨轩周边种蕉，雨打芭蕉，声色入耳，在此处观赏雨景为最佳也。远香堂是因在池中植荷，"香远益清"③而得名。"雪香云蔚"④则是形容冬日街花，盛开之景观。承德避暑山庄有以听觉为主题的景点，如"万壑松风"，也有以视觉为主题的景点，如"金莲映日"。康熙曾有诗云："正色山川秀，金莲出五台，塞北无梅竹，炎天映日开"，可见园林的景观加入了植物的因素，无论从视觉、听觉、嗅觉、触觉还是感觉都给我们更为丰富多样的审美体验。

明代造园家计成在其著作《园冶》中，为我们描绘了理想的园林景致："梧阴匝地，槐荫当庭；插柳沿堤，栽梅绕屋""风生寒峭，溪湾柳间栽桃；月隐清微，屋绕梅余种竹，似多幽趣，更入深情"。从中，我们可以看到植物的搭配栽种对于园林建筑环境来说，也是十分讲究的艺术。

---

① 万壑松风，在避暑山庄松鹤斋之北，建于清康熙四十七年（1708年），是宫殿区最早的一组建筑。
② 清代段玉裁《说文解字注》："所以树果也。郑风传曰。园所以树木也。按毛言木，许言果者。"
③ 出自周敦颐的《爱莲说》。
④ 出自于《园冶》。

赏花闻香、观林聆风、品味园林当能抒怀存志，养性怡神（图7、图8）。

八、桥横塔耸，意境高远

游览杭州西湖，看山游塔，观湖游桥。湖光山色为之平添了许多美丽的景致。桥横塔耸，如虹似峰，桥与塔在园林建筑环境中的观景和景观两方面都有十分重要的审美价值（图9、图10）。

应该阐明的是，观景和景观并不是字序的简单颠倒，而是有着不同含义的语汇。观景是从此点向外观赏的意思，景观则是作为对象被从外部所观赏，简言之，就是看与被看。在中国园林中，桥与塔都必须同时兼顾这两方面的要求。

先说塔，"救人一命，胜造七级浮屠"①。"浮屠者，塔也。"源于西天竺，是高僧的圆寂之地，原为实心石作。到了中国，与华夏文化碰撞，产生新的形式和含义，成为城镇的高标，造型也变得玲珑起来，并可以登高望远。于是就有了观景和景观的双重价值。在中国的许多园林建筑环境中，塔往往是借景之用，如西湖借保淑塔、雷峰塔入景，颐和园借西山塔，拙政园借北寺塔入园。借，是一种高超的造园手法，必须选择好建筑借景的方位，组织好园林过渡的层次，使远塔真正融入园景，才能形成意境高远的效果。另外，园内也不时地安排一些小型石塔置于河中和石上，与园外可望而不可即的塔影形成呼应，一虚一实，一远一近，相得益彰，大有深趣。

再说桥，"小桥、流水、人家"向来是中国人向往的居住环境。桥，由于勾连两岸，下通舟船，又成为交通要津。中国的园林建筑环境中，桥的形式丰富多样，有庄重非凡的十七孔桥，有小巧别致的"之"字形桥，有宛如满月的明月桥，有气势如虹的飞虹桥。有亭桥、廊桥、风雨桥、九曲桥……数不胜数。"断桥残雪"②为西湖增添了神话色彩，也寄托着人们美好的愿望；由此岸到彼岸，通过桥的演绎，园林建筑环境中产生出几许的禅意。另外，桥的倒影在流动的水中变幻无常，成为抒情的载体。

桥和塔记载着许多值得流传的逸事，桥和塔传承着无数启迪人心的哲思，它们是中国园林建筑环境中的魂和魄。

九、亭台楼阁，各显风采

亭、台、楼、阁各显风采，是园林建筑中不可缺少的构景单位，是园林建筑中的组景重心。就此说文解字、就地取义地细说一番，当为拾趣。

亭："停也"，人所停集坐歇之地。历史上有许多名亭，唐代兴庆宫池边上有一用沉香木建成之亭，得名沉香亭。杨贵妃常在此赏花、歌舞、宴乐，正所谓"解释春风无限恨，沉香亭北倚阑干"。晋代绍兴兰亭，因王羲之在此修禊，写出书法圣品《兰亭集序》而名扬四海；长沙爱晚亭在岳麓山中，周围广种枫叶，至秋而景色斑斓，故取杜牧"停车坐爱枫林晚，霜叶红于二月花。"③诗

图7　荷风柳影

图8　秋高枫红

图9　西湖断桥

图10　大理白塔

① 出自《何典》第五回："我死之后，你千万带只眼睛，收留回去，抚养成人，也是救人一命，胜造七级浮屠。"
② 断桥残雪是著名的西湖十景之一，是西湖冬季的一处独特景观。
③ 出自唐代诗人杜牧的《山行》。

图11　拙政园的轩榭　　　图12　月亮泉中的楼阁

意而得其名。

台："台观四方而高者"，我国著名的、历史久远的《诗经》中有记载"经始灵台，经之营之"。历史上也有许多名台，例如南京凤凰台，李白有诗言"凤凰台上凤凰游，凤去台空江自流"。桐庐钓鱼台，东汉时的隐士严先在此筑台，怡然自乐。铜雀台是曹操的姬妾娱乐歌舞的场所，杜牧曾有诗都分别有文为记。范仲淹的《岳阳楼记》"先天下之忧而忧，后天下之乐而乐"，这一千古名句，成为激励着后人关怀国事、先国后家的情操。滕王阁因王勃的《滕王阁序》而名声大噪，"落霞与孤鹜齐飞，秋水共长天一色"。远山悠悠世事茫茫，总给人以心灵的感应。而黄鹤楼更是名重一时，李白的"黄鹤一去不复返，白云千载空悠悠"，宣泄出一种悲切深邃的时空感叹。

阁：楼与阁有时是不可分的，但阁与楼有些许不同，不管多层或单层，均可称为阁。阁多数与存书有关，如中国古代四大图书馆：文昌阁、文渊阁、文澜阁、文津阁等。另有用以登高观景的阁，如山东的蓬莱阁、云南的三清阁、广西的真武阁等。有的依山傍海，观海市蜃楼；有的危崖独立，看云岭逶迤；有的高台临江，望平沙沃野；各显峥嵘，又各显风采。

园林建筑的典故和趣闻是讲不完的，因此，每每都有意犹未尽的感觉（图11、图12）。

十、实景虚境，气象万千

园林建筑的美感在于空灵剔透，气象万千；在于步

移景换，意境悠远。说起来虚无缥缈，不着边际，但要达到这样的意象，还必须砌墙、起楼、开窗、构景这样实实在在、一丝不苟的创作。无实就无所谓虚，无虚也无所谓实，虚实相生，产生"象内之象""景外之景"[1]，从而使我们感悟到从建筑意象到建筑意境的创作过程，体会到园林建筑以实体构建为基点、追求虚境显现为目的的审美特点，举例说之。

一是北京天坛，作为祭天的场所，其建筑的物质功能十分简单，但要求的精神功能却很高。为了达到崇天、敬神的目的，整个设计采取建筑萧朗、园林广阔的手法，通过一条高出地面、很长很宽的"天路"——丹陛桥，把三组建筑——圜丘坛、皇穹宇、祈年殿连接起来。圜丘坛、皇穹宇、祈年殿均采用圆形的平面，并且以圆形石台层层提高，一反惯用的矩形平面，予人独特的、非同寻常的视觉感受。从圜丘坛的平台到皇穹宇的圆环墙垣，再到三层圆台上层层上收的祈年殿三重屋檐，成功地表达了与天相接的神圣气氛，达到了以圆"象天"的艺术效果。另外，通过压低墙垣、提升路面、筑高坛台等建造手法，使人置身高处，眼前视野开阔高爽，而整个建筑群有如漂浮在松涛柏海之上，超尘出世的幻觉油然而生，"观天"的体验得到了印证。天坛的园林建筑就是这样运用"崇天"的手法，引出"象天"的效果，完成"观天"的虚境，令人心胸舒展，浮想联翩。

二是苏州留园，作为私家园林，是士大夫的隐逸之地，造园的手法是以小见大、以虚就实、步移景换。其中部景区，东立面借曲谿楼、五峰仙馆等建筑立面为主景，墙面比重较大，以实为主；由明瑟楼、涵碧山房等建筑组成的南立面，空廊和隔扇的比重很大，以虚为主。东南两立面构成了强烈的虚实对比，这两个立面各自又有虚窗和实墙，这些要素的穿插、渗透、交织，使实中有虚、虚中有实、虚虚实实、实实虚虚、周回曲折，使景色在人的活动中不断变化，"瑶台倒影参差树，玉镜平开远近山"[2]，景色似尽而不尽，游人深深地为园林所呈现出来的气象所感染（图13、图14）。

---

① 语出司空图《与极浦书》："戴容州云：'诗家之景，如蓝田日暖，良玉生烟，可望而不可置于眉睫之前也。象外之象，景外之景，岂容易可谭哉？'其中，前一个"象""景"指客观存在。

② 明代诗人华云的《鼋头渚》："路入桃源九曲环，早春舟放碧云间。瑶台倒影参差树，玉镜平开远近山……"

图13　以实就虚，步移景异

图14　山水相间桥路纵横

　　其实，园林建筑的构建有如绘作山水画，"空本难图，实景清而空景现；神无可绘，真境逼而神境生"[①]。园林建筑的欣赏，需要有较高的艺术素养。

　　每个人都有自己的梦想，政治家的梦想是治国安邦，科学家的梦想是创新发现，音乐家的梦想是乐韵飞扬，建筑家的梦想是在大自然中建构家园……自然，是大地天空，是青山绿水，是鸟语花香，是环绕在我们周围生机勃勃的一切。家园，是可游可居、可坐可卧、可感慨可抒怀、可安居乐业于其间的息息相通的寓所。

　　青秀山坐落在南宁城中，邕江湾畔。有莽莽林木、潺潺流泉，不乏野趣，但缺乏名胜。在这块宝地上建造任何园林建筑，无疑都是对设计者的重大考验：造型体量上不能太大，亦不能过小；色彩材质上不能太突兀，又不能不显眼；规划建设上还必须满足景观和观景两方面的要求；空间使用上又必须符合功能要求，及寄托精神追求。经过设计师的努力，近期建成的霁霖阁对这些问题有了较好的解答（图15～图18）。其中，有三个值得称道的特点，即宜景、宜人、宜情。所谓宜景，就是建筑与环境协调，相得益彰。霁霖阁占地不少，且逼近天池湖面，由于运用了围、透、虚、实的设计理念，并采用了桥、廊、台、阁的造型要素，建成了一处山环水绕、花树掩映、楼宇嵯峨、庭院相间的园林建筑景观。所谓宜人，就是建筑满足了人的需求。人们对园林建筑往往寄予很高的期望，物质功能的要求首当其冲。霁霖阁空间宽敞，台阶平顺，坐行舒适，临池可观鱼，望山可悦目，总之视觉、听觉、触觉、嗅觉都达到了较佳的状态。所谓宜情，就是园林建筑给人以精神上的寄托。霁霖阁采用开山造势、引水导流的手法，营造依山

图15　广西南宁市青秀山风景区霁霖阁1

图16　广西南宁市青秀山风景区霁霖阁2

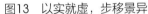

　　① 引自清代笪重光的《画筌》。

图17　广西南宁市青秀山风景区霁霖阁3

图18　广西南宁市青秀山风景区霁霖阁4

傍水、坐拥自然的感觉；凭借门屏窗镜、远借塔影的构思，形成内外交融的审美效应；运用雕栏下濯清波、飞檐上凌云霞的建构，产生天地沟通的情景观照。人、建筑、自然互为借镜，达到"欲辨已忘言"的心境，遂得"悠然见南山"①之意趣。

好山好水，要有好景来增辉。当我们流连于青秀山中、天湖池畔、龙象塔下，霁霖阁或许会给你眼前一亮的惊喜。

---

① 引自东晋诗人陶渊明的《饮酒·其五》："结庐在人境，而无车马喧。问君何能尔？心远地自偏。采菊东篱下，悠然见南山。山气日夕佳，飞鸟相与还。此中有真意，欲辨已忘言。"

"亲爱精诚"完形塑造风景园林专业艺术+

——以广西艺术学院风景园林本科专业创新实践教学改革为例

曾晓泉

摘　要： 风景园林专业学科背景庞大，涵盖农林、理工、艺术三大类别。本文主要以广西艺术学院风景园林专业创新实践教学改革为例，通过对不同类别高校开展风景园林本科专业教育的学科背景与生源特点、专业源起进行比较，指出艺术院校应结合自身特色，弘扬徐悲鸿先生倡导的"亲爱精诚"求艺精神，建立艺术类风景园林学科专业优势，积极塑造风景园林专业艺术+。主要举措有二：一是要建立系统化专业教学机制构建风景园林艺术+，主要包括丰富在校生沉浸式艺术体验，打造风景园林学生艺术特质，强化建设艺术表达、设计思维、单项设计与综合设计四大模块课程体系，凸显风景园林专业创意思维和创新设计能力；二是要加强对创新型实践性风景园林专业教学改革实践的探索，主要包括创新型课堂教学、开放式课程作业展、跨院校联合设计课程实验教学、专业服务社会实践活动等，将艺术院校风景园林专业人才培养校内教学与校外专业实践紧密相连，对于增强专业培养特色，影响深远。

关键词： 艺术院校；风景园林；专业特色；创新实践；教学改革

风景园林学是一门跨学科、综合性的应用科学，与艺术、科学、工程密不可分。它既关乎人居环境、人文素养、园林文化，又涉及生态治理、景观材料、工程技术等各个方面。[1]风景园林学科发展的目的在于营造美好的人居环境空间，作为艺术与科技的联合体，风景园林专业人才培养在农林、理工、艺术等不同类别高等院校中并存。在中国，艺术院校开展风景园林专业教育起步晚于农林、理工院校，或源于环境艺术设计专业的景观设计专业方向。按教育部规定，艺术院校风景园林本科专业教学中可独立颁发风景园林（艺术学）学士学位，亟须在艺术院校中加强风景园林学科建设、突出专业特色、凸显创新发展，以便与风景园林工学、农学院校相关专业设置各施所长，在毕业就业中独树一帜，共同促进行业发展。

艺术是关于美的追求，"艺术的最高境界就是让人动心，让人们的灵魂经受洗礼，让人们发现自然的美、生活的美、心灵的美。"[3]"亲爱精诚"作为广西艺术学院的校训，源自于1938年春天我国现代杰出画家、美术教育家徐悲鸿先生为"广西省会国民基础艺术师资训练班"毕业同学录的题字，勉励艺术学子既要"相亲相爱、和谐共处"，又要"精益求精、诚心诚意"（图1）。[4]2018年岁末，

图1　徐悲鸿先生题字"亲爱精诚"

图2　郑军里先生题字"亲爱铭心，精诚致远"
（图片来源：广西艺术学院官网https://www.gxau.edu.cn[2]）

广西艺术学院校长郑军里先生题字"亲爱铭心，精诚致远"作为广西艺术学院建校80周年校庆的主题词（图2），既是对"亲爱精诚"校训的生动诠释，更是要勉励全体师生弘扬校训精神，不断开辟辉煌前景。[2]校训是大学的精神符号，也是大学优秀传统文化的集中体现。[5]借用广西艺术学院"亲爱精诚"的校训，风景园林专业在艺术院校的发展应结合院校综合背景与学科专业优势，通过发挥和谐友爱的亲善精神与创新拼搏的学习态度，充分利用校内丰厚的艺术文化资源与艺术设计专业积淀，探究地域特色与地方需求，进一步明确设置艺术类风景园林本科专业教育培养目标、塑造专业精神、突出艺术特色、引导风景园林专业学子尽早培养专业热爱、融入艺术环境、发展艺术特长，全面塑造风景园林专业艺术+。

一、风景园林专业教育学科背景差异分析

随着人民生活水平的提高和对人居环境提升不懈的追求，在我国高层次风景园林人才培养和社会需求之间差距很大：据不完全统计，在我国的风景园林行业，参与从业人员中超过2000万人，而其中接受过园林专业高等教育者，仅占约3.5%，相当于国际平均水平的1/10，甚至1/20。[6]由此可见，风景园林专业俨然已经成为一个热门、紧缺的专业。历经学科纷争与学科、专业设置的持续调整，直至2011年，我国国务院学位办、教育部首次将风景园林学、建筑学、城乡规划学并列为一级学科，2012年将风景园林专业可授予工学学士、艺术学学士或农学学士学位列入了最新的《普通高等学校本科专业目录》。[7]自此，我国"风景园林学科发展跨入了黄金时代"[6]，无论在农林类、理工类，还是艺术类高等院校中，都得到了较大的发展。由于学科背景各异，不同类别的高校风景在园林学科建设过程中，表现出不同的学科特色与学员特点（表1）。由此可见，风景园林学科背景丰富、专业知识繁复，对于农林、理工或者艺术背景的高校，应根据各自高校风景园林学科特色与学员特点，专门设置相应的风景园林专业培养目标与培养方案，从而真正促进专业发展，实现教学相长。

国内三大门类风景园林本科学科特色与生源特点分析表   表1

学科门类	学科特色	生源特点	专业源起
农林类	（1）相关院系包括：园林学院、林学院、环境科学与工程学院、土木学院等； （2）学术背景涉及风景园林学与园艺学、林学、生态学等相关学科，偏重于园林植物、园林工程学习，主要与植物学、生态学、地理学、自然景观规划与运营等学科交叉，是传统园林学科的发源地	（1）风景园林本科学员以理科考生为主，部分院校文理兼招，或需加试徒手画，学员普遍数理逻辑性思维能力较强； （2）学员浸润于农林院校重视园林工程、植物发展、环境治理与生态保护的大环境中，不断开拓风景园林发展全局观	在国内最早开始园林专业招生
理工类	（1）相关院系包括：土木学院、建筑与城市规划学院、环境科学与工程学院、地理学院、旅游学院、计算机学院、城市设计学院、管理学院等； （2）学术背景涉及风景园林学与建筑学、城乡规划学、生态学、地理地质学、旅游管理、土木工程等相关学科，侧重于发展风景园林工程相关设计、施工、结构、材料等，通常与园林工程、旅游管理、环境生态保护、自然与人文地理、文化遗产保护与再利用等关系紧密	（1）风景园林本科学员以理科考生为主，部分院校文理兼招，或需加试徒手画，学员普遍逻辑性思维能力较强； （2）学员置身于土木工程与建筑相关学科发展大背景下，风景园林学员与建筑学、城市规划学等相关专业学员互动性良好，学习环境复合，科学技术含量较高、工程技术背景深厚	在国内较早开始风景园林专业招生
艺术类	（1）相关院系包括：建筑艺术学院、设计学院、造型艺术学院、影视与传媒学院、艺术人文学院、美术学院、音乐学院等； （2）学术背景涉及风景园林学与设计学、建筑学、城乡规划学、美术学、传播学、旅游管理等相关学科，侧重于培养艺术修养、艺术表现、艺术思维与设计创新能力，注重人文关怀与设计创意，致力于解决场地问题、演绎城市更新、继承景观文化	（1）同时招收风景园林学、设计学（景观设计方向）本科学员，文理兼招，部分学员需通过艺术高考，具有一定美术基础； （2）在浓厚艺术氛围中，学员易于发展形象思维、创意思维特质，普遍对事物形态、色彩、材质等特征较为敏感	在国内风景园林专业教育中起步晚、发展快。主要起源于环境艺术设计专业

二、系统化专业教学机制构建风景园林艺术+

风景园林学（Landscape Architecture）是综合运用科学与艺术的手段，研究、规划、设计、管理自然和建成环境的应用型学科，以协调人与自然之间的关系为宗旨，保护和恢复自然环境，营造健康优美人居环境。[8]艺术院校要打造风景园林艺术+，就是要在满足《高等学校风景园林专业本科指导性专业规范》（以下简称"专业规范"）基本要求的基础上，结合行业、地区人才需求及学校特色，设置具有独具艺术符号的艺术院校风景园林专业办学定位、培养目标与教学方案，凸显个性化办学特色。作为国家文化和旅游部与广西壮族自治区人民政府共建单位，广西艺术学院已走过了八十多年风雨，学校现有美术学、音乐与舞蹈学、设计学、艺术学理论等6个一级学科硕士授权点，先后涌现出一大批国内外知名的艺术家和艺术教育家，积淀了丰厚的艺术文化底蕴，形成了较为完备的高等艺术教育体系。[4]得益于学校深厚的艺术土壤，广西艺术学院风景园林专业起源于1960年美术系开设的工艺美术班发展而成的环境艺术设计专业，与艺术美有着千丝万缕的联系。在此谨以本校开展风景园林本科专业教学实践为例，讨论艺术院校风景园林专业艺术+的构成机制。

（一）沉浸式艺术体验培养风景园林艺术+

艺术是相通的，也是使人愉悦的；丰富个人艺术体验，是培养风景园林专业艺术+的一个重要基础。艺术美是风景园林设计的重要属性，浸润于艺术院校，风景园林专业人才培养与其他各艺术专业活动有着千丝万缕的联系（图3），更何况视觉传达、城市雕塑、风景绘画等专业的应用都可为风景园林规划设计增色。报考艺术院校风景园林专业的学子，以文科生居多，面对自带科技光芒、具备跨学科属性的风景园林学科，很容易产生畏难情绪。鼓励风景园林专业学生以"亲爱精诚"之心主动结交其他专业的艺术学子、多多观摩相关艺术展演活动，逐步建立在艺术院校学习风景园林专业的独特优势，不断提升美学与文化修养、建立专业热爱。如果身处宝山而不自知，只是固守于基本课程学习，无视校内其他艺术资源的存在，将在在无形中失去了个人强化艺术体验、提高艺术审美的机会。

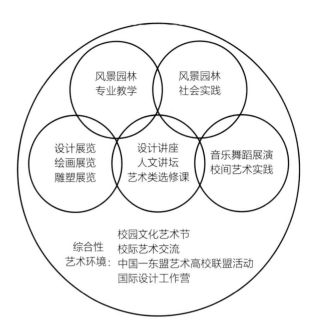

图3　广西艺术学院风景园林专业相关艺术展演活动构成示意图

（二）模块化专业课程体系构建风景园林艺术+

"各美其美、美美与共"出自著名社会学家费孝通先生之言，寓意个体之美与整体之美齐头并进。[9]风景园林学科的专业属性并不单一，与农学、工学、艺术学都颇有渊源，在不同高校的培养方案中应该根据学科背景打造"各美其美"的专业特色，促进形成齐头并进、共同发展的"美美与共"良好态势。

风景园林本科专业教学指导委员会在"专业规范"中，提出了风景园林历史与理论、美学基础与设计表达、园林与风景设计等8个版块[8]的专业知识核心领域。因此，在艺术院校风景园林专业培养方案中，可重点建设艺术表达、设计思维、单项设计与综合设计四大模块课程体系（图4），强化培养具有良好文化艺术修养和创新实践能力的新一代风景园林创新应用型人才。四大模块课程教学不是孤立进行的，按照交叉排课、融会贯通的方式递进。例如，作为专业基础的艺术表达模块，包括手绘与计算机辅助设计、实物模型制作、版式设计、园林摄影、专业考察等不同课题，穿插安排在第一至第三学年，与设计思维模块、单项设计模块的不同课程交替，不断增添学生对专业设计课程的理解力、表达力和创新性。

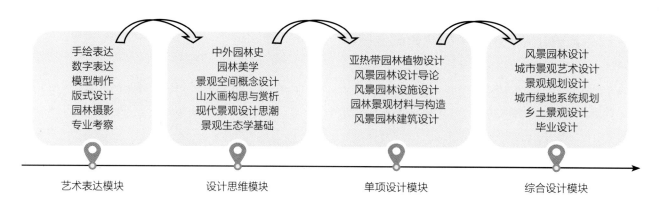

图4　广西艺术学院风景园林专业模块化专业课程体系示意图

三、增强创新实践教学改革助推风景园林艺术+

艺术院校的风景园林专业课程设置，曾经被诟病"课程内容与实践脱节"、"缺少设计规范与现场教学环节"、学生"知识面狭窄、自主学习能力不足"等。[10]要加强风景园林专业实践教学，可通过开展创新型课堂教学、参加校内外专业竞赛、积极服务社会等一系列创新实践教学活动，将本校与他校专业人才培养、校内教学与校外专业实践紧密相连，形成风景园林艺术+人才培养的重要推手。课堂创新，可激发创意思维；模拟竞赛，可拓宽专业视野；服务社会，可实现创新应用——这些综合举措，对于弥补艺术院校风景园林专业实践短板，增强大学毕业生创新创业能力，影响深远。（图5）

（一）"天天向上"课程作业展创新教学实践

公开展示，在设计类专业教学成果评价的重要途径。除了毕业展、主题性设计竞赛展等大型展览外，对于日常专业教学，广西艺术学院专门推出了"天天向上"课程作业展系列活动。在指定展厅内，将班级课程教学成果集体呈现，并组织学生互评、教师共评，极大地帮助学生构建独立思考能力、形成艺术品格，同时也激励

了任课教师丰富教学手段、增强专业教学能力。例如，《中外建筑史》这门传统理论课的教学，就在本校作业展中展示出了新面貌：在老师的精心设计下，学生除了学会梳理中外建筑伴随历史发展的脉络，还特别按照时间轴、采用趣味扑克牌定制的方式绘制出一幅幅具有代表性的历史建筑图像，既普及专业知识，又训练手绘技法，创新了专业史论课教学的方式。[11]设计学习是辛苦的，在"天天向上"课程作业展厅，欢颜笑语与专业精神同在，师生良好的精神面貌与快乐学习氛围是对"亲爱精诚"校训精神最好的诠释，将为学生学会学习、探索创新设计注入无穷的力量。

（二）跨校设计课程联合教学创新实践

自2016年起，由广西风景园林学会牵头、广西艺术学院发起，广西民族大学，广西师范学院与多家广西知名设计企业共同参与了广西风景园林设计创新性优才计划奖暨3+1"城市双修"与"乡土景观设计"实践教学活动，迄今已连续举办3届。该项目主要以"高校+企业"即"3+1联合培养"的教学模式，由三校导师与企业导师共同指导完成风景园林专业毕业设计教学实践，获得了非常积极的效果。[12]另外，自2017年起，由广西艺术学院牵手广西科技大学和南宁学院三校高校，共同开展了建筑

图5　广西艺术学院风景园林创新实践能力培养层级示意图

设计课程联合实验教学研究，已完成3期教学进程：每期均联合三所高校组织相关学生，共同参与同一个建筑设计课题教学实践，并由三校教师共同点评，集"教学—课程设计—设计竞赛"于一体，属广西首创，在业内引起了强烈反响。[13]

（三）"党建+乡村振兴"服务社会实践

"党建+乡村振兴"工作模式，是乡村建设工作的重点，也是艺术院校风景园林、环境设计专业学子自觉参与社会服务与社会实践的焦点。由于地处少数民族地区，广西艺术学院历来有积极服务社会、主动参与乡村建设工作的传统，在南宁、百色、崇左、河池等多地市村屯，从"美丽乡村"到"宜居乡村"，从"精准扶贫"到"决胜小康"，专业教师带领风景园林专业学子大面积参与乡村景观规划设计调研与设计实践活动，是城市对乡村的反哺，更是对自身风景园林专业创新实践能力的检验，善莫大焉。

四、结语

"亲爱铭心，精诚致远"是广西艺术学院八十周年校庆的主题（图2），寓意以相亲相爱之心态与同窗前行，徜徉于艺术的海洋并汲取艺术美学的力量；以精益求精之信念对待学习实践，致力于投身美丽中国建设事业而不悔，是风景园林学子选择专业成长于艺术校园的际遇，也是我们风云际会于这个充满伟大变革的新时代应有的担当。不积跬步无以至千里，背景庞大的风景园林学科之林中蕴含着无穷的宝藏，亟待发掘。正视风景园林学科不同专业背景的差异，充分利用艺术院校的背景优势，通过系统化人才培养模式、模块化专业教学方案、增强创新实践教学的方式，多层次、全方位构建风景园林艺术+，使艺术院校风景园林专业毕业生独具更优的文化艺术素养、更强的创新实践力，在促进风景园林行业发展、跻身风景园林设计创新之旅中先声夺人，为共同创造伟大祖国的美好人居环境贡献力量，任重而道远。

参考文献：

【1】李雄，刘尧. 中国风景园林教育30年回顾与展望[J]. 中国园林，2015（10）：20-23.

【2】广西艺术学院官网：广西艺术学院80周年校庆徽标发布. https://www.gxau.edu.cn.

【3】习近平：在文艺工作座谈会上的讲话. 新华网，[2015-10-14]. 习近平. http://www.xinhuanet.com.

【4】https://www.gxau.edu.cn广西艺术学院官网：学校简介·历史沿革.

【5】徐梓. 校训是优秀传统文化的集中体现[N]. 光明日报，2014-8-6（2）.

【6】铁铮，刘尧. 北林大李雄教授：风景园林学跨入黄金时代[N]. 科学时报.[2011-12-22]（B2）.

【7】http://www.cdgdc.edu.cn中国学位与研究生教育信息网：《普通高等学校本科专业目录》（2012年）.

【8】高等学校风景园林专业教学指导委员会：《高等学校风景园林专业本科指导性专业规范》（2013年版）[M]. 北京：中国建筑工业出版社，2013.

【9】古文国. 各美其美 美美与共[N]. 中国纪检监察报，[2020-4-21]（6）.

【10】李喆. 新时期关于艺术院校风景园林专业教学模式的思考[J]. 陕西教育，2018（7）：51-53.

【11】https://jzys.gxau.edu.cn cn广西艺术学院建筑艺术学院官网：建筑艺术学院2018级园林建筑班举办《中外建筑史》课程作业展.

【12】https://jzys.gxau.edu.cn cn广西艺术学院建筑艺术学院官网：建筑艺术学院顺利举办2017广西风景园林设计创新性优才计划奖暨3+1"城市双修"与"乡土景观设计"实践教学课题终期颁奖典礼.

【13】https://jzys.gxau.edu.cn/jyyw/conten 广西艺术学院建筑艺术学院官网：我院成功举办广西高校建筑设计课程联合教学研讨会.[2019-10-18].

乡土景观元素在美丽乡村建设中的应用研究

莫媛媛

摘　要： 美丽乡村的建设是乡村振兴的关键抓手，乡村的发展与振兴已经不再单纯地是经济建设，而是一个综合的复杂工程。环境美化、生态保护、文化传承、基础设施的改善都成为美丽乡村建设的主要内容。如何在美丽乡村中建设保护乡村自身的乡土文化特点，如何避免千篇一律的同质化景观出现，成为专家、学者共同探讨的话题。本文主要围绕乡土景观元素的挖掘与提炼，探索乡土景观元素在乡村规划中的价值与意义，以及在美丽乡村景观规划中的应用手法，从而为我国的乡村的建设提供具有价值的借鉴。

关键词： 乡土景观元素；美丽乡村；景观规划

一、绪论

美丽乡村建设的出台，推动了人们对乡村建设的新认识，乡村的建设已不再停留在生产经济物质层面，而是从"美丽"这一角度由内到外地带动了乡村的全面建设。环境质量的提升、基础设施的改善、生态的保护、文化的传承等成为乡村建设的主要内容。党的"十九大"报告提出实施"乡村振兴"战略，更为美丽乡村建设保驾护航。乡村景观是活态景观，在发展的过程中受地理环境、气候、信仰等多种因素的影响，形成具有地域特色的乡土文化景观。它不仅仅是农村生产资源、生态景观功能载体，同时也是具有文化象征和精神意义的物质载体。保护原生性的乡村聚落景观，延续乡土特色景观，挖掘乡土景观的价值和内涵，保护乡土景观的完整性和真实性，才是乡村可持续性发展的有效途径。

近些年来，乡村建设中出现了诸多问题，如保护意识不足、地域性文化元素的错位、南北风格的同质化、旅游的过度发开导致的生态破坏、缺乏整体统筹规划等，导致乡村在建设中逐渐丧失了原有特点。"美丽乡村"景观建设核心就是要合理利用乡村特色资源，应用多学科理论，对乡村土地利用过程中的各种景观要素进行整体整合与协调，保护乡村景观完整性和地方特色，是乡村景观格局与自然环境中的多种生态过程和谐统一、协调发展的一种综合规划方法。

广西地处我国西南地区，拥有丰厚的少数民族村落资源，在2015年广西壮族自治区下发的《乡土特色建设示范工作方案》中提到打造200个乡土特色示范乡村，推动各地市、县围绕乡土特色而展开的乡村建设。本文结合广西地区具有代表性的乡村景观建设案例，从乡土景观元素角度探讨，挖掘乡土景观元素特点及表现形式，归纳与总结行之有效的设计方法，为乡村景观规划资源开发与保护提供有价值的借鉴。

二、乡土景观与乡村景观的关系

（一）乡土景观

乡土一词具有很浓郁的地域特征，在《辞海》中对"乡土"的解释为："家乡的土地。借指家乡"，"亦泛指地方"。可见"乡土"是一个边界模糊的地域概念。乡土景观是乡村景观中最具特色、最具代表的文化与符号，是地域自然环境条件和传统文化积淀与融合的产物，是当地居民长期适应自然环境求得最理想的生存环境的结果。乡土景观承载和记录了地方自然环境、文化的演进，它是能够清晰反映当地居民长期生存的生产生活方式。

（二）乡土景观元素与乡村景观关系

乡土景观元素，具有浓郁的地域性特征，是使乡村景观延续当地历史文化，引发人们对乡村生活美好的回忆，激发人们对乡村景观的热爱和认同。乡土景观元素的应用，有助于人们了解当地深层次的文化内涵，有利于对乡土文化的保护和传承，对延续乡土文脉有着深远意义。乡土景观所包含的关键核心词是适应于当地自然环境和土地条件的、是当地人的、是为生存和生活的，三者缺一不可。[1]

乡村景观建设既要改善和提高乡村生产、生活环境与质量，还要保留乡土文化的发展根基，保持乡村历史沿革、乡村文化和地域特色，使广大群众有家园的认同，并在新的历史时期为乡土文化创造可持续性、延续发展的生存土壤。[2]乡土景观元素作为乡村景观规划的重要组成部分，深度挖掘乡土景观内涵，重塑美丽新村景观，有助于我们保护乡村地域文化、保护乡村地方特色，使乡村的乡土景观焕发新的生机。

三、乡土元素在乡村景观设计中的应用原则

（一）地域文化性

地域文化是一个地区（区域），在特定历史阶段形成的具有鲜明特征的文化。乡村在历史发展进程中，由于自然环境、民族的差异、文化的悬殊造就了特殊的地域特色。地域性是乡村建设中的重要特征，是文化的传承、文化的符号，不同地区、不同民族乡村的地域性存在差异性与可识别性。深度挖掘乡村的民族、民俗文化、文化符号，立足于传统与现代结合的规律，融入地域文化符号，使乡村的文化得以传承与保护。

（二）生态性

乡村景观最宝贵的资源是宜人、自然的原生态环境。生态系统的稳定是乡村地区发展的重要基石，我们要维护和完善自然环境，保护生态系统的完整性，保护好乡土景观孕育基础。

乡村景观建设中强调生态平衡，注重环境的保护，防止过度的旅游开发，合理利用乡土材料、乡土树种。乡土植物是具有地域性和文化内涵的一种表现元素，发挥其生态优势，营造特色的乡土景观氛围、特殊的文化意蕴、独特的民族审美，满足人们文化层面、精神层面的需求。

（三）艺术性

乡土景观具有粗放性、质朴性的艺术美，与城市景观现代、精致、简洁等个性表现不一样，它表现出不一样的姿态，有独特的造型、鲜明的色彩和丰富的文化，呈现出不同的审美价值和艺术价值。遵循乡土元素的本质特征，借助美学理论和营造手法，提升乡村景观艺术价值和内涵，注重日常生活的审美性、体验性，让乡村景观也充满艺术色彩，具有高度的识别性。

（四）时代性

乡村景观在历史发展每个阶段都体现出不同的政治、文化、经济等特征，具有强烈的时代性，满足时代的需求。乡土景观元素是一个时期乡村文化的代表，也是一种符号，通过图案、材料、形态等形式体现而来，乡村建设遵循政策导向，延续文化的传承，体现时代特色。

四、乡土景观元素应用表现手法与应用

（一）再现

再现，指对外在客观现实状况做具体刻画或模拟。乡土景观元素再现常体现为传统图案、符号依据原有模式、形态、材料展现，为最直接、最原始的表现手法，让人们能更好地感受传统的魅力，熏陶历史的文化。如建筑物、景观小品再现，乡土文化的载体：文学、记忆、场景等借助多种形式进行场景营造，还原往昔的情景和状态，使观者感受乡土氛围。

广西三江侗族鼓楼建造成为当地重要的城市标志物，鼓楼是侗寨集会的场所，是一种极富视觉效果的建筑，其发挥了集会、交流、活动等功能，鼓楼建造唤起了人们对场地的归属感和记忆，是传统文化载体最直接的再现。

（二）变形

变形是一种艺术处理手法，基于原有事物的基础，它按一定的规则或方法变为另一种形式，常采用夸张、简化、添加、借寓、抽象方法对原来的图案、形体、形状等进行变形，使之更符合现代人的审美及需求，能更广泛、更灵活地应用。图案符号是一个地区最具有地域文化特征的载体，它代表的是一段历史和文化的沉积结果。每个地区的文化符号、图案都具有较大差异性，符号在应用中也在不断创新。

从武鸣区两江镇沿街、两江镇旺屯和罗波镇陆城屯看到，以武鸣区出土文物"双鸟连体玉饰"为原型，提炼出骆越古国的"双头鸟"图腾，通过变形手法运用到农村住房特色改造中，装饰居民屋顶、外墙、女儿墙翘脚、门饰和路灯，并提炼壮族传统建筑元素，使得美丽乡村凸显出独特的壮乡骆越建筑风格。

（三）重组

重组是改变原始事物的组合形式，或者利用一部分元素与新的元素进行组合，具有一定的地域性、文化性与创新性。旧物新用，新旧结合，乡村中在历史发展的长河中，因生产、生活产生了很多物件，但因年代久远，一部分物件失去了原来的功能，或者被历史淘汰。在乡村建设中，将旧物重新组合，成为新的基础设施修缮。例如，在广西玉林十丈村的建设规划中，突出了乡土味道，强调了乡土元素艺术性的创意设计，旧物新用即一个典型的做法，一堵残墙经过与其他景观小品的搭配，营造了乡土空间氛围。利用废旧的石磨作为装饰物陈列在环境设计中，增添了历史感，成为历史标志。合理开发乡土材料，木围栏的再现，渲染了场地的乡土氛围。

（四）融合

融合指传统与现代、新与旧融为一体。乡村建设中建筑形体融合、建筑材料融合、环境空间融合等，乡村的建设发展是一个新旧交替的过程。通过乡土文化资源最精华的部分进行提炼、简化、抽象，对其整体体量、局部特征、外观、色彩、材质进行夸张与变形，将乡土文化元素转化成为具有原始特点、新旧融合、可供艺术设计创作的艺术设计符号，从而完成对乡土文化元素符号的融合与创新艺术化的转化。广西德保县那温村将民族文化从多方面融入乡村建设，将"壮"元素融入建筑外观、场地空间、特色长廊等景观，营造出强烈的地域文化特色。

（五）创新

随着社会的发展，传统的工艺、材料逐渐暴露问题和被淘汰。通过再创造的方式对乡土景观元素进行理念创新、技术创新、材料革新等，使之更适合当下人们生理、心理、审美、安全等方面的需求。如材料创新，材料是信息传达的载体，具有典型的地域特色，不同的材料表达不同的感情。材料创新是从传统的乡土元素构成中提取有代表性的片段或者部分，用完全不同于景观元素原有的材料来营造景观，在工艺、性能、功能方面比原材料有提升，可以解决传统材料存在的问题，同时又保留材料具有的地域、文化特色。

乡村中常见的夯土建筑，最具有历史特性，夯土建筑具有就地取材、施工简易、冬暖夏凉、造价低廉等特点，但是其耐久性、功能布局存在缺陷，通过对夯土技术进行改良，提高夯土房屋的宜居性和安全性。广西南宁美丽的南方知青村榄宿建筑，延续着传统建筑材料风格，采用新的夯土技术，改变了夯土粗糙的表面，增加了它的光滑度、细腻度，视觉效果更显高级。

五、总结

"美丽乡村"建设任重而道远，是关系中华民族伟大复兴中国梦的关键一步，关乎乡村传统文化的传承与保护。乡村的建设需厘清美丽乡村的建设宗旨和内核，深度挖掘乡村文化内涵，巧妙利用乡土元素应用手法，营造具有地域特色、文化鲜明乡村景观，确保美丽乡村建设的科学性、文化性、地域性、生态性，为我国美丽乡村建设提供有价值的思路和途径。

参考文献：

【1】 刘黎明. 乡村景观规划 [M]. 北京：中国农业大学出版社，2003.

【2】 卢渊，李颖，宋攀. 乡土文化在"美丽乡村"建设中的保护与传承 [J]. 西北农林科技大学学报（社会科学版），2016（3）：69-74.

【3】 孙新旺，王浩，李娴. 乡土与园林：乡土景观元素在园林中的应用 [J]. 中国园林，2008，24（8）：37-40.

【4】 姚红梅. 关于"当代乡土"的几点思考 [J]. 建筑学报，1999，11：52-53.

【5】 孙新旺. 生态、节约与传承——城市湿地公园规划设计中的乡土景观元素 [J]. 南京林业大学学报：人文社会科学版，2009，9（4）：105-109.

【6】 余俊洁，胡建，邓守明，黄小军. 新农村人居环境建设与乡土景观和地域特色协调发展的探讨 [J]. 中国农学通报，2010，26（14）：453-456.

基金项目：广西艺术学院校级科研《同质化下广西美丽乡村景观规划设计研究》（YB201617）。

注：本文已发表于《农村经济与科技》2021年04期，ISSN1007-7103。

近代广西侨乡建筑活化策略研究

彭颖、欧阳普志

摘　要：近代广西侨乡建筑的形成具有自身特殊的社会历史文化成因，主要表现在社会关系变迁、经济结构变化、中外文化碰撞等方面，由此形成外廊式建筑和演进式乡土民居的建筑类型。这些建筑承载着广西侨乡特殊的历史与文化，广西侨乡建筑的文化价值不言而喻。在"乡村振兴"国家战略下，结合广西侨乡建筑特点，提出按"点—线—面"的分类原则，分为点状分布的单体建筑、线状分布的文化遗产、面状分布的族群聚落，可依循重塑文化精神、构建文化廊道、"产、地、景、文"一体化等对应途径加以保护与活化。

关键词：近代侨乡建筑；文化价值；建筑保护与活化利用

19世纪后半期，西方列强的入侵与掠夺行径使广西陷入了严重的危机。随之而来的是西方文化浪潮的涌入，极大地影响了广西地域文化的演进方向。建筑作为一种文化符号，同样在这场文化冲击下加速衍化，在建筑风貌与装饰艺术等方面受西方建筑文化影响甚深，呈现出中西融合的独特风格。

时至今日，在以梧州、钦州和玉林为核心的桂东南区域的侨乡仍有大量具有西方建筑风格特征的近代建筑遗存。但由于区域发展条件欠佳，广西侨乡大量的近代历史建筑并没有得到有效保护及活化利用。基于以上思考，本文将致力于对国内侨乡建筑相关研究现状做出梳理，并进一步探讨广西作为全国重点侨乡，其近代侨乡建筑形成的社会文化因素、建筑类别与文化价值，并提出广西侨乡近代建筑保护及活化策略。

一、国内侨乡建筑相关研究现状

本研究以CNKI数据库作为计量可视化分析的数据来源，使用CNKI数据库分析工具及可视化分析软件Citespace对文献进行主题和关键词的共词网络分析、聚类分析及文献来源分析等，进而全面揭示国内关于侨乡建筑领域的相关研究进展。

以"侨乡""建筑"为主题词进行文献检索，共检索到相关文献499篇。为提高相关研究进展的时效性，选取发表于2010~2020年的有效文献199篇用于后续研究。从近十年的文献发表及引证趋势来看，国内关于侨乡建筑的相关研究较少，每年产生的研究成果并不可观；引证论文的数量在近些年稳步提升，侧面反映了关于侨乡建筑的文献质量及学术性具有一定提升。从文献来源分布来看，该领域产生的研究成果发表或收录于国内各大期刊、高校。其中，对侨乡建筑研究成果收录最多的高校为华南理工大学，成果形式主要为该校硕博学位论文，其占据了文献数量的16.58%；收录量最高的期刊为《南方建筑》及《华中建筑》，均为3.52%。该结果进一步表明，国内对"侨乡建筑"的相关研究主要集中在国内主要侨乡福建和广东一带。

关键词聚类分析可用于概括大领域下的研究侧重点、核心议题，并通过聚类标签表示出来。通过对关键词共现网络进行关键词聚类，最终得到四个聚类标签，其分别为"侨乡""开平碉楼与村落""开平碉楼"和"建筑美学"。这四个聚类标签基本反映了近些年该领域的研究侧重点，包含了对广东著名侨乡江门开平的村落肌理，碉楼建筑的式样、构造、美学的梳理，以及对侨乡文化、建筑文化传承的研究等多个维度。与聚类标签"侨乡"形成较高的共现网络的关键词为"聚落""影响""空间形态"，该研究方向侧重于对侨乡村聚落的空间形态肌理的研究；与聚类标签"开平碉楼与村落"和"开平碉楼"形成共现网络的关键词为"乡土建筑""侨乡文化""中西融合"等，该研究方向侧重于对侨乡建筑的中西融合风格及映射的文化融合等方面；与聚类标签"建筑美学"形成共现网络的关键词包括"文化地域性格""审美特征""建筑文化"等，该研究方向侧重于从美学层面剖析地域文化。从关键词聚类分析图谱也可以看出，关于建筑类型的研究同样涉及了民居、骑楼等建筑样式，也有少量学者从侨乡建筑遗产与保护的视角从事相关研究等。

关键词时区图反映了关于"侨乡建筑"领域近十年研究热点的变迁。总体而言，该领域在近些年并没有特别明显、新兴的研究视角的切入。这主要表现在近些年的发表文献使用的关键词随着时间的推移呈现出用词反复、词意相近的现象，比如2013年的"装饰风格"和2019年的"装饰艺术"等。值得注意的是，"传统村落""保护""遗产"首次出现在近三年发表的文献关键词当中，其反映了当代学者开始关注到侨乡建筑的历史文化价值与保护的重要性。特别是对于一些中西融合的单体建筑，如骑楼、传统村落或者庭院式建筑类型，围龙屋也有相应的研究。另外，关于侨乡建筑研究的地域范围也从广东侨乡，如开平、潮汕地区拓展到了福建闽南地区。

文献互引网络分析图反映了文献之间引用及被引用之间的网络关系，同时也反映了一些重要的、在该研究领域被频繁引用或引证的文献，文献被引频次的高低反映了该篇文献的权威性、专业性与相关性，节点越大，被引用频次越多；节点越处在中心位置，相关性越强。通过对互引关系网络相对复杂的节点进一步索引，处在互引网络中心、被引频次高的文献主要包括了意大利学者罗西的著作《城市建筑学》[①]；华南理工大学陆元鼎教授的著作《中国民居建筑》[②]；华南理工大学唐孝祥教授的著作《岭南近代建筑文化与美学》[③]；华侨大学陈志宏教授发表的论文《闽南侨乡近代地域性建筑研究》[④]；华南理工大学郭焕宇博士的论文《近代广东侨乡民居文化比较研究》[⑤]《近代广东侨

乡民居文化研究的回顾与反思》[⑥]等。

该文献互引网络分析图反映出国内对侨乡建筑的相关研究人员主要集中在华南理工大学和华侨大学，涉及的研究领域多集中在广东侨乡及闽南侨乡的地域性建筑层面，特别是对侨乡民居建筑的类型、装饰及地域文化具有较全面的梳理与总结。

从研究成果的数量、研究主题及研究历程来看，国内关于侨乡建筑的研究主要呈现以下特点：首先，每年关于侨乡建筑研究的产出成果基本维持在较低的数量，参与研究的高校及学者也多集中在广东、福建一带，因此大部分侨乡建筑研究的地理区域主要包括广东潮汕地区、五邑地区及福建闽南地区等。而同样作为全国重点侨乡的广西，其侨乡建筑的相关研究相对稀缺。其次，关于侨乡建筑研究的主题相对单一，大量的研究主题集中在侨乡单体建筑的装饰、建筑结构、空间形态、文化特征等方面，缺乏一些新兴的研究视角。近些年，随着"文化遗产"保护与更新""活化"逐渐成为研究热点，国内侨乡传统村落、传统建筑的保护与活化研究才刚刚起步，亟须获得学界更多的关注。最后，国内学者对广西侨乡建筑的相关研究，在很大程度上是从建筑学视角出发，探索建筑构造、建筑特征等，如广州大学学者欧阳雨的研究论文《广西容县真武阁如意斗栱分析》[⑦]；或解读某一单体建筑风格、装饰等，如广西大学学者顾钦文的硕士学位论文《广西容县民国将军别墅建筑风格研究》[⑧]；也有少量研究探讨侨乡的单体建筑的生成与社会价值及精神传承的相关性，如广西民族博物馆文化保护与保管研究部学者黄世棉、广西华侨历史学会副秘书长苏妙英发表的论文《关于建立广西华侨博物馆的探讨》[⑨]。整体而言，广西侨乡建筑相关研究处于滞后的局面。

综上所述，在新的时代背景下，针对广西侨乡各类型传统村落及传统建筑进行文化解读、类型化梳理，并加

① （意）罗西. 城市建筑学 [M]. 北京：中国建筑工业出版社，2006.
② 陆元鼎. 中国民居建筑 [M]. 广州：华南理工大学出版社，2003.
③ 唐孝祥. 岭南近代建筑文化与美学 [M]. 北京：中国建筑工业出版社，2010.
④ 陈志宏. 闽南侨乡近代地域性建筑研究 [D]. 天津：天津大学，2005.
⑤ 郭焕宇. 近代广东侨乡民居文化比较研究 [D]. 广州：华南理工大学，2015.
⑥ 郭焕宇. 近代广东侨乡民居文化研究的回顾与反思 [J]. 南方建筑，2014（1）.
⑦ 欧阳雨. 广西容县真武阁如意斗栱分析 [J]. 建筑与文化，2017（7）.
⑧ 顾钦文. 广西容县民国将军别墅建筑风格研究 [D]. 广西大学，2017.
⑨ 黄世棉，苏妙英. 关于建立广西华侨博物馆的探讨 [J]. 八桂侨刊，2013（3）.

以文化价值及保护价值研究，进而进行侨乡传统建筑的保护与活化是一个相对创新的研究方向，这对于广西近代侨乡建筑的后续保护与再利用的研究与实践具有重要意义。

二、近代广西侨乡建筑形成的社会文化因素

"华侨是中外文化交流的使者，侨乡是海外华人华侨的故乡。海外移民与家乡的人、财、物的交流带来侨乡地区的文化形态的变化，形成特有的侨乡文化。"[①]建筑作为侨乡文化的物质显现，它形成、发展与变迁的动因是多方面的。华人华侨复杂的社会关系网络、家国情怀和宗族意识促进了侨汇与华人华侨的在华投资，带动了家乡社会基础设施的建设。西方文化的引入及与地域文化的融合同样为广西侨乡建筑兼具地域性特征与西方建筑风格铺设了滋养与发展的温床。

（一）社会关系变迁因素

华侨社会关系的建立以及宗族社会关系的变迁，最终影响了侨乡聚落格局。基于血缘和地缘关系的乡族社会网络利于凝聚力量，传统的崇宗敬祖更有利于团结互助。但由于19世纪后半叶，社会阶级矛盾与民族危机越演越烈，在生存需求的驱使下，部分侨民绅商外出寻求发展机遇，并最终晋升为社会精英层。这些精英常年旅居他乡，发展了新的社会关系，最终导致了宗族关系的变迁。相应地，宗族关系的变迁在侨乡民居建筑、聚落风貌上表征演化，具体表现在部分华人华侨在广西侨乡客家民居聚落中兴建房族支祠，或另辟新地建新乡，或对广府民居宗族祠堂大兴土木、重建扩建。

在宗族组织变迁的影响下，侨乡聚落格局产生了以下演变方式——侨乡聚落的大型建筑群向单体院落式建筑演变、以传统民居平面为基础的大型外廊式洋楼建筑出现、以楼化为特征的院落式建筑的改建与扩建、以本土民居平面为基础的中小型单体外廊式洋楼建筑出现。

（二）经济结构变化因素

广西重点侨乡经济结构产生变化的原因主要集中在两个方面。一是海外华侨跟侨乡联系趋向密切，侨汇增

多。广西海外华侨以侨汇形式投入资金，主要用于补给家乡侨眷生活支出、民居建造等，侨乡经济模式从"生产型"向"消费型"转变，再有一部分侨汇投入到侨乡的学校、图书馆等文化建筑建设当中，比如容县珊萃中学的建设。二是华侨往侨乡投资出现热潮，促进了广西侨乡的经济与文化建设。据史籍文料记载，自清朝末年起，大量的海外华侨带着大量积蓄，反哺家乡，投资实业。华侨主要投资广西侨乡的矿业、农牧业及交通运输业，其中有记载的包括由邓泽如、潘雪梅开办的贺成公司，是广西当时最大的锡矿公司；沈善腾开办的梧州第一家归侨开办的纺织企业——同春公司；赵丽泉筹建的廉北珠光电力股份有限公司；庞宽甫等归侨筹建的廉北普益汽车运输公司等。这极大地带动了侨乡的配套基础设施的发展，比如建筑、交通运输、商业、教育、卫生等。

（三）中外文化碰撞因素

中外文化相互碰撞与融合的形式基本可以分为三种。第一种为西方文化的强势登陆与侵袭。鸦片战争迫使广西桂东南地区开埠通商，西方列强掠夺式地攫取广西地域资源，同时引入了西方文化，大量的西式风格建筑开始出现，这些建筑大多为西方殖民者规划建设的办公类建筑或者教堂等。第二种为西方文化的被引入与被社会精英层采纳，西方建筑文化在侨乡建筑建造当中占了一定比重。这些社会精英长期旅居海外，受到西方建筑文化影响，建筑的审美意识发生变化，并尝试将部分西方建筑材料、建造方式、装饰细节等融于家乡建筑的建设当中。第三种为西方建筑文化被"平民百姓"主动学习与接纳后，更多的是被本土传统地域文化影响与同化。近代广西"平民百姓"对本土的一些由西方殖民者建设的西式建筑和社会精英建设的中西融合的建筑具有一定的好奇与猎奇心理，既采取主动学习、模仿方式，又保持了对宗祠传统文化的保留固守态度，改造创新，接纳与吸收了外域文化，最终在近代广西侨乡的大量民居中得以体现。侨乡建筑运用了大量西方建筑特征符号，如传统西方建筑的拱券、立柱等，这些建筑语言跟乡土建筑相互融合，相得益彰。

---

① 路阳. 新型城镇化进程中侨乡文化保护与开发浅析 [J]. 博物馆研究，2017（1）.

三、中西文化碰撞背景下的近代广西侨乡建筑基本类型

近代侨乡建筑的差异本质上源于华侨对家乡施加影响的表现形式，这也导致了不同类型、不同风格侨乡建筑的形成。除碉楼、骑楼、洋楼等典型建筑类别的建筑精品外，相比于闽南、潮汕地区，广西侨乡建筑更多的是风格不太明确的过渡形态。出于广西侨乡建筑形态结构的复杂性与多样性，国内学界对广西侨乡建筑并没有形成系统的分类体系，结合早期西方建筑文化对广西侨乡建筑风格施加影响的方式、本土对西方建筑文化借鉴与吸纳的程度、广西侨乡族群民系的差异，大体上可将近代广西侨乡建筑分为两个类型：外廊式建筑和演进式乡土民居。前者具有典型的西方建筑构造基因，后者则代表了中国地域性的传统民居建筑文化。

（一）早期西方建筑对中国近代建筑产生影响的渠道

首先从宏观的历史发展进程来看，中国对西方建筑文化经历了从被动接受到主动学习与接纳的变化过程。19世纪中期，是中外文化发生碰撞的开端，外来文化基本以强势的姿态被植入式地引入。在这一阶段主要是以教会宗教文化的强势登陆为主。由于一系列不平等条约的签订，西方的宗教传播在国内获得了保护。西方传教士纷纷进入中国，除辟有租界的商埠城市与繁华的省城外，还延伸到边远地区的城市、城镇乃至乡村，教会建筑也随着传教士的足迹遍布中国的城市、城镇与乡村，对中国近代建筑产生了广泛的影响。[1]教会建筑是西方传统的建筑形态之一，建筑风格特征明显，在近代中国沿海开埠城市中较为常见。梧州天主教堂，便是一百多年前外国传教士在梧州活动的历史见证。

其次就是通过早期通商渠道，建立的"殖民式"建筑。西方殖民者入侵亚洲时，将西方建筑样式引入了亚洲，结合被殖民地国家的地域建筑特征，形成了相互融合的"殖民式"建筑。"殖民式"建筑最早在东南亚国家盛行，鸦片战争以后，"殖民式"建筑传入中国，在广东、

广西一带有大量建造。"殖民式"建筑在中国最早普遍应用于领事馆、洋行及住宅等，如英国驻梧州领事署等。

再者为"西学东渐"思想影响下形成的民间传播途径。广西的侨乡文化是以广西本土文化为基底的中外文化结合体，因此在建筑上具有明显的中西建筑风格相融的特征。由于华侨常年在海外生活工作，长期受到海外文化浸染，审美理念与价值取向受海外文化的影响较深。传统乡土社会中，宗族思想是根深蒂固的，光宗耀祖、衣锦还乡是华侨在外拼搏的直接动力。早期的华侨虽然身处海外，但诸如建房、买田置业与婚姻等人生的重大事件基本都在故乡完成[2]。这些华侨回到侨乡，带回了一部分资产用于房屋建造，不仅用于个人住宅建设，也用于商业建筑的建造，比如用于经商的骑楼。另外，民间传播还包括早期留学海外的建筑师及社会精英，归国设计或出资建造建筑，但海归建筑师及留学人才多在广州、上海等经济相对发达地区，广西侨乡较少，固不在本文展开阐述。

（二）近代广西侨乡建筑基本类型

按照美国加州伯克利大学建筑系博士刘亦师在其论文《中国近代"外廊式建筑"的类型及其分布》中对中国外廊式建筑的分类，其可分为中国传统廊式建筑、洋式廊屋和外廊式合院民居三大类[3]；基于广西侨乡近代社会发展背景与地域建筑演进方向，并结合刘亦师学者的研究成果，将外廊式建筑分为"殖民式"建筑、洋式廊屋、合院式外廊民居和骑楼街四大类。其中"殖民式"建筑主要包括早期外国人、买办、教会建造的一大批外廊式建筑，国内学者也称之为"买办式"，如龙州法国领事馆；洋式廊屋主要指近代中国政商学界精英私人建造的、用于居住的外廊式建筑，其建筑风格相对精致，并且和广西本土建筑相融合，中西融合程度较高，如梧州的民国将军别墅群李济深故居；合院式外廊民居本质上仍按照传统民居的平面样式布局，由于建设民居的大多为当地工匠，其对西方建筑艺术相对陌生，在建筑过程中偏向于随意发挥，因此外廊进一步乡土化了，其主要用以装饰附加于入口或附属于民居内部一角，如岑溪市筋竹镇云龙古村民居；骑楼是一种典

① 杨秉德. 早期西方建筑对中国近代建筑产生影响的三条渠道 [J] 华中建筑，2005（1）.
② 王瑜. 外来建筑文化在岭南的传播及其影响研究 [D] 广州：华南理工大学，2012.
③ 刘亦师. 中国近代"外廊式建筑"的类型及其分布 [J] 南方建筑，2011（2）.

型的近代商用的外廊式建筑，也是国内海南、广西、广东和福建等侨乡特有的一种建筑形式，其溯源最早可上溯到希腊"帕特农神庙"。骑楼的建筑形式特别适合遮阳、隔热、挡雨，因此在热量较高、降水丰沛的广西南部沿海地区具备发展条件，加上广西近代旅居海外华侨较多，华侨在传播骑楼建筑文化上也起了重要作用。广西侨乡著名骑楼街如钦州市中山路骑楼街、梧州市"中国骑楼城"等。

广西的演进式乡土民居可分为演进式客家民居和演进式广府民居两类。

演进式客家民居的形成和演替经历了一段漫长的发展史，早在宋时期，已经有大量客家先民迁往桂东南地区并繁衍生息，由此开始了客家民居的建设。由于客家民系和其他族群相对隔离，交往较少，因此客家民居长期处在一种相对稳定的、封闭的发展阶段，民居演进较缓慢。桂东南客家民居的平面布局主要为堂横屋模式，如贺州莲塘镇江式围屋，其余的如围垅屋、围楼、围堡都是由堂横屋发展而来的。堂横屋即由堂屋和横屋组成，最小规模的堂横屋一般也有"两堂两横"，堂横屋在空间上具有秩序性、向心性、对称性、围合性等特点，这也从侧面反映出了广西客家民系传统宗族制度和观念上的内向性。

演进式广府民居在桂东南地区有大量分布，广府传统民居单元为"三间两廊"，即"三合天井式"，明间的厅堂和两边次间的居室构成"三间"，两侧厢房围合成"两廊"。"三间两廊"是广府民居传统布局方式，在粤中一带的乡村颇为普遍。广西的广府式民居，聚落的结构多不像梳式布局那么严整，空间的发散性也表现得相当明显，大多数聚落不再采用梳式布局，而是采取了更适应自然环境的布置方式[①]。故广西广府民居的在整体布局、空间处理等方面更加自由、更加灵活。

四、近代广西侨乡建筑价值思考与保护活化策略

1840年鸦片战争至1949年中华人民共和国成立是中国近代建筑史的时间区间，也是新旧社会交替的特殊历史时期，侨乡建筑文化正是在社会转型的直接影响下形成和发展而来的。特别是在华侨侨眷和客家民系集中分布的桂东南地区，不管是外廊式建筑还是演进式乡土民居都经历了外地迁入、适应、选择、融合、建筑本土化的发展历程。纵向发展来看，这两类建筑原型最早并非本土建筑，经过长期的地域融合与磨合后，成为构成广西侨乡建筑的重要组成部分，俨然成为广西侨乡本土建筑。近代广西侨乡建筑具有大量的研究价值、文化价值、保护与可利用价值：

（一）对广西侨乡建筑的研究有利于全面揭示近代广西侨乡建筑在民间社会的一般演进规律，能为推动乡村城镇化提供借鉴。国内越来越多的传统村落和饱含旧时营建智慧的传统古建筑群正渐渐丢失地域文化基因，时代发展背景下当地居民的生活方式、生产方式经历着改变与革新。居民对当地风俗与文化传统缺乏认同感，没有意识到自我建筑环境的独特性和不可替代性，转而模仿其他建筑类型，大建"新楼"。这些岌岌可危的、不断消亡的传统村落及建筑群亟须得到重视，研究并发掘地域文化基因、引导当地居民认同自我文化是推动乡村城镇化的重要基础保证。

（二）在外来文化冲击背景下，对近代广西侨乡建筑自主演进的主动性变革与传承特征进行研究，能为当前建筑的地域和民族特色的设计理念提供借鉴和启发。在乡村振兴背景之下，大量乡村正进行新一轮的规划与建设当中，只有充分把握侨乡建筑的演变特征，才能在新的建筑设计当中传承并发展出既能适应现代生活需求与审美理念又能延续文脉的时代产物。

（三）近代广西侨乡建筑具有可利用价值，充分保护和活化利用，能有效促进区域的旅游发展。依据"十四五"规划建设要求"形成强大国内市场，畅通国内大循环，全面促进消费，繁荣发展文化事业和产业，提高国家文化软实力"。尊重广西侨乡建筑文化演进事实，深挖并细化凝练广西侨乡建筑文化价值，把握时代发展机遇，推进侨乡文化创新和旅游产业，为新时期建筑遗产的保护和可持续发展策略提供理论与建设依据。

广西侨乡地区发展相对落后，除去几批已被列入重点文物保护单位的建筑及建筑群外，侨乡仍有大量乡土

① 熊伟. 广西传统乡土建筑文化研究［D］. 广州：华南理工大学，2012.

建筑在城镇化进程中不断废弃坍塌，得不到有效保护。相较于具有明显西方建筑风格的外廊式建筑而言，演进式乡土民居更是由于地处僻壤、发展条件欠佳，其文化基因正不断丢失。基于对广西侨乡建筑珍贵的文化价值及建筑保护现状的考量，保护与活化利用侨乡建筑、提升侨乡文化价值、弘扬侨胞爱国主义精神迫在眉睫。

党的"十九大"报告提出实施乡村振兴战略，提出了"产业兴旺、生态宜居、乡风文明、治理有效、生活富裕"的总要求①。作为全国第三大侨乡，广西整体发展水平比较落后，故在区域层面更应该注重地域资源的整合与可持续发展，结合地域建筑的保护和活化途径，发挥地缘优势，促进区域的多产业融合及周边区域的可持续发展。

传统的历史建筑保护研究多集中在对建筑单体、传统聚落、历史街区等方面。近些年来越来越多的保护策略强调建筑与非物质文化之间的关系，研究范围进一步扩大到区域层面②。虽然广西侨乡大部分位于东部汉族移民文化圈的广府亚圈，但由于侨乡地理跨度大，区域范围内不同村落族群间的文化差异较为显著，这将对建筑形态、类别及发展条件产生影响，因而需要更加具体的区域划分方法及保护策略，具体可按"点—线—面"原则对不同类型的建筑或者建筑群落进行分类整治、修缮及活化利用。

（一）点状分布的单体建筑——重塑文化精神

点状分布的建筑及物质文化遗产主要包括各类单体建筑，如民居建筑单体、洋楼、庙宇、祠堂、会馆、将军府、早期华侨在广西各地投资建设的工厂遗址等。这些建筑或完全由西方殖民者植入，展现了纯粹的西方建筑艺术造诣；或中西建筑风格融糅，建筑主体上保持中国传统建筑的核心③。不管是哪种形式，都代表了一个时代的地域建筑风格。但在新的时代背景下，对历史建筑的保护不单单是修复原状，也要为建筑赋予新的时代使命。这就要求在对各类单体建筑进行保护与修缮时，既要保留建筑原有的岁月气息，也要重塑建筑的文化精神；非简单地将建筑还原，并建成旅游景点，而应该同时赋予建筑其他的社会职能，比如改建建成爱国文化纪念馆、文物博物馆、文化阅

览室等，进而发挥历史建筑的科学普及、文化教育功能。

（二）线状分布的文化遗产——构建文化廊道

从跨区域层级来看，构建文化走廊，并围绕线性文化走廊合理开发旅游资源，能有效推动线状分布的文化遗产的形成与发展。比如，以东兴汇路的主线路及多条支路为轴线，串联起沿线的传统聚落及历史建筑，分区域、分主题性地打造不同文化旅游产品。一方面将促进走廊沿线区域的经济可持续发展，另一方面也能创造性地叙述、还原抗战时期东兴汇路发生的真实历史故事，诠释侨乡文化内涵和东兴汇路精神，推动世界文化遗产的保护与发展。

从微观的层级来看，线性文化廊道也包括广西侨乡的历史街区及骑楼街等。对于该类建筑群或建筑空间的保护与活化首先要强调文脉的延续。不论是历史街区还是骑楼街，面临的困境都是城镇化过程中文化基因的缺失，具体表现在商业介入造成业态功能的紊乱、空间的延展性和连贯性出现断层等。在新的时代发展背景下，侨乡历史街区及骑楼街的保护与改造利用应尊重街区的历史肌理，强调保护传统风貌特色和建筑空间特征，在不破坏线性空间秩序的基础上适当进行微改造，以适应现代发展需求。

（三）面状分布的族群聚落——"产、地、景、文"一体化

为解决传统族群聚落空巢化、老龄化的问题，采取"产、地、景、文"一体化的策略活化侨乡传统的族群聚落，最终形成产业协调发展、区域生态宜居、文化发展繁荣的格局。在产业发展层面，依托不同聚落的地域特征、风俗文化等发展条件，进行合理的商业开发，促进文化旅游产业以及传统优势产业的发展；在聚落及建筑保护层面，注重聚落空间肌理的保护与延续、建筑与院落布局的传承与优化、聚落公共空间的营造，对古建筑物采用乡土的建筑材料及传统建造技艺进行修缮，尊重乡土建筑与地域环境的统一性；在非物质文化层面，保留地域的生产方式、生活方式、节庆活动习俗等，增强村落历史文化的传承和对外展示，打造特色的文化品牌，增强族群聚落对外的文化交流。

①　顾仲阳. 乡村振兴，小康才全面 [N]. 人民日报，[2017-10-23]，第06版.
②　屈思嘉，陈志宏. 南安侨乡民居的区域分布特征与保护策略研究 [J]. 小城镇建设，2020（9）.
③　陈廖原. 深挖将军故居群价值做活爱国文化产业——容县建设广西旅游特色名县跑出"加速度"[J]. 广西城镇建设，2016（12）.

五、结论

国内对侨乡建筑领域的研究主要集中在广东潮汕地区、五邑地区及福建闽南地区，而同样作为全国重点侨乡的广西，关于侨乡建筑的研究进展相对缓慢。这主要表现在近些年的研究成果数量并不可观、研究视角单一等，客观上反映了广西侨乡建筑所面临的窘境，即获得社会及学术界关注度不高。

近代广西侨乡建筑的形成与发展主要受华侨社会关系的变迁、侨汇和归侨对侨乡的投资、中外文化融合等因素的影响，最终形成了建筑形态与风格迥异、中西文化融合发展的格局。根据本土建筑对西方建筑文化借鉴与吸纳的程度、广西侨乡族群民系派别的差异将建筑分为外廊式建筑和演进式乡土民居两类。在乡村振兴战略背景之下，依托"产业兴旺、生态宜居、乡风文明、治理有效、生活富裕"的总要求，针对不同类型的建筑群或建筑群落，遵循"点—线—面"原则进行分类整治、修缮及活化利用。点状分布的单体建筑强调重塑文化精神，线状分布的文化遗产加以构建文化廊道，面状分布的族群群落采取"产、地、景、文"一体化的活化策略，成体系地对各类文化遗产加以保护与激活。

本文通过对国内侨乡建筑研究做了详尽的学术回顾，并针对发展条件不佳的广西侨乡，探讨其建筑群落或其他形式的文化遗产的保护与活化路径。一方面旨在梳理广西近代侨乡建筑的发展脉络；另一方面期望在乡村振兴的时代背景下，充分利用好侨乡建筑、讲好侨乡故事、提升侨文化价值，以侨乡文化创新和区域旅游为契机，促进区域的全面协同发展。

基金项目：本文为2020-2021年广西地方志人才梯队建设项目（编号2020-1-5）阶段性成果之一。

注：本文公开发表于《八桂侨刊》2021：（2）73-79。

"专业+思政+校外"，风景园林专业硕士课程思政改革助力乡村振兴

——以《乡土景观规划专题》为例

罗舒雅　莫媛媛　林　海　陈建国

摘　要：适逢加快实施乡村振兴战略，建设生态宜居的美丽乡村，发挥高校服务社会、服务地区发展的重要作用，广西艺术学院建筑艺术学院与南宁市良庆区政府建立了2020年"党建+乡村振兴"之南宁市良庆区全域乡村风貌提升项目。结合良庆区相关乡村风貌提升项目，教师团队组成了专业导师与企业、乡村党组织等专业结合思政教育的"双导师"实施"乡土景观规划专题"课程的思政教学改革实践。在课程思政改革的过程中，通过"知识传授、能力培养、价值引领"三个层次的教学内容，深度挖掘"乡土"元素，再现历史文化并将乡土元素与现代设计融合发展，使学生学习与思考乡土在城市和乡村中的表现手法和表现形式，有利于提高学生自身文化素养，厚植爱国主义情怀，做出切实可行的乡土景观规划设计方案，得到实实在在的锻炼，为乡土景观的可持续性发展做出一份贡献。

关键词：思政教学；乡村振兴；教学改革

一、课程背景

中国作为农业大国，严峻的三农问题（农业、农村、农民）已成为我国社会主义现代化建设的突出问题。2018年"十九大"报告提出乡村振兴战略，要求统筹推进农村经济、政治、文化、社会、生态文明建设和党建等工作。2020年十九届五中全会提出"强化以工补农、以城带乡，推动形成工农互补、城乡互补、协调发展、共同繁荣的新型工农城乡关系，加快农业农村现代化"。

自2013年以来，广西壮族自治区政府研究制定了"美丽广西"乡村建设运动的8年行动规划，将美化乡村运动的行动计划分"清洁乡村""生态乡村""宜居乡村""幸福乡村"四个阶段有序推动[1]；在2018年广西政府印发的《广西乡村风貌提升三年行动方案》中提出乡村振兴，到2021年广西区内计划完成12万个基本整治型村庄改造建设；完成1万个设施完善型村庄改造建设；完成1000个村庄精品改造建设。自治区党委、政府高度重视，将乡村风貌提升行动列为推动脱贫攻坚与乡村振兴有效衔接，切实改善农村人居环境的重大举措和有效路径。南宁市委市政府已将良庆区列为全市全域村屯基本整治试点县（区）。

为加快实施乡村振兴战略，建设生态宜居的美丽乡村，发挥高校服务社会、服务地区发展的重要作用，广西艺术学院建筑艺术学院与南宁市良庆区政府建立了2020年"党建+乡村振兴"之南宁市良庆区全域乡村风貌提升项目（图1）。2020年，第一批项目为9个村落的乡村风貌提升设计及施工指导，项目投资额4600万元。

《乡土景观规划设计》课程为我校风景园林专业硕士的必修课程，具有较强的综合实践性，通过阐述乡土景观规划的基本概念和理论知识，有机融入社会主义核心价值观、中国优秀传统文化教育，特别是习近平新时代中国特色社会主义"四个自信"教育的内容，使专业学生了解乡土景观的规划类型、设计方法及文化艺术特点等基础知识，掌握乡土景观空间布局、空间流线、空间特点等要点，同时了解我国当前的各项乡村政策。

教师团队结合相关乡村风貌提升项目来进行实践教学（图2），要求学生能运用所学的知识分析和解决目前乡土景观存在的问题，并对乡土景观的保护、改造及乡村振兴提出可持续性的设计方案和手段，为乡土景观规划设计的可持续性发展做出一份贡献。

图1　南宁市良庆区政府与广西艺术学院建筑艺术学院乡村风貌提升项目座谈会

图2　教师团队组织乡村风貌提升项目考察

二、主要举措

（一）从单一的思政理论教学到复合的思政与专业学位教育结合教学模式

总结现有关于实践教学的经验，进行教师团队思政育人教学能力提升，同时与兄弟院校开展实践教学的调研，联系相关企业以及设计师，修订教学大纲，共同制订切实可行的课程实施方案。

在教学实施过程中，发挥教师与学生两方面的积极性，变静态教学为动态教学。通过课堂讨论、研究汇报、案例分析、实践调研、小组讨论、完成课程设计等形式，穿插相应的思政教育内容，从单一的思政理论讲授转变为结合专业教育的课程讲授，充分参与实践教学活动，引发学生自主学习的兴趣，致力于培养学生的创造性，使学生不仅获得应有的知识结构，还获得团队训练及适应社会实践的能力，促进学生综合能力的发展。（图3）

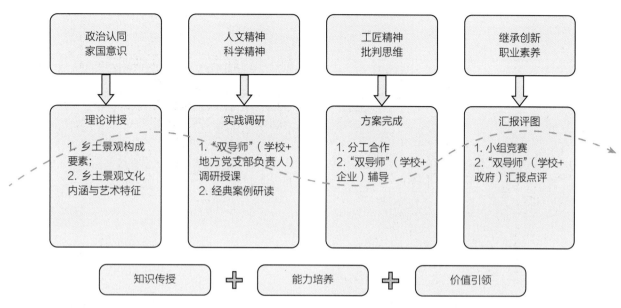

图3　《乡土景观规划设计》课程"专业+思政+校外"多元化教学模式示意图

（二）通过案例教学与项目实践结合思政教育元素培养新时代专业硕士

利用我校国家级示范性硕士研究生联合培养基地，和"3+1"乡土景观规划设计实践教学平台，选取学生较为熟悉的区域环境，在教学中融入社会主义核心价值观、中国优秀传统文化教育，能够激发学生的兴趣，做出切实可行的乡土景观规划设计方案，得到实实在在的锻炼。团队成员相互研讨学习与竞争，既激发了学生的学习热情，又提升了学生的创新思维能力。

在调研进程中，师生团队共同参观了良庆各村社区，并了解了当地的党建状况，邀请村干部向师生介绍乡村扶贫攻坚的相关情况。师生分为三个小组，分别进行了村容、村貌、民俗风情的考察调研。在调研中，同学们对场地地形，建筑进行了测量，并采用问卷调查以及访谈的形式与当地村民进行了深入交流，对当地居民的诉求有了进一步了解，完成了对乡村发展历史资料的整理、村容村貌的分析、主要植物的记载、已有设施中可供后续设计融合的主要建筑物和植物、可就地取材的建筑设计材料资料等重要工作。

（三）"双导师"策略下思政教育与专业教学双管齐下

通过专业党支部教育与专业思政讲师、专业导师与企业、乡村党组织等专业结合思政教育的"双导师"策略，引导学生走出课堂、走出课本、走出学校，在分析实践案例和参与项目实战中领会、掌握、应用所学内容。具体来讲，就是坚持"走出去、请进来"原则，通过多种灵活的方法实现开放教学，培养学生解决复杂问题的综合能力。

围绕核心知识展开教学，搭建多层次知识结构，引导学生改变学习方式，激发学生学习主动性，提高学生参与度与学习效果，注重学生实际操作能力培养，培养良好的职业素养，促进全面发展。

三、成效特色

（一）专业学位教学模式改革转化为教改项目

《乡土景观规划设计》课程致力于与校外企业、地方政府合作，将课程教学内容与社会需求、文化传承相结合。在课程实践中立足于对传统文化的保护与传承，让学生感受并体会到中国传统乡土文化的魅力。校外几位专家以及南宁市良庆区政府，对《乡土景观设计规划》教学成果给予极大肯定，课程内容符合新时代需求，人才质量特色突出。为此，以本课程为主体的相关专业学位教学改革项目获得了2020年广西艺术学院专业学位与研究生教育改革立项项目并推荐自治区级立项项目。（图4、图5）

（二）"三全育人"人才培养机制体现高校服务社会、服务地区发展的价值

在合作项目确立之后，本专业学位点师生在良庆区

图4 《乡土景观规划设计》课程"专业+思政+校外"实践项目调研

政府和学院领导、教授的指导下分成了四个小组,迅速开展并完成了相关工作。在第一批13个试点乡村的实践工作中,本专业学位点师生团队迅速完成了调研工作并完成了设计初稿,不断推进各项工作的顺利开展,建立精品示范点,进而以点连线带面,快速而准确地推动乡村风貌提升项目的开展。良庆区人民政府高度评价此次合作,师生们完成大量工作及高质量的设计成果,达到预期效果,并对下一步的改造设计提出建议,以及探讨未来相关系列实

践课程实施的可持续性,确保项目的顺利开展,推动项目尽快落地,早日实现合作共赢。本专业学位点重视"三全育人"人才培养机制的不断完善,不断挖掘实践教学资源,把人才培养和教学改革不断融入其中,促进专业学位学生学习水平和实践能力的同时也体现了高校服务社会、服务地区发展的价值。(图6、图7)

(三)相关课程成果

在合作项目确立之后,本专业学位点师生在良庆区

图5 《乡土景观规划设计》课程校外与校内汇报项目

政府和学院领导、教授的指导下分成了四个小组，迅速开展并完成了相关工作。南宁市良庆区致力于打造"留得住乡愁的城市"，为契合此理念，项目工作组将从文化、旅游产业、农业示范点为切入点进行设计思考。（图8~图13）

四、教学反思

（一）创新课程思政教学组织模式，重构专业学位课程体系

本课程将思政教学元素融入专业课程，价值观引导于知识传授之中。基于"立德树人"的教学原则，立足当地居民、生态聚落的更新与营建、文化艺术的传承，通过体验—感知—感悟的教学方法，提升学生的素质及质量。通过实际项目实践，重视传统文化的传承与创新，将乡土文化、民族文化融入课程，打破专业课程与思想政治理论课程的界限，实现"项目+思政"有效融合，引导学生坚定信念、端正价值理念，提升文化自觉，真正做到文化人。

（二）构建多元化教师团队，多方联动协同育人

构建"专业+思政+校外"多元化教师团队，拥有覆盖多学科的背景。贯彻风景园林专业硕士培养的"双导师"制特点，从"专业导师+基层党建负责人"到"校内导师+校外导师""学校+政府"，多方联动协同。以专业为主、思政强化、校外指导的团队结构模式，搭建政治意识强、大局观念强、懂理论、懂文化内涵、实践经验丰富的教学团队，运用工作坊教学形式，结合项目拓展教学，实现学校、企业、地方多方位协同育人格局，从而全面提升学生的综合素质。

（三）整合多环节教学过程，完善多层级思政育人框架

在教学过程中，注重引发学生学习乡土文化知识和本课程的积极性，使学生加深对乡土文化知识的理解，强调项目体验、感悟分享、实践操作等环节的衔接。完善多层级的思政育人框架，以《乡土景观规划设计》为切入点，"乡土+思政"融合延展到专业实践课程中，从场地调研—项目设计—企业实践循序渐进构建框架，实现全方位的育人效果。

图6　2020年广西艺术学院学位与研究生教育改革立项项目证明　　图7　校地合作委托函　　图8　校地合作委托函

■■ 外部空间视线分析

山口坡
（南荣村）　**现状条件解读**

现有问题：

　　1.村落外部天际线起伏平缓，视线内无突出的建筑物，视野较为开阔，天际线完整；

　　2.从山口坡外能看到远处的花甲山，自然景观与山口坡的景观相结合，具有独特的观景氛围；

　　3.山口坡外的景观视线较平缓，以农田为主。

美丽乡村建设·南宁市良庆区乡村风貌提升项目
NAN NING LIANG QING RURAL STYLE IMPROVEMENT PROJECT

图9　专业学位学生汇报成果

参考文献：

【1】"美丽广西"乡村建设重大活动规划纲要（[EB/OL]．2013-2020）http://politics.people.com.cn/n/2014/0202/c1001-24275628.html.

基金来源：2021广西学位与研究生教育改革课题《基于课程思政背景下风景园林专业硕士课程体系研究与实践》，项目编号：JGY2021199。

▍▍总平面图

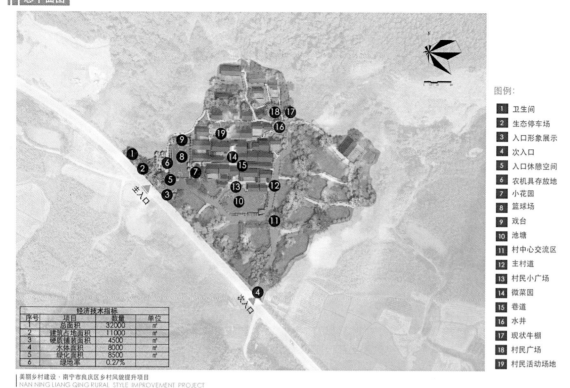

图例:
1. 卫生间
2. 生态停车场
3. 入口形象展示
4. 次入口
5. 入口休憩空间
6. 农机具存放地
7. 小花园
8. 篮球场
9. 戏台
10. 池塘
11. 村中心交流区
12. 主村道
13. 村民小广场
14. 微菜园
15. 巷道
16. 水井
17. 现状牛棚
18. 村民广场
19. 村民活动场地

经济技术指标			
序号	项目	数量	单位
1	总面积	32000	㎡
2	建筑占地面积	11000	㎡
3	硬质铺装面积	4500	㎡
4	水体面积	8000	㎡
5	绿化面积	8500	㎡
6	绿地率	0.27%	

美丽乡村建设·南宁市良庆区乡村风貌提升项目
NAN NING LIANG QING RURAL STYLE IMPROVEMENT PROJECT

图10 专业学位学生汇报成果

图11 专业学位学生汇报成果

图12 专业学位学生汇报成果

图13 专业学位学生汇报成果

图14 专业学位学生汇报成果

"课程思政"理念下艺术院校风景园林专业课展赛融合教学改革探索

李林、潘振皓

摘　要： 笔者在风景园林专业课的教学实践中，以中国共产党建党100周年作为课程思政切入点，将思政教育与专业教育有机融合。针对艺术院校风景园林专业特点，通过展教结合、课赛融合的方式，激励引导学生踊跃参与相关展览和竞赛，以展赛促教、促学。这是"课程思政"的有效实践，用艺术的方式传播社会主义核心价值观，凸显艺术院校风景园林学科的特色。

关键词： 课程思政；风景园林专业；展教结合；课赛融合

一、引言

2016年召开的全国高校思想政治工作会议上，习近平总书记强调，要坚持把立德树人作为重要环节，在教学全过程中贯穿思想政治工作，实现全过程育人、全方位育人。要充分利用课堂教学这个主渠道，让思想政治理论课与各类专业课程同行，形成协同效应[1]。将专业知识与思政教育深度融合，能够使学生在专业课程学习的同时，将思政内容内化于心、外化于行、实化于做，从而树立积极向上的、正确的设计理念，用社会主义核心价值观和客观、科学的世界观来培养学生的责任感与使命感，实现专业知识的内化和思想道德的升华[2]。

课程思政建设的难点环节在"融入"，要深入挖掘课程的思政元素。比如，当下的现实问题、学生关注的热点问题等，从课堂出发，结合专业，深化和拓展专业课程的思想道德与主流价值引导作用，引导学生思考现实中存在的问题，并探究相应的解决办法。做到课程思政与专业学习相辅相成，达到事半功倍的育人效果[3]。

关于风景园林或景观设计类课程思政的教学研究很多，其中同济大学风景园林专业的思政教育较有特色。他们不是从单一的某门课程思政着手，而是从整个风景园林专业出发，力求通过通识课程—平台基础课程—专业基础课程—专业课程—实践课程的思政闭环课程链建设，探索思政课程链的课程组成、育人逻辑、思政内涵、思政领域、思政要素、教学方法与评价等内容，在对学生的思想价值引领方面发挥了其独特优势[4]。广西科技大学的陈波认为，环境艺术类景观设计课程与思想政治教育的结合是思维上的创新，能够实现以新思维指引新思路、以新思路产生新方法、以新方法解决新问题的目标[5]。战冠红把思政教育融入居住区景观规划设计课程，用案例教学有效地衔接了课程中多个知识点，发挥了专业学习与课程思政协同育人的功能[6]。朱红霞在《园林植物景观设计》课程教学中，始终贯彻可持续发展的生态节能设计理念，引导学生作为设计师，应遵循绿色低碳的做法，减少对自然生态环境的破坏，注重植物与场地的合理配置[7]。这些课程都非常注重挖掘和提炼专业课程中蕴含的家国情怀、文化基因和价值范式等内容，充分发挥课程的思想道德教育功能，在"润物细无声"的专业知识学习中融入优秀传统文化，实现理想信念层面的精神指引。

在"大思政"的背景下，也有一些以专业学科竞赛来驱动风景园林相关专业"课程思政"教学改革实践的探索，如赵丽红等在分析GIS专业课"课程思政"现状后，努力挖掘专业思政元素，构建了一套"学科竞赛驱动—课程思政沉浸—教学改革——学生创新能力培养"的实践教学改革模式，即以学科竞赛为驱动力，在教授专业知识的同时，融入思政教育元素，指导学生开发设计能体现与展示思政教育成果的作品[8]。该模式可为"课程思政"

教学提供新的教学范式。又如林道诚和李帆立足于"大思政"背景，探讨了高校学科竞赛协同育人的问题，他们认为在目前课程思政的实施中，课堂教学是主渠道，作为教学实践活动的学科竞赛是副渠道之一[9]。

2021年是中国共产党成立100周年，笔者在风景园林专业课程教学过程中，以此作为课程思政切入点，坚持为党育人守初心、为国育才担使命[10]。针对艺术院校风景园林专业发展趋势与人才培养目标定位，引导学生踊跃参与相关展览和竞赛，以展赛促教、促学。这是"课程思政"的有效实践，通过展教结合、课赛融合，用艺术的方式传播社会主义核心价值观，凸显艺术院校风景园林学科的特色。

二、展教结合

对于艺术院校的学生而言，"看展、布展"是习以为常的事。课内教学与展览学习相结合，将国内外、省内外知名的、热点的美术展览和讲座列入教学内容，使教学内容紧贴时代前沿和热点。围绕展览的主题理念、作品风格和时代背景、蕴含的教育意义等展开深入学习，充分利用艺术展馆的文化资源，形成"展教结合"、多元化的实践教学模式，以展览促进学生整体学习和动手能力的发展[11]。

为庆祝中国共产党成立100周年，各单位、各部门都策划了丰富多彩的书画展、摄影展、作品展，如由广西艺术学院主办、广西艺术学院建筑艺术学院承办、漓江画派促进会协办的《庆祝中国共产党成立100周年·风展红旗——冯凤举画展》等，这些都是很好的课程思政融入元素。为了弘扬中华美育精神，深耕课程思政，致敬建党百年，笔者所在的广西艺术学院特别策划了以"学史明理、崇德尚艺"为主题的2021年广西艺术学院课程思政展。本次展览基于艺术专业特性，遵循艺术教育的特点，展示了学校首批立项的课程思政示范课程，覆盖了学校音乐与舞蹈类、美术类、设计类、戏剧与影视类、新闻传播类等相关专业，牢牢把握住思想政治教育元素的"挖掘"与"融入"这个关键点，强化具有广艺特色的育人课程体系和课程内涵建设，不断提高课程思政建设质量和育人实效，切实以美育人，以文化人[12]。其中，建筑艺术学院《建筑模型制作》也是示范课程之一，该课程立足于广西

民族地域优势和特色，发挥综合性艺术院校多学科优势，将民族建筑文化的传承与创新作为主要切入点，在专业主干课程中梳理民族建筑文化脉络，把蕴含多民族文化、地域特色文化、共荣共生的民族文化、大国工匠精神、非遗文化传承创新、红色历史元素等思想政治教育贯穿于人才培养全过程，尝试打造具有民族文化特色的思政专业课程集群。为风景园林专业的课程思政建设提供了范本，起到了很好的示范引领作用。

此外，广西艺术学院建筑艺术学院会展艺术党支部也特别策划了题为"学习党史，庆党百年华诞"的主题课程作品展，包括《多媒体展示技术应用》《版式设计》《专卖店展示空间设计》等课程。习近平总书记在广西考察时指出，"广西红色资源丰富，在党史学习教育中要用好这些红色资源，做到学史增信。"会展艺术党支部积极贯彻落实习总书记的讲话精神，用好课堂教学这个主渠道，在教学中深入挖掘思政育人元素，发挥艺术院校特色，用中华优秀传统文化、革命红色文化、社会主义先进文化培根铸魂、启智润心，引导学生在攀登知识的高峰中追求卓越，在肩负时代的重任时行胜于言[12]。该展览通过艺术的方式、设计的力量庆祝中国共产党成立100周年，培养了学生的创新精神和动手能力，并且与课程建设很好地融合在一起，体现了展教结合的特色。

三、课赛融合

学科竞赛通过竞赛的方法，紧密结合课程知识，代入特定的情境，使学生将课堂上学习到的知识应用在具体实践中，在获得成就感的同时，提高发现问题、解决问题的综合能力[13]。课堂教学中通过对风景园林学科相关前沿课题的规划设计竞赛，促使学生进一步理解生态文明、人类命运共同体、一带一路、乡村振兴、红色传承、创新驱动等与风景园林学科之间的关系，从专业价值与道德体系两方面，培养其作为风景园林设计师的综合能力[14]。将学科竞赛纳入课程设计，建立参赛机制，在各级竞赛中获奖的学生除了能收获精神和物质奖励外，还在各种评优评先中获得加分。这种激励机制能充分激发学生的学习兴趣和竞争意识，在专业内和班级里营造出浓厚的学习氛围。学科竞赛和课程学习有机融合，达到了以赛促教、以

赛促学、教学相长的目的，实现了真正的学以致用[15]。赛后，指导教师团队要及时跟进，进行赛后评价与反思，并尝试多角度、多方面地挖掘思政要素，以完善学科竞赛协同育人的功能[9]。

结合建党百年思政元素的挖掘，充分发挥艺术院校学生美术功底和图面表达较强的优势，笔者组织本校风景园林专业和景观设计专业学生参加了两个相关的设计竞赛，用于这两个专业《城市绿地系统规划》课程的课赛融合教学尝试。一个是由广西风景园林学会主办、南宁市狮山公园承办的首届广西"狮山竹境"创意设计竞赛。该竞赛是南宁市狮山公园在中国共产党成立100周年的背景下，举办的以"竹荷情·颂党恩"为主题的广西南宁第三届竹荷文化节的系列活动之一。有多名学生获奖，其中由笔者指导的作品《狮山竹境，蓬灯一前行》，获得了一等奖。该作品提取荷叶和莲蓬的元素，整体造型似明灯，寓意中国共产党像明灯一样照亮我们前行的道路。以"蓬灯一前行"为题，既营造了狮山竹境之意境，又在传承竹荷文化的同时表达了我们将在中国共产党的领导下继往开来，砥砺前行（图1）。

另一个是由中共广西崇左市园林绿化管理中心党支部和广西大学土木建筑工程学院本科生第六党支部共同举办的主题为"忆百年初心·展八桂风采"的建党100周年主题园林景观小品设计竞赛。由笔者指导的作品《延绵·繁盛百年》获得了优秀奖。该作品灵感来源于崇左花山和中国红领巾的元素，主色调运用红色，象征着红色精神的传承。祝愿在中国共产党的领导下，祖国继续繁盛、延绵……（图2）。

课赛融合教学，关键是课程内容的"融入"。这两个竞赛的景观小品都设置于综合性公园内，学生通过赛前调研，能够更好地理解课程中公园绿地规划设计的内容。通过作品构思和竞赛主题表达，能够融入课程中园林构图和意境表达的内容。通过作品的环境表现，能够体现课程中园林组成要素这一章节内，景观小品和周边地形地貌、花木植被的关系。通过展板设计，能够真正实现课程中计算机辅助设计的内容。通过现场制作，能够加强动手能力和应变能力的培养。因此，笔者认为，课赛融合是一种非常适合风景园林专业的人才培养模式。

4 结语

张妍等在建筑设计系列课程的教学改革中特别强调将专业教育与思政教育有机融合，即在进行人才培养的过程中，除了要重视专业知识的传授，还要强调社会主流价值观的引领和职业素养的培育[15]。但思政教育不是干巴巴的教学形式，可以尝试多种途径和形式，尤其是在艺术院校，可以通过各种展演，以音乐、舞蹈、绘画、书法、雕塑、影视作品、设计作品等形式，在展现艺术魅力的同时融入思政内容。如《光明日报》以"广西艺术学院:艺术让党史学习教育别样'红'"为题，报道了党史学习教育开展以来，广西艺术学院发挥艺术专业优势，将艺术和党史学习教育深度融合。通过开展重大主题创作、参与重大展演活动、打造红色主题课堂等形式让党史学习教育别样"红"[16]。2021年恰逢建党百年的契机，笔者在风景园林专业课的教学实践中，尝试通过展教结合、课赛融合的方式，将思政教育融入专业学习之中，以期能够抛砖引玉，找到更多、更好的适合艺术院校的思政教育方法和形式。

参考文献:

【1】 谢辉，秦武峰.《景观手绘表现技法》课程思政教学设计［J］. 绿色科技，2019（23）.

【2】 应君，张晓静，张一奇. 风景园林专业"课程思政"教学探索与实践［J］. 现代园艺，2020（23）.

【3】 冯静，李侃侃，罗西子."园林艺术"教学改革与课程思政协同建设研究［J］. 黑龙江教育（高教研究与评估版），2020（3）.

【4】 李瑞冬，韩锋，金云峰. 风景园林专业思政课程链建设探索——以同济大学为例［J］. 风景园林，2020（S2）.

【5】 陈波. 新文科背景下景观设计课程与思政教育融通路径探索——以广西科技大学环境设计专业为例［J］. 教育观察，2020（33）.

【6】 战冠红.《居住区景观规划设计》实施课程思政教育的思考与探索［J］. 吉林广播电视大学学报，2020

图1　狮山竹境　蓬灯-前行

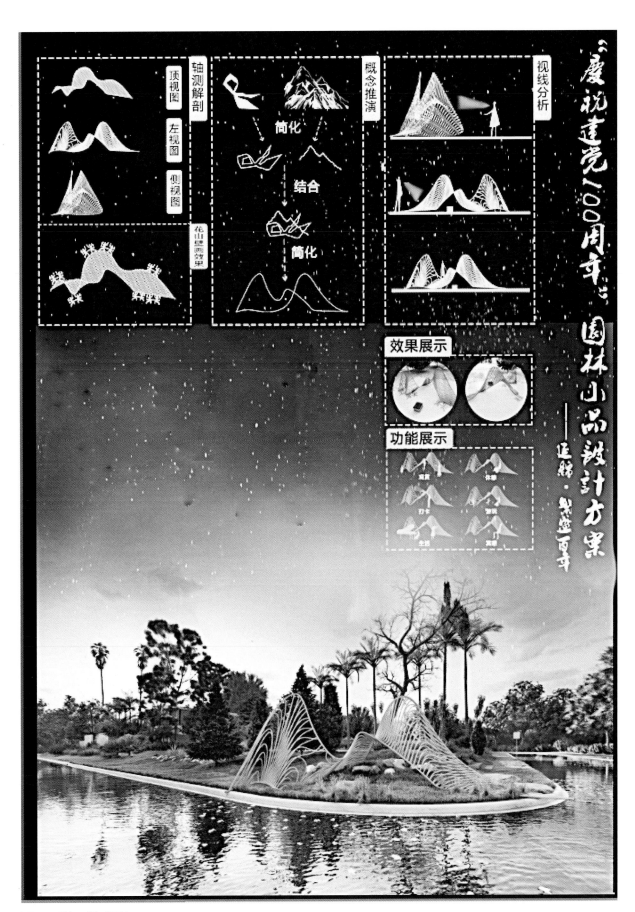

图2　延绵·繁盛百年

（11）.

【7】 朱红霞."园林植物景观设计"实施课程思政的探索
与实践［J］.智库时代，2019（44）.

【8】 赵丽红，郭熙，罗志军，等.学科竞赛驱动下的
GIS专业课"课程思政"实践教学改革探索［J］.
教育现代化，2020（52）.

【9】 林道诚，李帆."大思政"背景下学科竞赛的协同育
人［J］.教育观察，2021（5）.

【10】 罗宁，刘群，赵欣.新形势下高校基层党建与学科
专业建设相结合的探索与实践——以上海中侨职业
技术学院信息与机电学院教师党支部为例［J］.科
教文汇，2020（29）.

【11】 彭燃."展教结合"是综合院校油画专业打造特色的
一种有效举措［J］.中国油画，2011（4）.

【12】 广艺教务.深耕课程思政 致敬建党百年［EB/
OL］.https://mp.weixin.qq.com/s/
oqrpjlnaimA_pbjMcSa94g，2021-06-10.

【13】 韦玮.试析学科竞赛在高校学风建设中的作用［J］.
宁波大学学报（教育科学版），2005（3）.

【14】 李瑞冬，金云峰，沈洁，等."共享平台"下风
景园林专业本科课程设计教学改革研究［J］.
风景园林，2018（1）.

【15】 张妍，王锡琴，黄进.建筑学专业建筑设计系列课
程的教学改革思考［J］.哈尔滨职业技术学院学
报，2020（5）.

【16】 周仕兴.广西艺术学院：艺术让党史学习教育别样
"红"［EB/OL］.https://app.guangmingdaily.
cn/as/opened/n/3df35d1d4b034edd978a2
ce3161c5698，2021-09-30.

基金项目：本文系2021年度广西高等教育本科教学改革
工程项目："课程思政"理念下《城市绿地系统规划》
课程教学改革——后疫情时代艺术介入的城市绿地新空
间营造（编号：2021JGB278）和广西艺术学院2021
年课程思政和思政课程专项教研项目："课程思政"理
念下《城市绿地系统规划原理》课程教学改革研究与实
践——后疫情时代艺术介入的城市绿地新空间营造（编号
2021KCSZY01）共同资助。

注：论文已于2022年5月发表于《成才》，刊号：ISSN1005-
6467，CN42-1090/C。

田东县中心城区绿色规划设计研究

骆燕文

摘　要：本文首先概述绿色规划理论，提出绿色规划的概念、辨析绿色规划与其他规划的区别；明确绿色规划在城乡规划体系中的地位，并探讨其规划方法。以田东县中心城区作为绿色规划理论的应用对象进行现状分析，发现其城市发展主要问题为土地利用、能源使用、工业发展。结合田东县总体规划和地域特点，提出绿色规划的目标和措施，并具体落实到绿色城市布局、推广可再生能源和循环经济三个方面。

关键词：绿色规划；可持续发展；生态保护；可再生能源；循环经济

一、绿色规划

（一）绿色规划的内涵

　　绿色规划是一种新兴规划，其理论研究还比较少，概念还没有确切的定义。在前人对绿色规划的研究基础上[1][2][3][4]进行批判性的理解和总结，作者认为绿色规划是注重能源、资源和地域生态保护的城市规划方法：将当地的可再生能源和生态资源作为城市选址和布局的主要考虑因素，以合理的组织土地、交通、能源等方面与当地生态环境的关系，同时倡导居民以绿色生活方式积极参与绿色城市建设。绿色规划的核心是生态保护、推广可再生能源和循环经济。绿色规划弥补了传统规划对生态、能源和资源方面关联脱节的缺点，是实现低碳生态城市建设以及城市可持续发展的有效规划方法。

　　生态规划、低碳规划与绿色规划都是关注人与自然生态环境的关系，以实现城市可持续发展为目标，并且研究内容上有交叉点，只是侧重点不同。生态规划关注范围更综合，包括自然环境、人居环境等多个方面；低碳规划关注全球气候环境；绿色规划关注得更具体，包括生态保护（主要针对环境保护）、能源、物质资源方面。因此可以说，低碳规划和绿色规划是在生态规划的基础上进行的，而低碳规划的涉及范围又比绿色规划更广[5]（图1）。

（二）绿色规划方法

　　明确绿色规划在城乡规划体系中的定位，有助于促

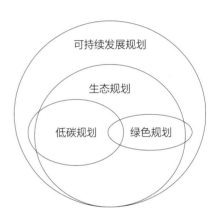

图1　相关规划的关系图

进绿色规划的研究和实践。目前，我国城乡规划编制体系以外的规划有以下三种编制类型：一是作为现行城乡编制体系以外的规划，属于新型规划；二是作为现行城市规划组成部分进行编制，以专项规划或是独立篇章的形式配合现有规划实施；三是将新型规划的理念融入现有法定规划体系中，具体可落实到相应的各项规划中[5]。笔者认为，将绿色规划的理念融入现有的法定规划进行实践，是绿色规划未来的发展趋势。具体要在总体规划中的土地利用、道路交通、能源利用、产业发展等方面融入绿色规划推崇的生态保护、可再生能源利用和循环经济理念。当研究范围缩小到片区，例如居住区，则要落实到绿色建筑、物质循环等方面。

　　绿色规划的实践可以从空间层面和技术层面两方面来推进[1]（图2）。

　　空间层面主要是指生态保护，即以保护生态和降

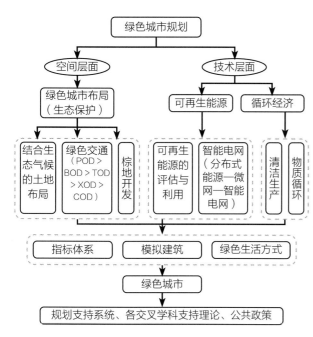

图2 绿色规划实践框架图

低城市污染为目的的绿色城市布局，具体包括结合生态气候的土地布局、绿色交通、棕地利用。生态气候的要素包括光、温度、湿度、风、降水以及大气成分等，并且与当地的植被、地貌和土壤等有密切的联系。结合生态气候的土地布局要根据规划对象进行个案分析，综合生态气候因素，调整现状不合理的土地布局。发展绿色交通，首先要提倡步行和自行车的使用，其次要推进以公共交通为导向的TOD模式，同时要注意改善城市的形象和控制私家车的发展。也就是提倡城市交通5D模式：POD>BOD>TOD>XOD>COD[21]。绿色规划推广的交通模式要抓住城市发展的主要矛盾，可根据实际问题对交通模式做时序调整。目前我国城市棕地多达5000处，在广西仅由于土地污染造成农作物减产面积就约有55.5万公顷。棕地既对生物有害，又浪费土地，绿色规划的理念是将棕地变为"绿地"，使其成为对城市和自然环境有益的土地。

　　绿色规划的技术层面主要包括可再生能源利用与循环经济。绿色规划对可再生能源的利用主要是通过建立分布式能源实现用户端的能源供应方式，再通过微网技术实现分布式能源的安全并网，最后在互联网技术的支撑下建立智能电网[3][4]。由于智能电网的研究整体处于起步阶段，因此目前的规划重点在于建立微网。微网的建立要与总体规划中的土地利用、空间结构规划结合。循环经

济主要包括清洁生产和物质循环。对企业或企业集群，要求它们按照4R原则进行生产，即减量化原则、资源化原则、再利用原则、重组化原则[5]；对于工业园区，按照不同的资源链关系，实现资源和物质共享，使这个组织生产的废水、废气、废料等成为另一个企业的生产原料或能源；对于生活区，要对生活垃圾进行分类，再进行综合利用或处理[6]。

二、田东县中心城区的现状概况

　　进入21世纪，我国城市化进程中出现的各种矛盾更加尖锐。大城市由于政治经济地位的原因，其发展受到更多的关注，而中小城市往往被忽视。田东县作为我国南方内陆地区经济结构单一、发展较为落后的中等城市，其中心城区在发展中遇到了环境污染、生态破坏、能源短缺等问题。县城新一轮的总体规划缺少对绿色规划的连贯设计和综合考虑，也没有重点研究方向，往往是点到为止，这也是我国城乡规划编制体系存在的一个问题。

　　在对田东县进行了实地调研后，总结其城市问题主要有三个方面：一是现状城市布局不尊重生态环境；二是能源结构落后单一；三是以工业为基础的经济发展模式与生态环境之间的矛盾严重。此外，田东县总体规划较为传统：对现状生态环境的保护考虑较少，中心城区有多处滩涂和绿地被建设用地代替；从物质循环角度提出解决污染的方法只是蜻蜓点水，缺少力度；忽略田东县作为全国可再生能源建筑示范县的优势，内容没有涉及可再生能源的利用；对命脉经济产业，即工业的规划停留在产业搬迁的建议基础上，缺少对其内部结构和资源进行优化调配的考虑。

三、田东中心城区绿色规划构想

（一）总体目标

　　绿色规划总体目标的制定要结合上位总体规划、城市现状问题与地域特色。回顾田东县历届总体规划，可知近二十年其城市发展要依赖传统能源开采和加工工业；城市发展的突出问题在于缺少对生态的保护与可再生能源的应用。因此，结合绿色规划的本质内涵，研究提出田东县中心城区的绿色规划的总体目标是：实现绿色城市布局，

推行结合生态气候的城市布局，提倡公交导向模式，开发利用工业棕地；发挥可再生能源示范县优势，建立微网系统；发展城区循环经济—绿色工业，优化工业结构，同时对工业、生活废料进行循环利用。通过绿色规划促进田东县中心城区可持续发展。

（二）绿色城市布局

1. 结合生态气候的城市布局

田东县中心城区位于右江河谷中心地带，属东南亚热带季风气候，全年盛行东南风。太阳辐射强，夏热冬暖，是一个天然的大温室。综合分析可知，对中心城区有重要作用的生态气候因素主要为下垫面组成情况、气温、风。

下垫面的概况：中心城区内的土地性质多样，这些不同的城市下垫面形成了不同的微气候（图3）。中心城区周围的水面气候区、森林气候区、农田气候区和农村气候区温度较为稳定，湿度高，可以产生新鲜的空气，对城市和建筑物区域有气候缓和作用。城区内部的城市气候区、市中心气候区和工业气候区的各种气候因素变化大，自我调节能力差。而城区北部的轨道气候区日夜气候变化极端，是空气的引导通道。

气温分析：田东县夏季气候干燥闷热，用观测站气温数据绘制成图4。如图所示，田东县6~8月平均气温接近30℃。而中心城区由于下垫面粗糙，热力性质差异较大，若不加以改善，夏季易出现高温无风天气导致热岛现象，对居民生活和消费构成影响。

风环境分析。距离地面10米观测点测试的数据显示县域年平均风速为2.4米/秒，无大风（大于18米/秒）天气出现。因此可知，对中心城区有影响的风因素主要是风向频率。图5对田东县各个季度的风向频率进行数据分析。其

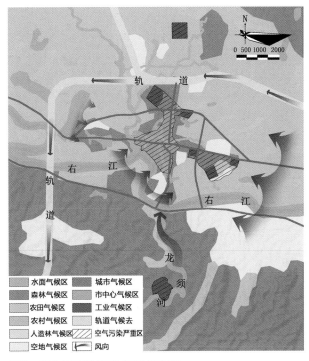

图3　田东县下垫面微气候分布图

水面气候区　　城市气候区
森林气候区　　市中心气候区
农田气候区　　工业气候区
农村气候区　　轨道气候去
人造林气候区　　空气污染严重区
空地气候区　　风向

中，风向频率在第一季度和第四季度较分散，会出现北风和西南风；在第二季度和第三季度较集中，全年盛行东风和东南风。

人工污染分析：中心城区的主要人工污染为空气污染，选取中心城区2011年空气污染指数测试数据进行分析（图6）。空气污染在第四和第一季度表现较为严重，特别是在第四季度，空气质量级别为Ⅲ(1)级，空气质量目前为轻微污染，若不做合理规划，污染度会恶化。

通过以上分析，可知居民的主要活动区——城市气候区在夏季容易出现热岛现象，热环境不舒适；由于第一、第四季度风频宽风力小，使污染物质停留在城区无法排

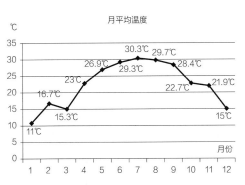

图4　2011年月平均气温变化图

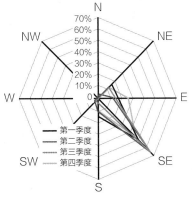

图5　历年风向频率分析图

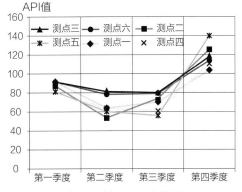

图6　2011年中心城区 API变化图

除，造成空气污染严重。因此，对中心城区的绿色城市布局建议是：充分利用生态气候稳定的区域来调节生态气候不稳定的区域，兼顾风向布局，留出适合的城市风道，起到夏季降温和春冬季降低空气污染的作用（图7）。具体措施为：

首先要保护对城市气候有积极作用的重要气候地区（如水面、森林），将总体规划中变更自然气候区为城市建设区的土地进行还原和保护：将现状已有的塘、内河打通，形成环状的水系统，可以起到调节城区环境和美化景观的效果；将已有的树林、野地等结合水系做成市内公园。

其次是给城市留出风道，引导城市空气流通：现状右江、田德—南昆铁路与盛行风向一致，是主要的自然风道。对于右江通风廊道的保护，要预留防洪绿带，增加通风道宽度；两岸建筑布局要考虑岸线与中心城区主导东南风向合理布局。对于铁路轨道通风廊道：要与隔离城北石化工业区与主城区的绿化带结合设计，增加通风带宽度以带走工业污染气体。

2. 推行公交导向发展模式

由于目前工业增长迅猛，经济发展迅速，中心城区与周围城镇居民两地活动增加，为解决日益显现的小型机动车造成的道路拥挤、出行安全和空气污染的问题，更重要的是要建立TOD发展模式。同时，要完善慢行交通（POD、BOD）与公共交通服务中心的联系，方便居民的集散。在此基础上增加道路绿化与道路街景，美化城市，提高城市形象。

田东县在总体规划年末（2030年）达到30.8平方公里，还未达到公共交通的优势规模（38.5平方公里）。因此，其发展公共交通的突破口在于建立城镇一体化公共交通。总体规划中已经对位于中心城区东西部的林逢镇（距离城区5公里）和祥周镇（距离中心城区3公里）做城镇一体化规划，为建立城镇一体化公共交通提供了有利条件。

建设三级公交路网（图8）。一级路网指城镇快速公交与连接风景区的专线公交，主要连接城区内与周详镇、林逢镇之间的公共交通、城外人旅游交通，承担城区内外的通勤，是线路较长的快速公交线。二级路网是中心城区专线公交，承担中心城区公交路网统筹的骨架。它与各个居住组团、商业区、汽车站、火车站、主要景观公园

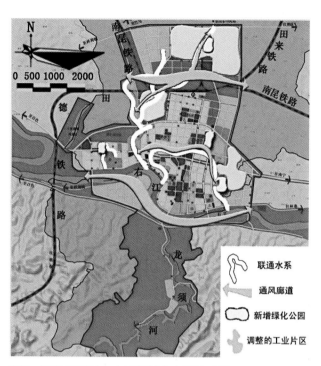

图7　绿色规划对中心城区城市布局的建议

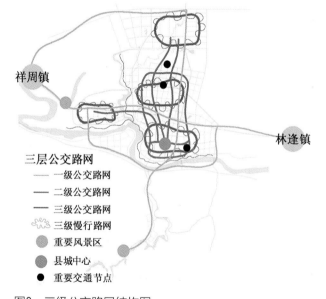

三层公交路网
—— 一级公交路网
—— 二级公交路网
╳╳╳ 三级公交路网
╳╳╳ 三级慢行路网
● 重要风景区
● 县城中心
● 重要交通节点

图8　三级公交路网结构图

系统的衔接，起到串联节点的作用。三级路网是城区及各片区内部公交的主要线路，是对二级线网的补充和完善，部分三级路网可以由步行路（POD）和自行车道（BOD）代替，它承担大部分的片区内部出行，为二级路网集散客流。

3. 工业棕地的开发利用

中心城区煤矿采空区的面积占其总面积的3%。由于中心城区煤层浅，回采后会产生地面塌陷、沉降，总体规

划中将城东煤矿采空区作为居住用地十分危险。建议对煤矿采矿权进行人工回填与自然恢复相结合的修复方法。可就地取材，利用城区产煤工业中产生的尾矿——煤矸石作为填充材料。同时为增加经济效益，采空区地面可种植植物，为城市绿化提供原料。田东县由于发展工业，存在多处工业旧址，要摆脱以往对工业废弃地、废弃厂房与设施的传统价值观，重新发现工业遗存的特殊历史文化与艺术价值。

（三）可再生能源

1. 可再生能源利用评估

通过对中心城区的可再生能源分布和储量评估分析得出：城区可大范围使用太阳能，部分地区使用地热能为辅助能源；通风廊道处可局部使用风能。建议在城区的新区推广太阳能一体化建筑，浅层地源热泵辅助供热，同时为居民供热、发电、供冷；在老城区推广太阳能热水系统；公共建筑推广太阳能光伏发电系统；在北部工业区推广太阳能光伏发电和工业污水源热泵系统；沿右江景观、街道路灯照明可发展风光发电耦合技术（图9）。

以太阳能为例，中心城区太阳辐射量年平均为1118.6千瓦时/平方米，在现状城市建设面积11.03平方公里范围内可接受太阳能辐射总量为$12.3×10^9$千瓦时/年，以太阳能转化为电能的效率为15%计算，城区的太阳能资源可发电18.45亿度/年。以人均综合用电量指标3000度/（人·年）计算，现状总用电为27.275亿度/年，则仅太阳能光伏发电就可以提供中心城区67.6%的电能。

2. 建立微网系统

田东县作为全国可再生能源示范县，已具有实现

分布式能源的技术优势。为保证可再生能源利用的稳定性，同时推广可再生能源在中心城区的应用，需要建立微网系统，实现自我控制、保护和管理。将发电机、负荷、储能装置及控制装置等系统地结合在一起，形成一个单一可控的单元，同时向用户供给电能和热能，能源主要来源是光伏发电。按形成位置不同，可分为公共微网和用户微网两大类。根据田东县总体规划对中心城区空间结构与用地布局的规划，研究将田东县微网划分为公共微网、用户微网与工业微网。其中，公共微网包括各个片区的公共中心；用户微网主要包括居住区；工业微网包括工业园。图10为中心城区老城区微网规划示意图，整个中心城区可以此为依据，以点带面推动整个城区的微网系统运作。微网系统的实现一定程度上可打破田东县自上而下的传统供电政策，转变居民对能源使用的思考方式，是一种积极、主动的模式，利于居民参与到绿色规划建设。

（四）循环经济

中心城区经济发展主要依靠工业，因此要通过循环经济推进绿色工业的建设。其中，清洁生产主要针对优化工业结构进行，而物质循环同时包括工业废料和生活垃圾的循环利用。

1. 优化工业结构

一是要淘汰落后产业，发展高效低碳高产工业。对于城区内部依靠自然资源为生产力的小产业，要有效遏制乱采滥挖等违规现象，在资源开采环节要大力提高资源综合开发和回收利用率。二是要统一入园，实现有序化和规模化。重点建设石化工业区、东海工业园和东油工

图9　可再生能源分布利用分析图

图10　用户微网、公共微网示意图

业园配套设施。集中后工业园可以统一规划用电和排污系统，节约基础设施成本，同时为实现循环资源利用提供可能。三是要实现第二产业的第三产业化。对田东县未来经济发展的蓝图是希望通过合理高端的工业产业结构带动中心城区其他产业的协调发展，以在资源消耗环节提高资源利用效率。随着工业的不断发展，发展与高新工业相对应的研发、设计、金融、信息、培训、广告、宣传等服务业。

2. 物质循环

对于工业废弃物，首先要对田东县命脉产业——石油化工构建循环产业链。石油化工业的产品链长、关联度高，废料与原料的有机转换衔接紧密，生产装置主要以管道相连接，具备构建关联产业共生关系的先天条件。对于城区的水泥业，可结合位于城区西部的新洲火力发电站的粉煤固体废弃物进行升级利用。将粉煤灰加入制造混凝土的水泥中，能大大提高混凝土的质量。而对于年产糖量占全国60%以上的制糖业，城区目前对其的处理主要是为制成复合肥。建议还可与城区造纸业合作，走甘蔗—制糖—蔗渣—制浆造纸的循环利用路线。由于田东县城工业废水量多，具有发展污水源热泵系统的潜力。工业污水的温度

一年四季相对稳定，使得污水源热泵比传统空调系统运行效率要高，节能和节省运行费用效果显著。

对于生活垃圾，先要进行分类：可回收垃圾、厨余垃圾、有害垃圾和其他垃圾。再进行综合利用，例如：部分厨余垃圾可用于堆肥，供应给小区绿化使用；可回收垃圾可集中进行简单处理卖给相关企业，回收资金用于小区建设。垃圾分类在很多发达国家早已形成一套非常完整的体系，我国大中型城市也在逐步推广。在实际操作过程中，会发现从小范围的居住区实行垃圾分类回收容易控制与宣传，是推广到整个城镇范围比较行之有效的方法。生活污水经处理后可进行中水回用。中水可用于生活杂用水、市政用水、城市环境用水等。

四、结语

通过对绿色规划的研究，明确了绿色规划与以往各类规划的区别在于以生态保护、推广可再生能源和循环经济为核心目标。在研究田东县中心城区绿色规划时，针对当地实际状况，着重研究分析了三对问题：城市土地布局与气候环境、传统能源利用与可再生能源发展、工业发展与生态破坏。这是田东县中心城区城市发展的主要矛盾，有些是田东县特有的，有些也是我国南方城市普遍面临的。结合田东县总体规划和绿色规划的核心思想，针对主要矛盾提出了规划中需要重点考虑的问题：发展绿色土地布局、可再生能源体系、发展循环经济。通过在田东县实行绿色规划，将缓减城市污染、减少对传统能源的依赖，还将大大提高当地居民参与城市建设的积极性。目前该研究还处于理论研究阶段，还需要进行深入的数据分析与实例研究。今后将对该地区进行试点设计，建立绿色城市规划数据库与模拟建模。

参考文献：

【1】 杨东."十二五"规划——我国首个绿色规划 [N].环境经济，2012（3）.

【2】 张玉玲. 种树种草≠绿色规划——访饶及人 [N].光明日报，2005.

【3】 李晓玲. 农村回族住区绿色规划研究——以宁夏吴

忠市利通区为例 [J]. 安徽农业科学, 2010, 38
（29）: 16449-16451.

【4】 杜芸芝. 基于PRED的厦门绿色城市协调发展评价
研究 [D]. 福州: 福建农林大学, 2010.04.01.

【5】 张泉, 叶兴平, 陈国伟. 低碳城市规划——一个新
的视野 [J]. 城市规划, 2010, 34（2）: 13-18.

【6】 袁贺, 杨犇. 中国低碳城市规划研究进展与实践解
析 [J]. 规划师, 2011, 27（5）: 11-15.

【7】 潘海啸. 城市绿色交通体系整体技术和策略选择
[J]. 建设科技, 2011,（17）: 19-22.

【8】 王成山, 李鹏. 分布式发电、微网与智能配电网的
发展与挑战 [J]. 电力系统自动化, 2010, 34(2):
10-14.

【9】 Rifkin J. 第三次工业革命 [M]. 北京: 中信出版
社, 2012: 31-34.

【10】刘博敏. 从灰到绿的城市发展转型 [J]. 城市规
划, 2011, 35（3）: 17-18.

【11】骆燕文, 倪轶兰, 何江. 广西百色地区居住区绿色
规划研究 [C] //第九届国际绿色建筑与建筑节能
大会论文集, 2013: 1-8.

新时代艺术院校场所精神营造

——以广西艺术学院相思湖校区入口广场设计为例

黄一鸿　林　海

摘　要： 营造具有广西艺术学院精神和特质的校园广场景观环境，对于培养适应新时代社会需求并具有创新精神的艺术人才至关重要。本文从广场布局、铺装设计、造型语言、雕塑小品、山水景观、灯光照明六个方面论述了具有新时代广西艺术学院精神的入口广场景观营建，提出了将精神因素注入空间场所，创造开放性的师生户外交流和学习空间，以加强师生对校园文化、教育理念的认同感和时代使命感，达到"艺术育人"的目的。

关键词： 艺术院校；校园景观；场所精神；广场设计

一、引言

校园环境景观是师生员工进行工作学习和生活娱乐的功能性基础设施，也是学校历史文化、时代精神、地域特色、办学理念和人才培养的重要载体和展示窗口。如何营造具有广西艺术学院特质和标识的校园环境艺术景观，创造师生交流，具有情感归属和身份认同的校园空间场所，对于培养具有广西艺术学院独特个性和气质的艺术、设计人才具有重要意义。

二、基于场所精神营造的校园景观空间营造策略

场所精神，是根植于场地自然特征之上的，是对其包含及可能包含的人文思想与情感的提取与注入，是一个时间与空间、人与自然、现实与历史纠缠在一起的，留有人的思想、感情烙印的"心理化地图"[1]。诺伯舒茨对场所精神进行了系统阐述，认为首先是人在场所中的方向感；其次是人对场所特性所产生的认同感，进而实现对场所的归属感[2]。诺伯舒茨认为，"场所精神的形成是利用建筑物给场所的特质，并使用这些特质和人产生亲密的关系。"由此可以看出，场所精神形成的两个关键因素，即"场所的特质"与"亲密的关系"[3]。艺术学院在学科特点、专业设置、人才培养有自身的特点，在校园景观空间

中应当体现历史沿革、校园文化和思想情感等，营造艺术院校特有的场所精神。

（一）满足新时期师生的需求

艺术学院学生思维活跃，富有激情，勇于表现，课程中写生采风、实地考察、艺术表演等活动较多，特别是民族活动、节日庆典期间各种展演活动丰富。在校园景观的设计中既要满足师生日常的必要性、交往性活动，也要考虑艺术院校的专业特点。广场设计不仅要满足学生个性发展的需求，也要兼顾各专业艺术活动的需要。入口广场既是师生的交往活动空间，也是对外展示的重要"舞台"和"窗口"。

（二）校园文化融入环境景观

校园景观也是构成校园文化和地域文化的重要组成部分，是塑造校园文化氛围和精神特质的重要因素，能够对学生的行为习惯和思想观念产生重要影响。通过校园景观环境引导学生的行为，学生在校园中进行交流活动，开展艺术创作、文艺活动等，也是营造校园氛围，体现精神特质的重要方面，同学们在艺术的氛围中熏陶成长，逐渐成为一个有审美、有个性、有追求的"艺术人"。

（三）创造特色景观形象

创造特色的校园景观形象，能够加深学生对校园的感观印象，强化对校园空间场所的感性认知，有助于树立学院形象和标识。随着学生在校园空间中的良性互动，有助于建立学生和学校之间的情感纽带。特色的校园景观能构

成校园空间的导向作用，满足师生对其功能的需求甚至是情感的寄托，进而衍生出对环境的认同感和归属感。如老校区的"红楼"（音乐舞蹈学院教学楼），作为老校区的主要标识建筑，成为师生心目中老校区的重要形象标识和情感寄托。校园的特色景观形象是一所学校重要的"名片"。

（四）体现地域文化和环境特色

校园总是处于特定的地域环境中，优秀的校园景观应该体现所处地域的文化和环境特色，综合当地地域及校园文化的特点，营造出独特的校园空间特色与文化氛围[4]。以四川美术学院虎溪校区为例，新校区规划过程最大限度地保护与呈现了它的地貌魅力与原生态景观，保留了城市发展过程中原生地貌的孤本，也构成了山地校园景观的最大特色。

三、广西艺术学院入口广场项目基本概况

（一）入口空间场地现状

广场位于广西艺术学院相思湖校区1号大门主入口，总占地面积约8100平方米，南北长约为115米，东西宽70米，长宽比约为1.6，整体形态呈梯形（图1）。项目地块北高南低，成两级阶梯分布，最高标高位于广场北端靠图书馆平台，高程为85.5米，最低标高为广场南端临校园主干道高程为81.3米，场地内最大高差约3米。

场地北面紧靠广西艺术学院人文楼和图书馆，东邻在建的创新创业实训大楼，西侧为校园景观绿地（在建），南接广西艺术学院1号入口，是1号大门连接图书馆、人文楼、实训大楼的主要通道。

（二）入口空间存在主要问题

通过对场地的实地踏勘和周边环境的考察，以及对人文楼和实训大楼工作人员的走访和师生的问卷调查，了解到场地目前主要存在以下问题（表1）。

（三）学校对广场空间的诉求

学院校园建设主管部门通过对相思湖各二级学院的走访和调研，对入口广场的设计和建设提出了相应的具体要求：

（1）作为广西艺术学院相思湖校区的主要入口广场，要具有广西艺术学院特色、广西艺术学院面貌，体现了广西艺术学院精神。

（2）场地中间留出一大块硬质活动空地，能够满足相思湖师生大型集会活动要求，特别节日庆典期间的学生表演活动，比如"快闪"等。

（3）广场设计中须有水景。广西有着丰富、独特的自然山水资源，在广场设计中要能体现广西的山水文化。

四、广场设计构思及策略

通过对场地特质的敏锐把握，以及将场地的空间形式与历史、文化、社会等多重信息相照应，有助于形成富有诗性和意义的、精神性的景观场所[5]。广场设计主要从物质环境、心理属性和参与机制层面出发，提出完善功能，文化融入景观环境、营造景观形象、体现地域特色和师生参与等具体空间营造策略，在充分了解场地现状、师生需求的基础上，通过多方协调参与，营造具有广西艺术学院特色和精神因素的校园入口广场景观（图1）。

场地存在下列主要问题　　　　　　　　　　　　　　　　　　　　　　　　表1

序号	层面	主要问题
01	物质环境	校园主入口步行交通不完善，可达性较差
02		图书馆和新建实训大楼缺少户外活动交往空间
03		原入口空间面积比较狭小，功能不完善，不能满足入口集散和紧急避险的需求
04		公共设施不足，不能满足师生的户外休闲活动需求
05	景观形象	景观单调，不能与大门、图书馆形成连续的景观轴线
06		原场地植物较单一，缺少景观层次
07		部分场地为裸露黄土，影响入口景观形象
08		校园景观同质化严重，缺少特色和标
09	文化特质	缺少与老校区的联系
10		地域文化和环境特色不足

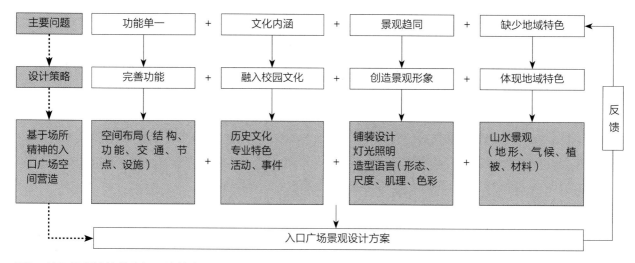

图1　基于场所精神的广场设计策略

（一）"水墨丹青"的设计构思

立意是绘画之本，唐代王维《山水论》中言"凡画山水，意在笔先"，在现代景观设计中，设计概念是使场景意境充分表达的关键环节[6]。广场设计概念来源于中国传统水墨画，地面上深浅不一的花岗岩石材犹如宣纸上的墨色在相思湖的广场上点点晕开。地面铺装整体呈现深灰色调，主要采用深灰、中灰、浅灰三种颜色的花岗石组合，采用自由、跳跃、灵活的组合方式，体现广西艺术学院富于创新的艺术特质和开放包容的时代精神。

（二）开放性空间布局

广场的整体设计采用均衡的布局方式，从入口大门到广场、图书馆形成一条连续的景观轴线，广场轴线两侧的景观不是传统的对称形式，而是采用视觉上的均衡，两侧的景观要素能够很好地引导视线，形成对景和框景的效果。

广场布局四面开放，完善入口空间的步行交通流线，尽量保证广场景观视线的通透性和连续性。场地设计上尽可能尊重原有地形，不对场地做太大的改造。既是满足功能的需求，也是造景的要求，同时能够控制项目建设成本，为学校节约建设经费。保持广场中心的开敞空间，避免设计大体量的景观设施，形成一个主要的中心活动区域，把主要的景观设施和要素安排在广场的东西两侧，是主要的穿越通行的功能空间，通过树池、植物结合休闲座椅组合形成丰富、变化、连续的树下穿越、活动空间。

（三）现代性的造型语言

广场采用现代主义构成的景观设计手法，主要以方形作为基本造型语言，地面的方格铺装与高低错落的景观树池错落组合，运用几何形体思维模式进行重复、组合设计，与周边的图书馆、实训大楼立面相互呼应，形式统一又富于变化，具有现代的形式美感。铺装以深灰、中灰、浅灰三种颜色的方格花岗岩石材组成，以1.8米×1.8米的方格为基本模数，采用自由、跳跃、随机、灵活多变的组合方式，契合广西艺术学院富有创意的艺术气质，也隐喻了中国传统水墨晕染的意蕴内涵，无论是在空中俯视，还是身临其境都能感受到浓厚的水墨韵味和文化底蕴。

（四）传承性的雕塑、地刻设计

广场东西两侧的地面镶嵌耐候钢板地刻，镂空雕刻1938年建校以来大事记，内藏灯带，材料与入口大门相互呼应，形成丰富的地刻文化景观，将我校的发展历史融入广场景观，象征着我校一步一个脚印的坚实发展历程。

广场上采用人物组雕的形式，展示各时期广西艺术学院学子追求艺术梦想的故事。一组是青年学子走进广西艺术学院学习、写生、创作的形象；另一组是从广西艺术学院成长中走出来的一位位艺术大师。结合写生、采风、展演等艺术实践，开展主题艺术创作，是我校优良传统，我校的写生采风运动成为当时高校艺术教育的一大特色和亮点。

通过雕塑和地刻等人文景观，形成局部空间的视觉焦点，将学校的历史文化和精神因素注入空间场所，塑造具有一定文化意义的景观形象，让师生了解我校的发展脉络和艺术追求，增强师生对我校文化和空间场所的认同感和归属感。

（五）地域性的山水景观

广场设计中特别注重广西地域山水景观的设计和体现。场地主要呈两级阶梯状，一级为创意大楼门前的广场，长约85米，宽70米，面积约6000平方米，二级为图书馆阶梯前的平台，长约30米，宽70米，面积约为2100平方米，两级高差约3米。利用一级、二级高差设置跌水景观，很好地解决了场地的高差问题。跌水位于广场中轴线上，处于广场视觉的中心位置，在两侧设置台阶。跌水池中置石，运用广西当地的自然石材，以一石代山，一勺代水，营造具有广西地域特色的校园山水景观。在植物的运用上，尽量采用广西本土植物，其更适应当地的气候和生态，生命力顽强，便于后期的维护和管理。水生植物利用荷花、水葱、梭鱼草等，乔木采用羊蹄甲、小叶榄仁、桂花等，通过整体统一的配置方法形成一个以绿为主、层次丰富的植物景观效果。

（六）趣味性的灯光照明

在灯光设计过程中，设计团队多次与灯光照明施工团队进行讨论。在广场中心水景区域设置水下照明灯带，进行重点的局部景观照明，形成夜间广场的视觉焦点。跌水池前设置旱喷，利用地面区域汇水方式收集雨水回流跌水池，可以调节广场局部的小气候，并设置点状地埋灯，提高空间的趣味性和吸引力。广场中部地面布置线性LED灯带，引导人流的同时与地面的铺装、树池等形式相互结合，构成丰富的夜间灯光效果，活跃广场夜间的空间氛围，避免广场中心区域过于单调。树池周边的座椅底部暗藏LED灯带，为夜间活动人群提供照明，并且可以丰富夜间景观层次，提升场地空间的夜间景观品质，为师生提供丰富的空间体验。

五、结语

新时代下广西艺术学院相思湖校区广场设计运用功能优化、树立景观形象、文化融入景观等设计策略，在充分考虑场地现状、师生需求和时代发展的前提下，合理解决了场地功能单一、空间舒适性低、景观形象不突出等问题，并体现了学校的历史文化和专业特色。广场主体建设完成以后，相思湖校区入口形象焕然一新，广场与大门、图书馆、实训大楼共同形成了相思湖校区的景观形象和标识，打通了校园入口的主要通道，完善了校园步行交通流线，为师生步行交通提供了遮阴空间，也为师生户外交流、学习提供了空间场所。

广西艺术学院相思湖校区广场设计探索，是地方艺术院校校园景观设计的一次积极尝试，将校园的功能需求、历史文化、专业特色和精神特质充分体现在广场设计实践中，将为广西甚至全国其他地区的高校校园景观更新提供借鉴。

参考文献：

【1】郝鸥，谢占宇. 景观设计原理［M］. 武汉：华中科技大学出版社，2017：11

【2】诺伯舒茨. 场所精神——迈向建筑现象学［M］. 施植明，译. 武汉：华中科技大学出版社，2010.

【3】李宁. 场所精神营造研究——从研究日本地方美术馆开始［D］. 北京：中央美术学院，2014：12.

【4】何镜堂. 理念·实践·展望——当代大学校园规划与设计［J］. 中国科技论文在线，2010，7：490.

【5】边思敏，王向荣. 诗性与意义的景观：一种"事件"而非"事物"的视角［J］. 中国园林，2021，4：20.

【6】钱润庭. 浅析传统山水画思想下的现代景观设计［J］. 艺术与设计（理论），2019，11：51.

基金项目：广西艺术学院2020年度校级重点科研项目，项目编号：ZD202003。
注：本文发表于《美与时代》杂志城市版，2022年8月刊，国内刊号：CN41-1061/B。

探析福建土楼建筑空间与文化

林雪琼　肖　彬

摘　要：福建土楼萌芽于唐末宋初，成熟于明清，历经千年，于2008年被列入《世界文化遗产名录》。"福建土楼"由此成为建筑界的专有名词，不仅是福建地区特有的建筑形态，更是一种建筑的艺术与文化，是中华民族灿烂、悠久历史里的辉煌一章。本文通过探析福建土楼建筑的平面形态、立体空间形态、材料与技术等阐释福建土楼建筑空间蕴含的艺术与文化，为当代人居环境视角下建筑公共空间营造提供相应的启示。

关键词：福建土楼；建筑空间；文化

一、土楼历史概述

福建土楼是闽派建筑的代表，指两层以上，以夯土墙和木梁柱共同承重，具有突出的防御功能、围合式聚族而居的巨型地域性民居建筑。土楼主要分布于闽西和闽南地区——漳州市的南靖县、平和县、诏安县、华安县、漳浦县，以及龙岩市永定县、上杭县、宁化县、武平县等地。

福建土楼按居住民系划分可分为客家人土楼与闽南人土楼。两者土楼空间形态上较为明显的差别在于客家人的圆形土楼是通廊式，而闽南人的土楼是单元式圆楼。在历史演变上也有不一样的发展过程。

（一）闽南土楼历史演变

漳州属于福建闽南地区，在一万年前就有人类活动的痕迹，周秦时期居住闽越人。据《漳州府志》所载，陈元光的屯兵处是闽南最早的山寨之一。宋朝、元朝动乱时期，闽南人仿照山寨建造城堡式圆形住宅。明朝倭寇之乱更加促进这种防御式建筑的发展成为"圆寨"——圆楼。伴随历史、政治、经济等各方面因素，闽南土楼形成从城堡、山寨至圆形土楼的演变进程。（表1）

（二）客家土楼历史演变

土楼建筑是客家文化最典型的表现之一，是最全面而深刻反映创造者本身文化历史的实体，是客家民系的鲜明标志。土楼以种姓聚族而群居，与客家人的迁徙历史有密切联系。客家南迁史是汉族南迁史的具体过程，客家人原是黄河中下游的中原汉民，在西晋、唐末、北宋末、明末、清末民初等五个时间节点由于社会动荡、战乱频繁，大批中原汉民南迁，辗转万里，在具有典型亚热带自然地理环境特色的闽粤赣三省边区形成客家民系文化中心。在颠沛流离的迁徙过程中，选择避世山区定居，形成血缘聚居的团体生存形式。为防止猛兽袭击、盗匪侵犯、当地人袭扰，客家人就地取材，营造"防御性"城堡式住宅——土楼。（表2）

闽南土楼从城堡、山寨至圆形土楼进行演变历程，根源可追溯至公元686年陈元光建漳、北方五十八姓入漳，汉畲两族长期武装斗争过程中所产生的防御性极强的圆形兵营、城堡、山寨，而客家土楼于公元874~884年客家人从江西迁至福建由五凤楼、方楼，再结合闽南地域性圆形土楼"由方至圆"的演变过程。

闽南土楼历史演变概况		表1
形式	军营转化为民居	庄园式城堡、山寨	圆楼（圆寨）
代表建筑	漳州市漳浦县六鳌古城、鉴湖古兵营、示埔霞陵城等	漳州市漳浦县西丹堡、漳州市漳浦县湖西堡等，漳州市龙溪县、漳浦县留有城堡遗址	漳州市华安县雨伞楼、二宜楼、昇平楼；漳州市云霄县树滋楼；漳州市漳浦县锦江楼等

客家土楼历史演变概况		表2
形式	五凤楼	方楼	圆楼
代表建筑	龙岩市永定县大夫第、福裕楼等	龙岩市永定县遗经楼、福裕楼、方楼；漳州市南靖县和贵楼、勾尾楼等	龙岩市永定县承启楼等

二、建筑形态

20世纪50年代刘敦桢先生的《中国住宅概说》里将明清时代中国住宅依据造型分为圆形、横长方形、三合院、三合院和四合院混合、窑洞式、纵长方形、曲屋、四合院、环形等九种住宅类型。上述除曲屋、窑洞、三合四合院混合式以外的六种形态均是常见的土楼样式，但也未能将所有土楼类型囊括在内。土楼的布局形态较为复杂，仅用构造、材料、庭院、墙与屋顶等要素划分较为困难，本文结合平面形式将其分为三大类型：曲线圆形、直线矩形、直曲线方圆融合。

（一）曲线圆形

曲线圆形指以曲线构成圆形、椭圆形、弧形等平面形态

1987年，路秉杰著的《福建南靖圆寨实测图集》中将圆土楼分为大、中、小三个等级。大型圆土楼为四至六楼层、三环或四环式平面；中型圆土楼为三至四楼层、单环或双环式平面；小型圆土楼为二至三楼层、单环式平面（表3）。

福建土楼规格　表3

最小型	小型	中型	大型	特大型
12~18开间	20~28开间	30~40开间	42~58开间	60~72开间
2~3层	2~3层	3~4层	至少4层	至少4层

1. 圆形土楼

圆形土楼即具有圆形平面形态、对外封闭、对内开放的大家族聚居的福建土楼，是福建土楼最为精彩的一种形态。据初步统计福建圆形土楼约1300多座，其中内部通廊式圆楼约500多座，单元式圆楼约800多座，多为三至四层，直径30~50米的中大型圆楼。

（1）内通廊式圆楼

据现有福建土楼田野调查资料显示，直径最大的内通廊式圆楼为建于1968~1981年完工的永定县福盛楼，直径为77.42米。最小的圆楼外直径约14米、内直径约5米、12开间、楼高三层的南靖县翠林楼。

坐落于漳州市南靖县梅林镇的怀远楼为直径38米、34个开间（扇形）、外围夯土墙承重、内部木穿斗构架的内通廊式圆楼，与内院中心的圆形祖堂在平面上形成双环。建筑共四层，一层为厨房和餐室，二层为谷仓，一至二层不开窗，三层和四层为卧室，只开小窗。圆楼二至四层内设"走马廊"，三至四层"走马廊"外侧设置腰檐。

（2）单元式圆楼

坐落于漳州市平和县的龙见楼属于单元式圆楼，外直径为82米，内直径为35米，整座圆形建筑只设一个对外交通的大门，与祖堂正对，中央大天井设置一眼三口的公用水井。圆楼平面共设50个开间，每开间为居住单元，单元之间互不相通，均有各自入口。在平面上呈窄长的扇形，户门处宽为2米，单元进深21.6米。内院至外墙的空间依次为前院、前厅、小天井、后厅和卧房，设置各单元内独用的楼梯。

据现有福建土楼田野调查资料直径最大的单元式圆楼为直径108米的漳浦县土城楼，建于清嘉庆年间，距今约200年。土成楼共有86个开间，设置一前一后两个出入口，两侧各有14个三开间的标准单元，为"透天厝"式。内环一层高，外环两层高，单元中间设置天井进行采光通风，天井空间配备水井，以供各户自用。

2. 椭圆形土楼

椭圆形为圆形在直径上变异而成，在设计、施工上难度大于圆楼，但其出现可能与地形、风水相关。位于漳州市华安县的齐云楼，坐北朝南，东西直径62米，内部大天井长22.6米、宽14.2米，呈橄榄形。建筑平面呈横式椭圆形与建筑后方山体平行。齐云楼为双环式，共26个单元，内部单元不是均等划分，分为大小单元两种形式。一种为无中厅，每层只有一间或两间的小单元；一种为标准的"小五凤楼"中轴两堂式的大单元，面积是小单元的一倍以上，最大的一套总面积约200平方米，为家族长辈或地位尊贵者居住。

3. 弧形土楼

弧形土楼是圆形的切割形式，具有开放性布局，根据弧度大小可分为大于180°、180°、小于180°等形式。漳州市南靖县梅林镇的磜头土楼群由永盛楼（半圆）、东昌楼（圆）、福昌楼（圆）、华兴楼（圆）、永昌楼（方）、东华楼（方）、福兴楼（方）、明华楼（圆），七座土楼形成壮观的"七星伴月"土楼群。其中建于1959~1962年的

永盛楼为半圆形土楼，外直径为32.5米，内直径为25米，三层楼，21开间。建筑设置一个梯道，两个大门出入。

（二）直线矩形

直线矩形指以直线形成的正方形和长方形平面形态，其中正方形包含单环式、双环式、三环式，以单环式土楼居多。直线矩形土楼也具有均匀对称且封闭的特征。

坐落于龙岩市永定县建于1803~1851年完工的遗经楼，是最具代表性的府第式楼楼。建筑东西宽80米，南北长140米，占地面积10320平方米，包括附属建筑在内共有328个房间、厅24个、两口水井、花园两座、一处鱼塘等，总建筑面积达三万多平方米。整体建筑呈"目"字结构，主体建筑呈"回"字形。正楼高五层半，每层高约3米，再加上顶梁瓦面，总高18米；横楼为四层建筑，高15米；"回"字楼前面两侧为两层建筑物，高约7米，整体层次呈阶梯状。

坐落于漳州市平和县的思永楼，是一座长方形楼体，独特之处在于三层的方楼内院中建一座四层的方楼，呈现出"外低内高"的形态。外环方楼为24个独立单元，设置一个大门和两个边门对外联系。

（三）直曲线方圆融合

直曲线方圆融合指以曲直线融合构成马蹄形、五凤楼等为代表的平面形态。

1. 马蹄形

淮阳楼位于漳州市平和县大溪镇，是一座有着81间房屋的闽南客家民居、三层单元式、前方后圆形似马蹄的客家土楼，俗称新楼。建筑坐北朝南，东西宽约100米，南北长约112.7米，南半部是抹角的方形，北半部是半圆形，前低后高，沿山坡逐步抬升。该土楼只设置东西两处出入口，内部大天井中设有三座一字排开的祠堂，祠堂前有长方形水池，祠堂后设有与广东省客家围龙屋相同的"化胎"。马蹄形土楼外东、西、南三面有建有一圈弧形"楼包"。

2. 五凤楼

五凤楼式土楼由堂屋、横屋、围屋三种基本房屋组成，以北方四合院为基础，结合其规模大小由家庭、经济、选址地形、周围环境等，可由简单的"三堂两横"式扩展到复杂的土楼建筑群。所谓"三堂"，指位于中轴线上，自入口起，分别设置下堂、中堂、上堂为主楼的三种堂屋，建筑高度也逐级提升。各堂屋之间设天井，天井两侧设走道或廊屋以连接，在平面图上成"日"字形。"二横"即"三堂"两侧横置的房屋，其高度也由前至后不断升高，平面分为长条形，可设置多个小房间。禾坪是设置在下堂大门前的长方形广场，具有打谷、晒谷等功能。鱼塘则是位于禾坪前，多为半圆形，可养鱼、生活洗涤、灌溉田园等。凉院则位于整座建筑的后方，多为半圆形坡地，可晾晒衣物、饲养家禽、种植果树等。五凤楼式土楼有永定县"三堂两横式"大夫第、上杭县"三堂四横式"大屋厦、上杭县"七堂二横式"丰南七堂宅等，在规模与建筑空间形态上尤为精彩。

除此之外，还有许多不规则形态的土楼。如位于龙岩市永定县高东村利用溪边陡峭地形所建的内通廊式土楼——顺源楼，建筑平面为不规则的五边形，内院呈三角形，建筑顺着陡坡分为上下两庭院，空间层次丰富，是巧妙利用地形的土楼佳作。

三、建造技术

（一）建造工序

相地选址、开地基、打石脚、夯墙、献架、出水、内外装修等七道工序是建造土楼的过程。

无论是闽南人还是客家人在建造房屋时都会请风水师选址定位，再聘请木匠师傅和泥匠师傅根据家族人数、财力大小进行土楼规模、层数、间数等设计，之后选择良辰吉日开工动土，当地人称之为"开地基"；"打石脚"是在基槽开挖结束后用大块卵石进行垫墙基，小块卵石进行填缝，卵石或块石干砌墙角，内外两面用泥灰勾缝；"行墙"则是指墙脚砌好后，支起模板夯筑土墙。模板一般由宽5~7厘米、高约40厘米、长度约1.5~2米的杉木板制成。一副模板夯筑的土墙为"一版"，在夯筑过程中每一版都要加入竹片墙筋，并让其延伸出版墙，使每一版土墙之间具有拉结；"献架"是指每夯筑完成一层楼的土墙，便在墙顶挖好放置楼层木龙骨的凹槽，由木工完成立木柱架木梁等一系列工作；"出水"则是指建筑墙体全部夯筑完成后，开始铺盖瓦顶的工作，整体建筑屋面全部盖好瓦才算"出水"，至此土楼的主体结构才全部完成。封顶之后土楼的内外装修还需要至少一年的时间，内部装修主要由木匠完成，包括楼板、门窗隔扇、走廊栏杆、楼梯、装饰祖堂等制作与安装。外部装修木匠工作包括制作匾额、门联，其余就是砌台基、石阶、铺设内院地坪等。建造一座大型土楼少则四五年，规模更大则需要几十年。

（二）建造技术

在土楼建造过程中，夯土墙的建造技术最引人注目。夯土技术在北宋时期李诚的《营造法式》里记载："筑墙之制，每墙厚三尺，则高九尺，其上斜收，比厚减半，若高增三尺，则厚加一尺，减亦如之。"以南靖怀远楼为例，其外墙高达12.28米，底层墙壁厚度为1.3米。如果按照《营造法式》的方法，则底层的土墙需要做到4~5米厚。由此可见，明末清初时，福建夯土技术发展已达到巅峰。土楼的坚固是基于建造时工匠对于地基的处理、夯土墙用料配比、墙身构造以及夯筑技术等综合因素而形成的。在建造时放入竹片作为墙筋，通常夯筑一米多厚的底层，往上每一版减薄三至五寸，使重心下移，墙体更加稳固，且具有强大的伸缩性与柔韧性。与土墙量身搭配大屋檐，不仅满足建筑美学上的需求；在功能上屋檐伸出墙体外沿达2~3米，形成保护伞；卵石砌筑的墙基也同时起到保护土墙的作用，使得土楼在多雨的南方屹立几百年，并为居住者提供干湿适宜、抗震性能好、舒适安全的居住空间。

四、建筑空间

福建土楼具有独特的艺术与文化特征，不仅在于它奇特的造型，更源于建筑空间蕴含的文化魅力。

（一）建筑空间的平面布局

无论是圆楼、方楼，除少数异形土楼外，土楼的平面形态均采用规则的对称布局。土楼出入口、厅堂、卧室、谷仓、楼梯等都严格对称，营造平衡稳定的氛围的同时，诉说着中国传统伦理秩序中的严肃与井井有条。

在单环式的圆楼与方楼内部空间，门厅、祖堂、公共天井等均沿中轴线布置。门厅与祖堂位于中轴线的两端。门厅内设置长凳，是楼内居民娱乐交往的公共场所，厅内也会放置公共使用的大石臼。内院天井有些设置公用水井，其余可作晾晒空间，以及其他副业加工的操作场地。位于中轴线末端的祖堂则是家族最神圣严明的空间。在带有内环式的土楼中，祖堂位于建筑空间的中心位置，内外环之间以矮墙分隔，门厅与内环楼之间形成小天井，营造出门厅—天井—内环门厅—天井—祖堂的空间序列。一般在圆楼、方楼中除了祖祠始终位于至高无上的空间地位外，家族内部长幼尊卑的居住文化被这种均等式平面布局弱化与模糊。同时在圆楼与方楼的内部居住空间呈线状串联，房门均朝内院开设，形成对内开放、对外封闭、环绕天井的内向性和向心性，营造出具有强烈建筑空间与家族文化的内聚力。

（二）建筑空间的竖向分配

客家土楼中内通廊式圆楼，居住空间以竖向分配，每户为1~2个开间，底层为厨房、二层为谷仓、三层以上为卧室，整栋建筑设置2~4个公共楼梯，每户的竖向使用空间必须通过公共楼梯，使用起来十分不便利，个人隐私空间相对匮乏，但集体主义比较突出，体现出客家宗族群体内互帮互助的团体精神。闽南土楼中单元式圆楼，竖向分配与客家土楼相似，唯一的区别是单元式的居住开间，内部有竖向空间联系的私有楼梯，可以拥有较为自由的私人隐私。

无论是客家人还是闽南人，所营造的土楼民居都是基于血缘关系的宗族社会，具有相应的礼教法则与情感凝聚力，创造出历史条件下和谐稳定的生活空间。如果从民系上区分两者间的建筑空间文化差异，客家人更倾向于公共性，闽南人则更强调私密性。

五、总结

福建土楼是特定历史地理条件下"以居为墙，以墙为居"的围合式防御性民居建筑，营造出安全聚居的人文生态和自然生态的居住环境。土楼建筑形态与福建地貌环境相协调；绿色的建筑材料取之自然，归于自然；夯土墙具有透气、保温、隔热、抗震、防御等性能；建筑空间分配合理，公共性与私密性分割有度，形成和谐文明的居住空间……无不体现出福建土楼的建筑技术、艺术与文化价值。这是值得当代人进行研究与反思、借鉴与突破，并应用于当下城乡人居环境的建设，创造出具有地域文化气息的宜居城市和美丽乡村。

参考文献：

【1】 林嘉书. 土楼与中国传统文化 [M]. 上海：上海
人民出版社，1995：41-99.

【2】 黄汉民，陈立慕. 福建土楼建筑 [M]. 福州：福
建科学技术出版社，2012：26-91.

【3】 陈学英. 福建土楼空间的权力策略 [J]. 福建史
志，2019（4）：27-32，64.

【4】 方莉莉. 福建土楼建筑空间形态研究 [J]. 设计，
2019，32（13）：145-149.

基金项目： 2017年广西高校中青年教师科研基础能力提
升项目《客家围屋住宅模式对新型社区公共空间营造的启
示》，项目编号：2017KY0444，领域项目：人文社科。

潇贺古道贺州段沿线传统村落景观特征研究

黄思成

摘　要： 古道作为线性文化遗产，具有重要的历史意义与文化价值，在乡村振兴战略的背景下，其沿线传统村落的保护和发展更受关注。文章以潇贺古道贺州段沿线传统村落为研究对象，在田野调查的基础上，从外部空间布局和内部空间结构两方面入手，结合对传统村落的地理空间特征、形态特征、街巷空间、水口空间等内容的分析，总结得到传统村落景观特征。并基于景观特征，提出了古道沿线传统村落保护和发展的思路与策略，以期为传统村落的活化更新提供理论依据。

关键词： 潇贺古道；传统村落；景观特征

一、引言

古道作为传统商贸往来的必要渠道，是古道文化的发祥地，沿途传统聚落以古道文化为支撑，因古道的兴起而繁盛，也随着古道的没落而衰败，因而从传统村落内外空间布局、形态结构、空间特色等方面深入探究古道沿线传统村落的景观特征，有助于解析传统村落的特色与内涵，也为古道沿线传统村落提供科学保护与发展的重要依据。

潇贺古道大体分为东道与西道，是连通湖南潇水与广西贺江的重要水陆通道，也是中原地区与岭南地区沟通要道[1]，至今已有数千年历史。伴随着历史中的商贾往来与人口迁徙，广府文化、湘赣文化、客家文化及当地少数民族文化在此交融[2]，古道沿线传统村落也因此蕴含多种文化底蕴，形成了潇贺古道上独特的风景线。

二、外部空间布局

（一）地理空间特征

潇贺古道贺州段沿线传统村落空间布局多样，受不同地理与人文因素的影响会呈现多种类型的空间结构。学者们根据不同的角度定义了多种村落与山水间的关系，本文通过对潇贺古道沿线地区数字高程模型地图研究分析与实地考察，总结得到古道沿线传统村落布局形式以背山面水型、平原型为主，其中背山面水型又分为依山面水型和据山面水型。

背山面水型是指与山水环境紧密相连的村落，通常村落背面靠着山，村头前临河流、池塘或水渠，既满足传统风水学与当地民俗需求，又可调节村落小气候，形成村落宜居的微气候[3]。根据村落坐落于山体位置的不同又分为依山和据山两种类型。依山型指村落建于山体与平坝交接处，地势较为平坦，如深坡村、秀水村、红岩村等；据山型则指村落依山而建，顺应地形沿等高线呈阶梯状建置，通风采光条件佳，但开发难度受山势陡缓因素较大，如岔山村、秀山村、凤溪村等。

平原型是指坐落于平原上的村落，地势较为平坦，四周为林地或农田，便于当地居民开展生产活动。平原型村落规模较背山面水型大，且建筑建置较为密集，如福溪村、龙道村、松桂村等。

（二）形态特征

1. 平面形态

受地形、古道等因素的影响，潇贺古道贺州段沿线传统村落在平面布局上呈现形态多样化特征。通过对研究范围内传统村落平面分析，其形态可大致总结为线性、团块状、散点状等三种类型。

部分据山面水型村落受地形较陡影响，同时古道穿村而过，故形成线性形态，与古道平行。线性形态有利于村落发展商贸，恢复古道原有作用，重现古道繁茂景象。呈团块状布局的形态传统村落一般坐落于较缓且宽敞的平原或缓坡上，受当地少数民族文化与宗族文化影响，形成多个组团，以庙宇、祠堂为中心，由古道和窄巷等要素连接拓展。团块状的村落规模较为庞大，文化底蕴深厚。呈散点状村落布局较为自由，受宗族文化或地形因素影响，通常以宗族为单位散落建置，规模较小，向心性较强，点与点间因生产关系和社会关系而相互联系。

2. 立面形态

受地理空间影响及古道与村落的位置联系，村落各自呈现不同的立面布局。当古道穿村而过时，村落大多为商业型村落，立面上形成山林—村落—古道—溪流—农田的景观格局。村落地势高于溪流，便于及时排走雨水，不易形成内涝；农田则紧邻水域，便于引水灌溉。大多平原型村落与古道有一定距离，古道多紧邻水源或林地，垂直方向呈现"生态林—古道—农田—村落—农田"或"农田—村落—池塘（水渠）—农田—古道"两种景观特征（图1）。

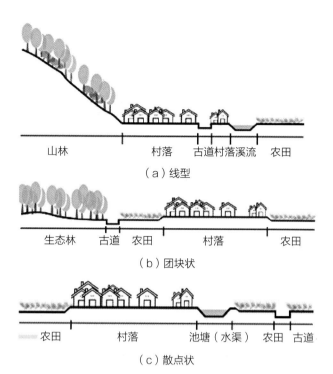

图2 潇贺古道沿线传统村落立面形态
（图片来源：作者自绘）

三、内部空间结构

（一）街巷空间

街巷是传统村落内部空间的重要骨架，是建筑布局形成内部秩序所构成的外部空间[4]，街巷空间体系是村落内部空间结构的外在表现。潇贺古道贺州段沿线传统村落在街巷组织时，通常以村落地理特征为依据，综合考虑古道与村落的联系程度。通过对古道沿线传统村落的研究，其街巷结构可总结为棋盘型、梳齿型和鱼骨型三类（图2）。

棋盘型结构见于地势较平坦、规模较大的村落，如深坡村、松桂村等。主街道较宽，东西走向，当主街道同为古道时，可通马车；次级巷道较窄，一般仅为建筑高度

的1/5～1/4，南北延伸，连接每个组团与主街道；支巷则纵横交错与主次巷道共同形成棋盘式网络布局。铺地材料大多与村落建构材料一致，常用青石板、卵石等铺砌，更突出村落古朴深远的意境美。鱼骨型结构运用较少，与棋盘型结构相似，较之于棋盘型结构，受地形与文化影响，网络结构不规则，更为多变自由。

梳齿型结构见于受地理条件制约较大的村落，主要由一条主巷道和垂直于主巷道的若干次巷道组成。主巷道贯穿全村，位于村落地势低且平坦的位置，当村落中有古道穿过时，则古道成为主巷道，主巷道两侧为商铺；次巷

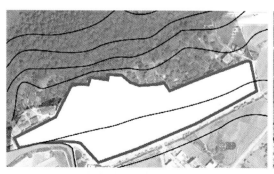
（a）依山面水型

（b）据山面水型

（c）平原型

图1 潇贺古道沿线传统村落布局形式

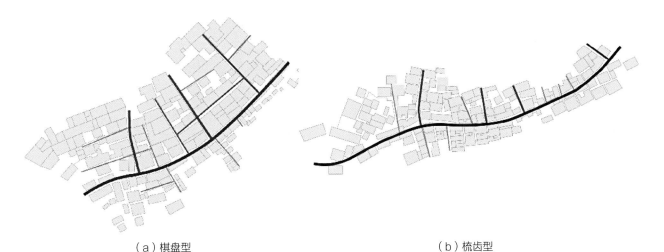

（a）棋盘型　　　　　　　　　　　　　　　　　（b）梳齿型

图2　潇贺古道沿线传统村落街巷结构
（图片来源：作者自绘）

道垂直主道向地势高处延伸，串联两侧民居建筑，如岔山村。巷道宽度较窄，主巷道一般仅为1~1.5米。

（二）水口空间

"水口"源于中国古代风水学，水口收藏闭锁以聚水，聚水乃聚财之意[5]，因此，水口常被作为村落的灵魂与命脉。潇贺古道贺州段沿线传统村落常配以廊桥、榭、戏台等园林要素，或种植风水树于水口处，形成层次丰富的水口空间。如岔山村建风雨桥跨水口之上，起关锁与防御之用；两侧为戏台与庙宇，为村落镇魇，其方位与朝向具有一定的讲究；同时配植樟树、朴树等作为风水树，既是当地村民祭拜和祈福的寄托之处，也成为村落中最具特色、使用率最高的休闲游憩场所。

四、古道沿线传统村落景观保护和发展启示

（一）景观现状存在的问题

（1）各自为政，景观发展趋同化。古道沿线传统村落内文化景观资源丰富，类型多样，由于呈散点分布，并由各自管理部分负责保护与利用，缺乏整体性和系统性；同时各村落在过去古道发展中必然具有一定的相似性和差异性，而在当下发展中只注重相似性，村落间相互模仿，未深入挖掘自身的文化景观，忽略了差异性，建设趋同化、模式化严重。

（2）传统风貌被破坏。当地村民保护意识淡薄，一些传统民居年久失修，杂乱破败；而翻新的建筑也未遵循

原有建筑风格，使用的材料和颜色与传统建筑相违背，失去了建筑原真性和地域性。同时由于管理不到位，部分村中道路泥泞、水体污染较重，绿化贫乏，整体景观受到了不同程度的破坏。

（3）文化内涵缺失。潇贺古道与其沿线传统村落关系密切，是支撑村落发展的重要因素。但随着现代社会的更新与生产力的发展，古道之于传统村落的社会价值逐渐减弱，陆运、贸易、文化交流等功能也逐渐消失。同样，传统村落失去了原有的功能与活力，一些传统的手工工艺，民俗文化逐渐被大家淡忘。一半的村落已逐渐演变成"空心村"，村里大部分年轻人为了谋生外出务工，只有老人、小孩驻守，有的村落甚至被私人承包开发，引入与传统村落文化特点相悖的业态，使村落既没有呈现出特有的文化内涵，也未能充分发挥自身独特的古道文化特色，景观文化价值逐渐被削弱。

（二）景观保护和发展方向

潇贺古道作为历史上连通中原与海上丝绸之路的一条重要道路，其文化价值具有不可替代性，其沿线传统村落的形成和发展，受自然要素与人文要素共同影响，而村落的独特景观特征无不体现了当地的民族文化与民间技艺。古道沿线传统村落的可持续发展应兼顾历史文化的传承与当代发展的需求。

通过上述对潇贺古道贺州段沿线传统村落景观特征与现状问题分析，可以为村落的保护和发展提供一些参考：

（1）从潇贺古道沿线区域角度出发，系统挖掘、分类和评估古道沿线传统村落的整体价值。打破原有各自为政、独立规划的思路，以古道沿线自然山水为面，沿线村落、散点人文建筑、非物质文化遗产为点，运用潇贺古道这条线性空间将点、面串联和整合，将原有散点分布的文化景观纳入古道沿线区域保护和发展的系统中，统筹规划。同时，探索线性文化遗产整体性的保护方法，挖掘村落与村落之间的景观联系，相互带动，实现古道村落群联动发展；遵循各村落自身特色，协调古道文化遗产、自然景观及村落生态旅游的关系，建设文化内涵更深厚，线性文化遗产保护脉络更流畅的古道传统村落群，实现古道文化遗产区域性整体保护和发展。

（2）在传统村落的保护与更新中，建立健全传统村落保护法规与政策，明确责任主体和分工，划定保护红线，制定各红线范围内实施细则。遵循保护红线，严格遵照村落原有布局结构与形态进行规划建设，并通过多种形式宣传教育工作，加强村民传统村落保护意识。同时，应当对村落中建筑进行价值评价和分类，建立村落历史建筑基因库，对受损建筑按评价等级进行合理的修缮与维护。新修缮、搭建建筑与公共设施应依照基因库内容延续当地原有材料和色彩。此外，还应对保护红线范围内的水体、植物等自然景观要素进行保护和修复，整体性地保留传统村落原有的文化根脉与乡土风貌。

（3）依托当前社会需求导向，探索各个传统村落特有文化内涵，结合村落的自然资源与风貌，整合文化景观资源要素，进行景观再造，重塑传统村落特色风貌。加强传统村落人文、历史方面的调研，挖掘文化遗存与非物质遗产，传承传统村落地域精神文化。合理引入与村落文化特色相符的业态，适当发展符合村落实际的特色产业，创建具有其内在文化和历史基因的品牌与名片，发展一村一品，促进传统村落保护与产业发展的良性互动。当地政府应优先鼓励本地村民创业，通过政策吸引外出人员返乡发展业态，带动传统村落经济发展，实现传统村落复兴。

五、结语

潇贺古道沿线传统村落是潇贺文化的重要载体，蕴藏深厚的文化内涵。随着古道功能的逐渐丧失，其沿线村落的发展也严重受阻，因此村落的保护与发展是潇贺古道文化遗产保护的重要内容。本文以景观学视角，运用田野调查方法，从村落的外部空间布局和内部空间结构两个方面，分析总结了潇贺古道沿线传统村落的景观特征。受自然与人文因素影响，其景观风貌呈现结构多样化、形式多元化特点，具有典型的地域特征。并针对潇贺古道沿线传统村落现状，提出了长期保护和发展的思路，以此希望为古道沿线传统村落活力的再次激活与古道文脉的传承提供帮助。

参考文献：

【1】 王影雪，郑文俊，胡金龙. 文化线路视角下潇贺古道遗产价值及保护［J］. 中国城市林业，2019，17（6）：30-34.

【2】 王翌铭，龚克. 广西传统古村地名文化探析［J］. 广西民族研究，2019（5）：112-122.

【3】 武启祥，韩林飞，朱连奇，等. 江西婺源古村落空间布局探析［J］. 规划师，2010，26（4）：84-89.

【4】 潘明率，郭佳. 京西古道传统村落保护研究初探——以门头沟区三家店村为例［J］. 华中建筑，2016，34（5）：137-141.

【5】 张纵，高圣博，李若南. 徽州古村落与水口园林的文化景观成因探颐［J］. 中国园林，2007（6）：23-27.

注：本文发表于《建筑与文化》2022年02期。

风景园林专业景观建筑速写课程改革研究

黄庆杰　　黄一鸿

摘　要：在信息发达的时代，教师和学生教与学的方式随之改变。本文从当前风景园林专业学生实际情况出发，指出在景观建筑速写课程教学中存在的问题并分析其中的原因，从而制定适应当代教学背景的景观建筑速写课程改革措施。

关键词：风景园；景观建筑速写；课程改革；教与学

景观建筑速写作为风景园林专业的专业基础课，在其课程体系中占据着重要位置。风景园林专业的生源多为文化生而非艺术生，在信息发达的时代背景下，景观建筑速写的授课过程存在教与学不协调等问题。

一、景观建筑速写课程教学存在的问题

景观建筑速写区别于传统速写的教学模式，更注重学生景观与建筑方面的快速写生。对于风景园林专业而言，景观建筑速写的重要程度相当于传统速写，是快速进入专业状态的必经之路。然而，在该门课程的教学过程中，教师与学生都会遇到种种不协调的问题。

（一）学生绘画基础薄弱

风景园林专业大部分新生在上大学前未接受过绘画学习，在课程授课过程中，教师的教与学生的学存在较大差距而导致教与学前进的脚步步履维艰。学生的手绘能力较差而需要花大量的时间在临摹建筑单体和景观组合作品当中。因此，教师难以将景观建筑速写的要素，如线条、结构、空间等专业性较强的内容传授给学生。

（二）学生学习兴趣不高

随着数字媒体技术越加成熟，电脑软件制图已成为设计的主流趋势，学生对于手绘的兴趣不高涨。甚至有些学生认为电脑软件制图可以取代传统手绘制图，不重视手绘技能，因此在上课过程中参与度不高，导致教与学停滞不前。

（三）学生达不到结课要求

景观建筑速写是一门实用性很强的课程，需要不断积累绘画经验才能达到该课程的教学目标。学生在上大学前未受过系统绘画的学习，加上学生学习兴趣不高、自信心不足等因素，仅利用一个课程的时间难以将该课程学好且达不到课程结课要求。

（四）学生创新思维较弱

很多学生未接触过写生训练，绘画思维较为固拙，缺乏独立思考的能力，在景观建筑速写中难以凝练现实场景中的建筑和景观并用图纸表达出来，也很难把构图、透视、比例等要素进行创新性地表达，而是停留在作品临摹的层面。

（五）教与学不同步

高校教师的绘画水平较未接受过绘画培训的学生高很多，师生间的绘画水平差距较大，导致教师的教与学生的学难以开展。此外，部分学生的学习兴趣不高，不仅影响其学习进度，也会影响教师的授课进度。

二、影响景观建筑速写课程教学的因素

景观建筑速写对于风景园林专业的学生尤为重要，但由于种种原因导致该课程出现以上问题，影响景观建筑速写课程教学的因素主要包括以下五个方面：

（一）学生生源为文化生

风景园林属于工科专业，毕业最后授予工学学位，在招生时仅招收文化生而不是艺术生，故该专业新生几乎为零绘画基础，以至于景观建筑速写的课程教学进度缓慢。

（二）学生无信心或不重视

在当今飞速发展的信息时代，当代学生的观念发生了翻天覆地的变化，学生更愿意从网络媒体而不是从传统纸媒中获取信息。与此同时，学生更愿意使用电脑绘图而

非传统手绘，故学生对手绘类课程不重视且无信心。

（三）课时较短

风景园林专业涉及的学科很广泛，故课程设置涉及的类型很丰富，所以分配给专业基础课的课时并不多。景观建筑速写课程一般仅仅安排3~4周的课时，手绘类课程要求学生连续大量的练习才能出好成果，一个月的时间远不足以将该门课程学有所成。

（四）写生训练较少

艺术源于生活，写生不仅能让学生换一种轻松的方式学习，还能培养学生的观察能力。写生训练能让学生主观地将现实场景转换成手绘表达，以达到锻炼学生创新思维的目的。景观建筑速写需要经常进行写生训练，否则长时间临摹作品会让学生缺乏独立思考的能力，从而导致其绘画作品平淡乏味、缺乏生命力。

（五）教学方法单一

在短视频盛行的时代，学生更愿意通过观看短视频进行手绘练习，而不愿接受教师面授的传统教学方法。短视频学习，不仅符合当代学生的个性，还能满足学生不断循环播放直至绘画完稿的需求。但是短视频学习缺乏师生的互动交流，导致学生在绘画过程中没有真正理解绘画原理而是原封不动地照抄，因此当代教师在景观建筑速写的教学方法上应顺应时代发展的趋势。

三、景观建筑速写课程改革措施

在当今信息发达的时代，对于大多数的风景园林专业学生来说，教师在教授景观建筑速写这门课程时需要与时俱进地改变传统的课堂教学模式，探索适合几乎零绘画基础学生的教学方法。

（一）课前设置绘画基础课

风景园林专业的新生大多数为文化生而非艺术生，学生几乎为零绘画基础。在景观建筑速写课程之前设置绘画基础课，不仅可以让学生初步了解该专业需要具备的技能，还能为景观建筑速写课程的开展奠定良好的基础。

（二）明确学生学习目标

在信息时代，电脑绘图已经越来越成熟，当代大学生对于传统手绘的重视程度逐渐下降。在景观建筑速写课程开始之前，教师应该向学生传达该课程对于风景园林专业起到至关重要的作用，学生也应该明确该课程的学习目标，以接受并热爱该课程。

（三）增加课后训练学时

景观建筑速写是一门技能类课程，需要大量的练习才能将该课程学习好。景观建筑速写课程一般仅3~4周的课时，很难让学生熟练掌握速写表达的技巧和方法。通过增加课后的训练学时，教师可以根据不同学生的学习情况进行线上辅导，学生有更多练习的机会以达到炉火纯青的地步。

（四）加强写生训练

写生训练是景观建筑速写课程中必不可少的环节。加强写生训练不仅能培养学生的观察能力、概括能力，还能培养学生具备创新性思维的能力。加强写生训练包括两个方面：一方面是增加写生训练的频率以跳出临摹作品的固有思维；另一方面是提高写生训练的质量以达到课程教学目标。

（五）调整教师教学方法

在信息发达的时代，学生接收信息从传统纸媒转变成网络媒体，也更愿意借助网络来学习。随着科技的进步，教师的教学方式和学生的学习方式都发生了改变，教师应该与时俱进，及时调整教学方法以符合当代大学生的个性特点。例如，通过自媒体传播的方式，教师可以将其灵活运用到课程教学当中，以吸引学生的注意，起到更好的教与学效果。

以下主要从当今信息社会背景下针对风景园林专业学生进行的景观建筑速写课程改革方案（表1）：

景观建筑速写课程改革方案　　　　　　　　　　　　　　　　　　　　　　　　表1

阶段	项目	授课方式	授课内容	教学方法	课时	作业
第一阶段	理论教学	讲授景观建筑速写课程相关的理论知识	1. 景观建筑速写的基本知识； 2. 景观建筑速写构图的基本形式和原则； 3. 透视基本原理及在景观建筑速写中的运用； 4. 景观建筑速写写生注意事项； 5. 景观建筑速写优秀作品赏析	讲授法	8	搜集30张优秀的景观建筑速写作品并分析其特点

续表

阶段	项目	授课方式	授课内容	教学方法	课时	作业
第二阶段	教师范画	教师示范景观建筑速写的画法	1. 一点透视画法示范； 2. 两点透视画法示范； 3. 景观建筑速写优秀作品临摹示范	演示法	12	临摹3张景观建筑速写作品
第三阶段	短视频自学	通过短视频自主学习	无	自主学习法	课后	临摹3张景观建筑速写作品
第四阶段	教师单独辅导	根据学生的临摹作业辅导	1. 点评学生作品； 2. 适当修改学生作品中存在的不足	指导法	12	临摹3张景观建筑速写作品
第五阶段	写生训练	校内外景观建筑场景进行写生训练	1. 对校内景观建筑场景进行写生； 2. 对校外景观建筑场景进行写生	实践教学法	28	校内外写生9张景观建筑速写作品

以上方案，首先通过理论教学让学生了解景观建筑速写的要素，从作品赏析中提升自我审美意识；然后通过教师范画，学生能学到景观建筑速写的画法与步骤，也能更直观地感受景观建筑速写的全过程。短视频自学的形式与时俱进，符合当今信息发达的时代，让学生从视频中"被迫学习"。教师针对不同的学生进行单独指导，不仅能做到因材施教，还能充分发挥学生的主体作用而促进教与学有序进行。最后校内外场景的写生训练不仅能够让学生将积累的手绘技能展现出来，还能培养学生的独立思考能力和创新性思维。

除此之外，还需普及学生对于风景园林专业以及景观建筑速写课程的认识，让学生充分了解本专业与该课程，使其接受本专业并爱上该课程。在顺应时代的背景下，把培养学生的创新性思维贯穿于课程教学全过程，寻求适合风景园林专业景观建筑速写课程教学的新模式。

四、结语

风景园林专业景观建筑速写课程由于生源多为文化生、课时较短、写生训练较少等客观原因和学生学习兴趣不高、教师教学方法单一等主观原因而存在教与学不同步的现象。通过课前设置绘画基础课、明确学生学习目标、增加课时、加强写生训练、调整教师教学方法五个方面进行风景园林专业景观建筑速写课程改革与实践。通过课程改革，该课程授课情况有所改善、学生收获颇深。总而言之，为使教师因材施教、使学生学有所成，教师应顺应时代背景结合实际问题展开课程教学，学生应本着提升个人专业修养的目的接受该课程，充分发挥教师主导作用和学生的主体作用。

参考文献：

【1】陈新. 建筑速写技法 [J]. 北京：清华大学出版社，2005.

【2】杨立泳，王薇. 大数据时代"建筑速写"课程教学模式改革研究 [J]. 艺术科技，2017，（3）：89-91.

【3】刘堃. 高职院校环境艺术设计专业建筑速写课程教学改革与创新 [J]. 大众文艺，2017，（7）：228.

【4】黄一鸿. 风景园林专业景观建筑速写教学方法的思考 [J]. 美术教育研究，2017，（5）：168.

【5】刘兆雅. 环境艺术专业基础课程教学方法探讨——以建筑速写为例 [J]. 大众文艺，2018，（6）：212.

课题项目：该文系2019 年广西艺术学院教学改革研究立项项目"风景园林专业《景观建筑速写》课程改革与实践研究"，项目编号：2019JGY45。

注：本文发表于《文艺生活》2021.08，刊号：ISSN1005-5312。

艺术
与
科技

智造空间与可持续发展研究

江波

摘　要：本文是从乡土性关照在当今城乡建设进程中关注传统地域文化，对于传统设计经典注重活化利用和创造性传承。借鉴国内外各类案例的同时，考虑在现代城乡环境空间中人的行为活动相关对应上的取向。发掘乡土价值，弘扬本土精神。以螺旋式上升理念保护原生态发展，以针灸介入式的智造空间达到内外兼修，以充分的案例论证现代理念的可行性，以可持续智慧生态发展服务乡村振兴建设。

关键词：新乡土主义；智造空间；可持续设计；传承与创新

一、绪论

纵观人类的发展进程，总是在不断变化的观念和主义中行进。近五百年来，各种思潮或运动都更迭于一个个观念之中，或否定之否定，或递进之升华：如古典主义与新古典主义、现代主义与后现代主义、国际主义与解构主义、自然主义与新乡土主义等。在当今信息万变的高速发展时代，作为设计师要有清醒的头脑和定力，在正确的理念指引下，用自己的知识服务于当今社会建设。

本文倡导设计的指导原则是基于历史传统文化的基础上结合新乡土主义理念，以植入式智造空间达到内外兼修，以螺旋递进式理念保护宜居环境发展，以体验式模式的人本关怀、自然关怀、生态关怀来应用实施。激励诠释人类可持续发展的绿色生态命题，实现乡村振兴走共同富裕策略。

文章主要从特色小镇建设、传统智慧设计、城乡建设状况、传承与创新四个方面的内容展开探讨。

二、城乡建设与乡村振兴

在我国城乡建设中确实有不少成功案例，这些项目通过富有创意的设计将技术与艺术完美融合，在保证功能应用的同时提高审美性，将城乡人居环境变得更有艺术魅力，从而达到装点美好生活、激发城乡活力，进而彰显其可持续性。但是一些地方不可避免地出现了政绩工程、形象工程、面子工程，我们作为设计师，要有清醒的认知，这些项目不是短期的效果，更不是短期效益，这是几十年、上百年甚至更长久的可持续发展，一定要有长久的概念意识，而不是目光短浅地去迎合地方性的短视效应。所以，我们往往面对的不仅是基层群众的认知教育，还要面对地方各级行政职员的意识引导和理念沟通。同时，这些也是设计师应当肩负的时代使命。

当前在一些古村落、古镇和历史街区被确定为旅游开发项目时，就会掀起一场大规模的建设：这其中有老建筑改造、宾馆饭店的新建以及道路环境的修建，在这些大兴土木中就会有许多的可能性，对于原来风貌的被改变是时代发展的一种需求，但却出现一种急功近利、便捷省事的模仿或者追求不切实际的所谓时尚之错误定位和实施。

（一）特色小镇

特色小镇是我国在城乡建设的新时期探索和创新过程中形成新的经济模式，主要的内容构架是特色产业和旅游产业两大功能板块。

我国特色小镇截至2020年建设了大约1000个特色小镇，根据公布的情况基本均衡了全国东南西北各个地区，在这些特色小镇里面有成功也有失败的案例。这里举两个成功的案例进行说明。一个是阳朔自然山水旅游景区，它依托和彰显的是自然的山和水，有一句谚语："桂林山水甲天下，阳朔山水甲桂林。"这就道出了阳朔的特色与价值。阳朔有得天独厚秀美的山和蜒润的水、葱郁的植被，传统村落及古老的石拱桥还有竹排、渔翁、鱼鹰、渔火等元素，是大自然对阳朔丰厚的馈赠和地域历史人文的积淀，所有这些都显示了它的唯一性。第二个案例是莫干山文旅产业小镇，项目位于德清县莫干山镇，该项目利用地域传统优势建设有艺术酒店及民宿、非遗产工匠区、餐饮购物体验馆、青年艺术家驻留工作室、美术馆、种养殖基地和儿童产业园等多种业态的交互组成区块链的优势。此外，莫干山本身固有的优势为地处上海、南京、杭州的中心位置；本身还是国家AAAA级旅游景区；中国四大避暑胜地之一；还有欧、美、日、俄等十多个国家的历史建筑风格。这些明显的区位优势，丰富的自然资源，深厚的人文历史，所有这些形成了具有地域传统与特色优势，这个特色小镇案例也是难以复制的。

我国在乡村振兴特色小镇建设取得了值得肯定的成果，但是问题也不少，最近网络评出了中国十大建设失败的特色小镇，这里也是举两个案例。首先这个案例是在陕西省某地的特色小镇，这个项目在2016年开业的时候非常热闹，但是仅仅一年半就关门了，并于2020年拆除。该项目案例的定位就是借白鹿原小说和影视剧的热度，进行传统村落特色小镇的建设打造。这个项目它的前期策划定位不准确，没有充分考虑到各种因素的关联性。第二个案例是西部某大都市中的一个水乡小镇建设，项目在2013年正式运营期间出现了3天涌入13万人的盛况，与当时人头攒动的盛况相比，现在的景点门可罗雀了。本案例开始定位为西部都市的"清明上河图"，项目工程建造了大量风格各异的建筑以及众多的拱桥，水域上配置了种类繁多的游览船只，呈现了一时热闹非凡的旅游景观。但是由于项目开发定位以及运营等问题，只是昙花一现，同样是个失败的案例。

所以说，我们对城乡建设传承改造项目要有清醒的认识和准确的定位。凡事都要有一个吸引度，而且这个吸引度不是一两次短暂时间的图新鲜、凑热闹形式，而是要有历史文脉的传承，是从当地土壤生长出来的一种内涵的本质体现，才能具有长久的持续吸引力。

（二）传统智慧设计

人类社会在历史的不断轮回中发展前行，在此过程中总是有一种积极的推动力主导着。这必然也是会有主流中心与边缘性现象，同时也会有创新创造以及模仿拷贝等

现象。真正有生命力及持久性的应该是本土生长出来的具有地域文化特性的东西。所以说，一方水土养一方人，一方文化造就一方社会。比如说，传统民居南北差异各有特性，北方因为气候严寒，所以民居建筑严实厚重，以保暖功能为主；南方因为气候炎热，所以民居建筑以通风透气降温功能为主，建筑形态通透轻盈。下面是体现工匠精神与智造空间的中外经典案例：

干阑式建筑吊脚楼：西南民族干阑式建筑吊脚楼是利用木材在山地上撑起的楼房，建筑形态轻盈舒展，不占用耕地，造价低廉。二层居室宽阔的通道、敞开式门窗与平台以通风起到干燥、防潮作用；底层是厕所、饲养牲口及堆放工具杂物的空间，是一种合理的立体空间设计，形成经典的穿斗式干阑建筑形制。

巴团风雨桥：三江县巴团风雨桥是人畜分道具有现代理念的立体设计，大多数的侗族风雨桥都是人畜同道，巴团风雨桥是人走主桥廊道，牛走桥旁边开的小通道，独特的人畜分道的立体设计。这个别具匠心的独到设计，使人行道安全清洁，也利于保护和延长桥梁的寿命，充分体现了侗族人民的智慧。

白裤瑶粮仓：南丹县里湖瑶寨白裤瑶的谷仓（粮仓）是不设在住房屋里而是单独建在山边树丛下。干阑式圆形谷仓犹如大型的蘑菇，谷仓由三部分组成：顶部为锥形，仓顶面覆以茅草或稻草起遮阳挡雨作用；中间部分用木材和竹编围合建造的仓库，主要用来储存粮食；下面部分是由四根木柱支撑，四根木柱顶端各放置打通底部的圆形陶罐，釉面光滑的陶罐起到了防止老鼠攀爬上谷仓的作用；这种谷仓因为是四根柱子架空起来的干阑建筑样式，也同样起到了通风、干燥、防潮作用。（另外一种说法是粮仓的门栓很紧，开启关闭粮仓都必须要用锤子力敲，而敲打声音就起到警示防盗作用）。粮仓第三个功能是防火，这是因为粮仓远离居住房屋，当住房发生火灾时是火源无法燃烧到粮仓，从本能角度来说也是反映了朴素农耕文化的"民以食为天"基本观念。这种干阑式建筑谷仓设计具有较好的防鼠、防潮（防盗）、防火的功能，充分体现了白裤瑶在长期与自然和谐共处之中的智慧结晶。

侗寨干阑建筑营造技术：在侗族村寨所有的建筑的建造中，侗族的工匠们只用半边竹竿作为标尺，俗称"丈

竿"，侗寨"掌墨师"凭这些"简陋"的"丈竿"建造出了侗族村寨的所有吊脚楼、鼓楼、风雨桥建筑，真可谓"高手在民间"也。

阿拉伯"低技术"设计：这是在迪拜博物馆的自动通风降温装置设计，案例是通过布帘（或编织物）呈十字交叉垂直固定在建筑高耸的塔楼中间，这样就可以把四面来的自然风引到建筑室内，起到自动调节室内空气、温度的作用。这就是倡导"低技术"设计的应用案例。

以上是一些中外工匠精神与智造设计的经典案例，可以激发我们重新认识和挖掘人类早已拥有的聪明才智，从中学习和借鉴应用。

（三）城乡建设出现的状况

我国的城乡建设过程出现了不少偏差的案例，近十年来网络进行了中国十大最丑建筑的评选：自2011年1月以来由某互联网站联合有关专家、学者进行评选"中国十大丑陋建筑"活动，评选活动旨在抨击那些不良和丑陋建筑，从专业角度抨击恶俗，弘扬优秀的建筑文化，引导建筑行业健康发展。每年的评选丑陋建筑活动并非是针对某个人或是建筑公司单位，而是尽可能遏制和减少低俗丑陋建筑的出现，营造良性环境推动中国建筑文化的健康发展。

乡村振兴建设中的问题：几年前我在山东日照考察乡村建设改造的案例，在一村庄里面看到一家民宿，在卧室顶上开了十个天窗，而且都安装上了红黄蓝绿的彩色玻璃，如果作为一个娱乐空间很适合，但它是一个主卧室就很不合适了。还有室外安置了一些体量很大的建筑混凝土装饰构件，这些形态与当地风俗文化也是相去太远，过多地趋向了个人个性纯粹的表达。

还有一个是广西某地丹炉屯因有明朝的丹炉遗址故开发为旅游景点，因为这样的遗址不具什么观赏性且吸引度低，所以就在景点的自然大山腰180米高的悬崖峭壁上开凿了一条300多米长的玻璃栈道，想以此来增强旅游吸引度，然而效果不佳只是一种想当然的举措。本来，玻璃栈道全国各地很多的旅游景点都在建设，呈现雷同单一的现象，开业一两周的热闹景象多是游客图一时新鲜而已，加上地点偏僻、路途遥远项目已经不了了之。再说，这个工程确实对自然生态环境造成了很大的破坏。

在乡村振兴新农村改造建设中，许多乡村旅游、村落民宿开发忽视人本需求，忽视自然生态环境，不分地域，

不尊重本土文化特性，照搬硬套的一些案例，出现水土不服或者张冠李戴现象，使得项目现实与想象相去太远，所有的这些现象应当引以为戒。

干阑式建筑的缺陷与隐患：干阑式建筑在历史的传承中充分显示了有其优点的同时也有它的不足与缺陷，首先就是防寒性差；其次是隔音差，还有粪便气味大的问题；最为致命的是火灾隐患。广西某著名旅游景区的两个寨子在2017年和2018年先后发生火灾，两次火灾虽然没有人员伤亡，但也造成了居民的房屋与财产损失。所以，这就是提醒我们在传承民族优秀传统的时候还要更多地注意如何进行有效的保护与创新。

三、传承与创新

我们在对乡村建设进行设计与应用实践的过程要注意传承与创新规则，也就是对传统村落的传承改造是基于在原有的基础上进行的，能够原样传承尽量遵循其本来形制规则，也并非是一味"修旧如旧"的完全复原。当然，碰到具体问题矛盾要有所取舍和采用植入式表达。注重发挥乡村原有的优势及传统文化的同时，再注入旅游文创项目来改善、提高当地村民的物质生活水平，在不断丰富物质文明的同时提升文化层面的精神文明，实现真正的乡村振兴、共同富裕的美丽新农村。

以下是考察的几个国内外的成功案例：

（一）捷克"木造小镇"

这个案例是利用传统的木构建筑村落按照原来的习俗形式进行有效的保护与传承。

2019年6月在捷克布尔诺市由广西艺术学院与捷克布尔诺科技大学联合举办《2019捷克·第一届国际古典建筑与雕塑夏季课程》期间，我们考察了捷克东部罗日诺夫市的瓦拉赫民俗博物馆——捷克传统民居木造小镇。瓦拉赫民俗博物馆是通过集中展示自18世纪末至20世纪初瓦拉赫村的民居建筑、民俗活动、生活方式以及传统手工艺等项目，充分展示了当时的社会结构。小镇上保留了当年的教堂、邮局、露天剧场、各种作坊、咖啡屋等木构建筑与主题空间，瓦拉赫民俗博物馆不同于以往的静态博物馆的展示形式，而是将当地传统建筑与地域民俗文化相结合，以村落居民延续当年传统手工艺和产品制

作，路边的货摊、环境雕塑装置、水磨坊等许多传统形态元素，把时间、空间拉回了当年的场景。在考察的邮局里面有一位老奶奶穿着传统工作服热情地接待我们，很认真地给予讲解，并为我们购买的书籍、明信片盖上了邮戳；我们还考察了铁匠铺和木工作坊，他们都是现场制作一些产品和纪念品，我们很有兴趣地进行互动，也购买了一些纪念品。

另外，养殖的绵羊在作坊里有奶酪现场制作，露天剧场娱乐节目游客可以参与现场才艺表演，小镇还邀请游客进行复活节彩蛋的绘制等形式多样的活动，同时通过小镇的民宿餐饮、商品交易活动也使当地村民获得经济上的收益。小镇内保留曾经的生产生活习俗，可以使参观者能够认识并且感受到最原始瓦拉赫村的民俗风情。木造小镇的策划以曾经的空间及实物图文来叙事演绎活化展示，游客通过参与体验式的活动来加深对于瓦卡赫地区独特文化的印象。

（二）匈牙利佩奇市

佩奇市位于匈牙利西南部，是匈牙利第五大城市，有历史名城、文化艺术之城、博物馆之城的美称，2010年被评为"欧洲文化之都"。佩奇大学是匈牙利第一所大学，至今建校有650多年的历史。本人从2015年至2019年每年都带领研究生赴匈牙利参加在佩奇大学的教学实验学术活动，得以对佩奇市的历史建筑环境人文景观进行了考察。

在佩奇市中心的塞切尼广场有一座清真寺是佩奇地标建筑，是当年受土耳其统治时候于1550年修建的，土耳其人撤离之后随着历史的发展人们把它改成了天主教堂，清真寺拱顶上的新月也被改成了十字架，把清真寺改成了天主教教堂，这应该是世界上独此仅有的现象。佩奇市圣伊斯特万广场上的新罗马式大教堂是佩奇的最主要标志，教堂里面文艺复兴式的红色大理石圣坛以及壁画和雕塑都是难得的艺术珍品。大教堂长70米、宽27米，其特别之处是教堂四个角均有哥特式的高楼尖塔，这也是世界上非常罕见的。

佩奇市东南部的山上Szathmáry宫殿遗址是匈牙利一处很有价值的历史古迹，鉴于宫殿破损程度很大已变成废墟，再无法复原，所以工程项目只能是将宫殿废墟进行植入式改造，设计师把废墟+耐候锈蚀钢板进行再改造为露天夏日剧场兼顾休闲观光空间。夏日剧场以废墟的城墙作为环境围合及舞台背景，耐候钢板作为表演舞台以及座椅；在废墟西北角用耐候钢板搭建了瞭望观景台。案例项目以轻薄穿孔的耐候锈蚀钢板材料与原有厚重的城墙以及色彩、肌理形成了较好的对比效果。设计师在保持原貌的基础上，用干预导向方式进行了重新定义，以植入式让其形成新形式，赋予了一种重生的新魅力。

佩奇市区：在市区破损的古城墙，采用对历史的尊重与现代景观生活化场景的营造保护手法进行开发性改造。市中心的一座传统歌剧院是一栋巴洛克老建筑，经常进行匈牙利当地传统剧目表演，歌剧院门前小广场有喷泉景观水池，水池两边各有一尊拿面具的男女铸铜雕塑，极有传统艺术风格。在市中心广场的饮水池"公牛头"雕塑是佩奇市特有的彩釉陶器，它是佩奇市的第二个名胜古迹若尔诺伊陶瓷厂生产的颇有特色的彩釉陶器。佩奇市李斯特纪念馆的二楼阳台上有一尊李斯特金属雕塑，把李斯特雕塑这样生活化的放置，营造了一种现实中的亲近感场景，这是非常有特点且独具匠心的艺术表现方法。

佩奇市区各场所植入具有地域特色的功能空间设计：在各居民社区空间均设有儿童活动公园；在休闲空地利用废弃的老旧车厢改造为咖啡屋、书吧，在赋予新的使用功能的同时也成为一个城市的装置景观；在各个小广场都有当地特色的小喷泉景观；在几处步行街顶上都张拉了色彩明丽的遮阳布，彰显了欧洲地域特色风情。在佩奇市的中心广场，每个周末都会有各种丰富多彩的特色活动：有当地民族传统的节目，有中学生的歌咏比赛，有大学生的游戏活动，还有训练儿童攀岩的活动场地。在各种纪念节日还会有现代音乐演唱会或者大型时尚3D灯光秀等狂欢性的庆祝晚会。

佩奇又是一座浪漫的城市，有欧洲"情人锁之都"的美誉，在圣伊斯特万广场上及街道旁可见聚集在一起各种各样的"情人锁"，构成佩奇市的一大景观。另外，佩奇市区临街休闲交流餐饮空间，凸显了他们本土性的一种特有的文化休闲、交流、餐饮空间。我还有幸遇上了老爷车展示活动，参加的很多汽车都是几十年甚至上百年的老车，它们可以照常开动，可见他们的保养很到位。这一天非常热闹，市民们兴高采烈地参观，每个车主都露出了得意与自豪的神态。

以上这些活动均体现了他们城市的一种活力，也是他们一种特有的传统文化，形成了城市历史文化传承延续很好的形式载体。

（三）新乡土主义设计师

当代新乡土主义设计师的代表有芬兰建筑师阿尔瓦·阿尔托、日本建筑师安藤忠雄、美国建筑师贝聿铭、中国建筑师王澍等，他们的作品都体现了地域性的新乡土特色。

新乡土主义设计师美籍华人贝聿铭在苏州博物馆新馆的建筑设计中，还是他惯用的现代几何形态构成设计，错落有致的建筑虽然没有用飞檐翘角，没有江南建筑特有的形式，还是很具苏州建筑特色，博物馆与周边建筑十分融合。博物馆屋顶和墙体边饰采用了"中国黑"花岗石片，深灰色石材与白墙相配，凸显了江南建筑粉墙黛瓦的符号特点。贝聿铭在苏州博物馆新馆的庭园景观设计，摒弃了传统的太湖石假山形式，采用当地片石材料营造假山景观，以此创造了令人耳目一新的新范式。在室内引用自然光方面，贝聿铭借鉴了中国传统建筑中老虎天窗的做法，将天窗开在屋顶的中间部位，让自然光线透过木贴面的金属遮光条形成了交织的光影效果，实践了贝聿铭"让光线来做设计"的名言。

王澍是新现代地域性设计师的代表，是2012年普利兹克建筑奖得主，是获得这个奖项的第一个中国人。王澍的设计是从中国的传统文化中发掘灵感，把建筑的文化根基深入当地的历史文化和艺术之中并赋予了建筑现代感，使乡土地域元素在建筑文化中获得重生。中国美术学院象山校区的教室、办公楼、饭堂、宿舍等建筑都是他的作品。在象山校区有一处叫水岸山居的建筑群，王澍在这一所建筑里面实施了一个村落的设计样式，在这个建筑群里设计了一个上下起伏的交通步道，使整栋建筑如同一个村落。有如逐水而居的水乡长廊，可迂回登上山顶居高远眺，整个利落的线条和峰回路转的空间传达着传统乡村之美感，诠释了"水岸山居"的内涵与外延。王澍在水岸山居建筑应用了各种乡土材料，有他用回收旧砖瓦材料建造的"瓦爿墙"以及夯土墙、竹子和大量的木材方料，形成特有的乡土材料肌理。

（四）广西百色干部学院

广西百色干部学院的建造吸取了广西壮侗传统村落的设计理念，建筑总体布局依山就势采用院落式建筑空间组合方式，创造出了富有山地环境特征和庭院人文内涵的视觉及空间形式。以现代的手法融合广西传统建筑聚落空间，建筑渐渐隐退在山水和院落环境中，与自然融为一体的天人合一理念，形成一幅与自然和谐共生的山水画卷。具体的建筑形制按照干阑式建筑的抬升架空和室内通透性而采用自然光，传达了用现代钢筋混凝土材料创承地域建筑特性范例。建筑装饰材料运用了百色当地的材料，页岩青砖、多孔红砖、小青瓦、毛石等都成为所选用的主要建材材料，形成建筑界面的主要肌理和色彩构成，穿插使用的清水混凝土和毛石与建筑群主基调相得益彰，传递出本土建筑文化的视觉效果和意境。在室外的环境设施应用生态性手法：庭园的植物都是本土的竹子花草便于生长和护理；湖边水岸没有混凝土砖石硬化，都是种植芒草花卉等植物作为隔离带；校园的辅助道路也没有大面积的硬化水泥路面，而是铺设单独的石块；排水沟面上用有机形态的鹅卵石掩盖着；还有很多区域功能空间分割都是用灌木花草作为隔断。这一切都是采取以人为本的理念并注重自然植被与本土手段，充分体现了绿色生态观念的应用。

四、结语

以上各类案例在城乡建设实践应用中得到了以下几个方面的启发与借鉴：

第一是传统的形态历史文化在现代时空中的传承与延展；第二是通过本土文化的在地性，以嵌入式智造空间，强调场所精神中的物象与人文交互的作用提升；第三是基于传统宏观载体注入现代理念的更替创承，借以形制具象的物理空间更多可能性同时携予文化精神层面上的精气神韵的弘扬。

因此，在城乡建设中的原来基础层面上，一是要注入科技，创新强化各项性能，能够在众多竞争中脱颖而出。再是注入艺术，即设计和审美层面的介入，更加提高性能与凸显本土特色。还有就是注重文化，这是身份的识别与人文的温度与厚度的体现，也就是认可度与归宿感。以各种形式激发我国城乡活力，更好地推进城乡更替的质量与效益。

OBE教育理念下的"展示项目实践"课程改革探索

贾　悍　李文璟

摘　要：展示项目设计课程教学因其专业跨学科的特殊性，采用以往传统的艺术设计培养模式和教学方法，往往教学效果难以得到保证。本文基于艺术与科技专业的课程体系和人才培养的要求，在"展示项目实践"课程中引入"OBE"的课程模式与理念，探索适用于艺术与科技专业特点更为有效的培养模式和教学方法。

关键词：展示项目设计；OBE；课程改革

"展示项目实践"是一门融合空间设计、展示设计、平面设计等多个专业的实践性课程，是一门要求具备扎实基础理论知识和设计实践经验的实践型课程。在展示项目实践课程教学中，学生具备了一定理论知识的基础上，在实际的展示项目设计实践与探讨中探索其中的方法和规律，融合"OBE"的课程模式理念，促成设计方案更完整和更贴近实践要求，获得更好的课程教学效果。

成果导向的教育理念（Outcome Based Education，简称OBE，亦称能力导向教育、目标导向教育或需求导向教育），作为一种先进的教育理念于1981年被提出后，很快得到了教育界的重视与认可，并已成为国际上教育改革的主流理念。OBE强调四个问题：我们想让学生获取的学习成果是什么？为什么要让学生获取这样的学习成果？如何让学生在课堂教学中获取这些成果？如何知道学生已经获取了这些学习成果？这里所指的成果是学生最终取得的学习结果，是学生通过某一阶段学习后所能达到的最大能力。

一、艺术与科技专业教学现实存在的问题

高校艺术与科技专业的教育培养普遍存在的问题是：教学过程中理论和方案的设计以及新概念的创新，而与实践项目挂钩的实践课程则较少，能实际应用与社会实际项目的更是少之又少，以至于在教学中目标不够明确，导致学生的方案设计多浮于表面形式，缺乏制作技术层面上的深入研究，实践中出现的细节问题在设计方案中没有得

到解决或者恰当处理。这些问题导致了学生的设计课程学习内容不够完整，设计方案和内容禁不住推敲，甚至严重脱离实际项目设计、实施的要求。因而，课程模块的设置以明确的教学目标为导向，从成果导向教育入手，以反向设计课程知识点为原则，其"反向"是相对于传统教育的"正向"而言的，以需求决定培养目标，由培养目标决定课程完成后的能力要求，再由最终的能力要求决定课程知识体系的构架。

二、课程改革的探索与OBE理念的融入

（一）以教学成果为导向

OBE教学理念其中最关键的原则是聚焦教学成果，以最终预期呈现的效果为主要目标。把这个主要目标分解在教学的各个环节中，并以设计实践与理论教学有机结合的方式，形成一个教学统一体，以理论去指导实践，通过市场调研、现场测量、教学基地观摩的实践方式，从实践中印证理论和获取经验总结，从而又提升了理论的深度和广度。这就要求在课程的整体教学设计和练习过程都指向该主要目标，每一次课堂授课和每一次作业练习都应成为这个目标的一个部分，最终把这些阶段性的成果综合汇总成预期的成果。

（二）课程体系的反向设计

展示项目实践是一门融合空间设计、活动策划、平面设计的课程，同时也是一门与实践、实施紧密接轨的应用型课程。艺术与科技专业的学生将来走向社会，在工作

当中面对的必定是实际的设计与实施的实体项目，这就要求学生的设计不仅有着构思与想象的能力，而必须从实际出发，探寻展示与设计功能特性和美学特性的和谐统一。面对日新月异的展示行业，我们的专业教学更需要不断地研究与探索，不断地适应行业发展的新要求。展示项目实践课程模块系列课程，包括《展示项目设计》《展示材料与施工》《光效设计》《施工图编制》《提案设计》，这些课程沿着学生在展示项目实践课程模块最终获取到的能力和技能为主线，融合、贯通、围合在一起，构成了在艺术与科技专业教学中理论应用于实践的展示项目实践核心课程模块，是艺术与科技专业教学从设计理论型向应用型转变的重点课程系列。该课程模块将实际会展项目融入设计课堂，也将给学生带来更多与实际项目接触的实践机会，使得学生的设计更标准和完整，从表面的形式设计进入更多的设计流程、建造方法、制作工艺中的细节推敲与解决，更接近于实际设计与制作、应用。

（三）可量化的课程评价体系的建立与前置

可量化课程评价体系是OBE教学理念的一个重要组成部分，这一体系应贯穿于专业教学的每一个环节。可量化课程评价体系不仅可以让学生明确学习和作业的方向、目标，更能激励学生不断地去接近这个目标。目前，艺术设计类专业的课程评价相对"感性"，评价的教师对课程完成的质和量都有着不同的认知，容易出现按个人"喜好"和"感觉"去给予评价，考核结果有时并不能充分反映学生学习的成果和质量。因此，如何能充分发挥考核的评价作用，如何通过考核内容、方式的设计，将学生的素质、知识、能力、知识掌握情况、达成度在考核内容中量化，而通过对考核指标的具体量化和可执行的具体评价内容，就能最大限度地降低教师用"个人感觉"去评分的不足。课程评价体系的建立并且在课程进行前就让学生获悉这一评价体系是要如何考核的，考核的指标关注的是什么？评分的标准是什么？得分点在哪里？……把相关的评

价体系展现在学生面前，教师也可以通过量化的体系逐项给予对应的分数，体现学生成绩的公平性和科学性，这对减少学生盲目的设计工作、激励学生的学习热情、课堂表现、知识的掌握都有着很好的作用。

三、总结

在"展示项目实践"课程中引入"OBE"的课程模式，以OBE教育理念为指导，以教学过程和成果及建立评价体系为导向的"展示项目实践"教学课程模块改革，将使得教学可以不断得到发展和完善。利用学院的教学、研究平台，在进行设计理论教学的同时，结合实践项目中遇到的具体问题，以及对问题的解决，学生可以获得相关的实际设计、操作、实施的过程经验以及资历的成果、成熟的设计方案和丰富的实践经验，对学生专业基础技能的掌握、持续学习的能力、职业素质的培养都有着重要的积极意义。

参考文献：

【1】 海莺. 基于OBE模式的地方工科院校课程改革探析 [J]. 当代教育理论与实践，2015（4）.

【2】 顾佩华，胡文龙，林鹏，等. 基于"学习产出"（OBE）的工程教育模式——汕头大学的实践与探索 [J]. 高等工程教育研究，2014（1）.

【3】 龙奋杰，王建平，邵芳. 新建本科院校推行成果导向工程教育模式的探索与实践 [J]. 高等工程教育研究，2017（6）.

基金项目：本文为广西艺术学院校级教学研究与改革项目《OBE教育理念下的"展示项目实践"课程模块改革与探索》（编号：2021JGY26）阶段性成果。

广西新农村建设中圩市的现代规划与设计

杨永波

摘　要： 农村是一片远离喧闹浮华、自然恬静、生活质朴的净地。经济繁荣、设施完善、环境优美、文明和谐是社会主义新农村的建设目标。圩市是农村经济的一个缩影，圩市的建设也体现着新农村的风貌。被动设计理念的探讨为新时代广西乡镇圩市建设提供了一种设计方式，为广西社会主义新农村发展优美、文明和谐的生活环境提供了新的设计思路。

关键词： 广西；新农村；被动设计；生态

圩市是农村重要的交易市场，也是农村经济发展的重要组成。农村经济的进一步发展离不开农村市场的繁荣。在以个体为单位进行农业生产为主，同时又相对封闭的农村环境中，农民需要通过圩市互通有无，获得各自所需的生活用品和生产资料。因此，圩市成为影响农民生活生产的重要因素。如今，我国社会主义市场经济体制日趋完善，城市化和工业化高度发展，各种工业化产品纷纷流向农村市场，社会市场的开放性也促使农产品广泛流通，农村经济发展迅速农民生活水平逐步提高。圩市通过商品流通的方式已经成为农村和城市进行经济文化交流的一种方式，同时也是打开农村市场，激发农村经济潜力的关键所在。"农村社会主义市场经济建设的关键在于市场""圩市负有带动农村现代化的责任"。虽然圩市对于农村发展和农民生活非常重要，但是相对于学校、卫生所、住房等这些建筑设施来说，圩市建设显得落后许多。不少村镇对于圩市的建设只是搭建一个简易"棚盖"。采光、通风、排水等问题没有得到很好的解决。人们对圩市的感受总是与脏乱、混杂、拥挤、浑浊联系在一起。为了进一步促进农村经济建设发展、提高农民生活质量，我们应重视圩市的规划和设计。

一、被动式设计理念

习近平总书记在2017年对广西进行调研时指出："广西生态优势金不换，要坚持把节约优先、保护优先、自然恢复作为基本方针，把人与自然和谐相处作为基本目标，使八桂大地青山常在、清水长流、空气常新，让良好的生态环境成为人民生活质量的增长点、成为展现美丽形象的发力点。"农村是人类活动最接近自然界的区域。在社会不断发展人们生活需求不断提高的情况下，如何让圩市这样一个大型公共商业空间的建设既能保持低碳环保，又能提高商业活动环境的质量，这是需要我们探讨的内容。

被动设计理念作为节能低碳建筑的主要设计思路已经得到广泛运用。这种设计思路最早由德国人提出并推广。这是一种国际认可的集高舒适度、低能耗、经济性于一体的节能建筑技术。被动设计是对建筑所处自然环境的主动利用，通过建筑形体设计和材料的运用，而非依赖机械设备，达到减少建筑照明、通风及空调的能耗。被动设计的概念虽然说是德国人提出的，但是中国传统建筑设计中早就有所体现了，中国民居大都讲究坐北朝南，背山面水，广西干阑建筑依靠悬空的形式获得干爽透气的居住环境，这些形式都很好地利用了自然条件。广西新农村圩市建设要实现低碳、节能、经济的效果也需要遵循被动设计理念。

二、广西地理环境特点

被动设计对建筑空间所在环境的利用是积极主动的，因此圩市的设计首先要考虑相关地理环境。广西地处亚热带地区，北回归线贯穿中部，西北部是云贵高原和南岭山地，南濒热带海洋南海。整体形成丘陵缓坡，以盆地和山地地形为主。每年主要受亚热带季风的影响。因此，形成了广西独特的气候环境。日照方面：夏天时间长且较为闷热，冬天时间短且极寒天气较少，总体日照充足、热量丰富。降水方面：夏天多雨且降水量大、冬天少雨干燥，春秋季会有潮湿的"南风天"。气流方面：广西地处亚热带季风气候区，冬季以东北寒风为主夏季以偏南风为主，其中东南风较为凉爽，西南风较为湿热。

三、圩市平面规划

平面规划是建筑的基础，对设计起到了主导作用。建筑平面不仅要规划建筑面积、形体和基本建筑结构位置，还要从使用功能角度对场地进行规划。本文主要针对场地规划做讨论。圩市是一个交易规模小而全、内容繁杂、人员密集、低成本的交易场所。要让圩市成为繁而不杂、和谐生态、便于交易的舒适环境，设计从平面规划开始就要以被动设计理念为主导。

（一）售卖区分布

根据被动设计主动迎合自然环境的思路。圩市中不同售卖品区域分布首先要根据产品的自身特点来安排。圩市售卖产品主要有农产品、生活用品、熟食餐饮、服务四类，每种类别对环境要求各不相同，因此他们的位置安排也要相应而置。通常情况下圩市的东南区域为最佳位置，夏季为上风区清凉湿润、冬季是下风区背风避寒；西南区域在夏季会受闷热的南风影响，春秋季时有潮气来袭；西北区域夏季时受西晒热量大，冬季寒风来袭较冷；东北区域相对干燥。针对圩市各个区域环境特点，农产品中瓜果、蔬菜、生鲜鱼肉这些需要保鲜的物品就应设置于圩市东南区域；生活用品、服饰和工具类对环境要求不高可以设置于西北向；熟食餐饮类对环境卫生有较高要求，且有油烟味影响，因此适合在东北或西南向下风区；活禽类作为活物对环境有一定的要求，同时它们产生的粪便和毛絮属于"污染物"，因此要远离熟食餐饮和被褥衣物类，适合设置在东北边下风口处。

（二）摊位、通道的设置与室内空气流通性

摊位与通道是圩市内部空间的主要组成要素，他们的设置除了划分出人群流动和售卖区外还会对空间气流的流畅性产生影响。因此，在规划摊位和通道的位置、面积和形式时，不仅要考虑圩市的容纳性、流通性还需要考虑空气的流通性。这就要利用通道和摊位自身的形式特点对进入的空气进行趋利避害，疏通气流在空间流通的渠道，为圩市形成良好的通风性。

市场中的主通道宽度相对较大，通常会有4米左右的宽度，其气流的流通性最好，因此是形成空间气流主向的主要因素。圩市的摊位通常都是一字排列于市场中，主要有四种形式。第一种地摊，简单在地面售卖区做铺设，直接售卖的摊位。这是圩市中最简单的摊位，对空气流通基本不产生阻碍。第二种台面摊位，这是圩市主要摊位形式。其台面多用砖砌成2米长、1米宽的长方形单体。摊位后有固定的摊主活动区域，由于此处相对空旷，对气流的形成也有一定的帮助。第三种有挂架摊位。不同于普通的只有台面的摊位，这种摊位的后面还有一个架子，多用于卖服饰、家用杂货。摊位挂满货品的架子犹如一面挡风墙体，其高度一般在2米左右，会对气流具有一定阻挡。第四种店面摊位。这是圩市中长期售卖的固定摊点，与前面两者不同，店面是一个相对封闭的房子，因此形成了围挡，成为阻碍气流的主要因素。为了让气流在空间中顺畅流通，在规划布局时需要根据通道和不同摊位的特点，在东南风方向上顺向设置主通道和摊位，以利于东南风贯穿整个圩市；而在圩市的西北区域则应设置店面用于寒冷背风袭击；东北区和西南区的布局既要达到聚拢东南风的作用又要有利于气流流通。因此，有挂架的摊位比较适合设置在该位置，方位布置上最好选用向外一侧，形成导流出风口。

四、圩市被动造型设计

圩市建设要达到低碳环保、简约朴实、经济高效的目标，其外观形式必须集中体现功能。就广西亚热带季风气候情况而言，圩市设计应达到通风避寒、采光遮阳、散热挡雨等功能。主要解决和利用好阳光、气流、雨水三个主要环境因素。空间设计要做到因势利导，解决圩市空间采光、通风和排水的问题。在上文平面规划内容中已经解决了圩市通风的问题，下面我们就采光和排水问题进行详细的分析和讨论。

（一）被动采光形式

光以直线传播。光滑表面物质能发射光线、透明物体能让光线穿过、不透明物体会阻挡光线。阳光是产生热

量的最大因素。广西夏季持续时间比较长，光照资源丰富。其中，正午顶面的阳光和下午西面的阳光非常强烈，上午东面的阳光温和，而北面不会有阳光直射、南面在冬季时会有温暖的阳光照射。根据光线照射特点，圩市被动采光的方式有两种：遮光和引光。遮光就是把光阻挡起来而引光则是将光线引入空间内部，这里我们主要讨论引光的方式。由于现代圩市面积较宽，遮阳避雨的顶棚会把大部分的光线遮挡。最简单的解决办法是将部分顶盖材料换成透明的阳光板，但这样到了中午就没有遮光效果。因此，需要采用具有遮光效果的引光顶部结构来解决。

1. 复顶结构

针对自然采光的问题，在风雨桥和鼓楼这两种广西传统干阑建筑的屋顶设计中已经有了应对措施，那就是复顶结构。复顶即具有多层顶部的结构，最顶层为主顶完全覆盖整个空间，在其下面的顶部为复顶，呈环形，将空间上部包围起来。每层间隔一定的距离，既透光又通气。这种空间顶盖设计第一层顶盖负责遮阳，下层顶则从侧边把光引入室内，以增加室内顶部的亮度，其结构简单采光效果良好，是可以广泛采用的被动采光设计方式。

2. 导光复顶结构

传统复顶结构从侧面采光，对于屋顶面积较大的圩市来说其照明效果会显得不足。为解决这一问题，我们可以将复顶结构引申到圩市顶部的中央，从顶部中间采光。这时就需要有导光作用的复顶来实现中心采光。导光复顶要引导的是四面来向较为温和的光线，因此其截面应形成"V"形或"A"形金字塔形状。如选择"V"形复顶，那么需要将它设置在主顶之上，如果选择"A"形复顶则需要设置在主顶之下。不同形式的导光复顶其所处位置的变化，主要是由它们的斜面形式决定不同的引光位置。无论哪种形式复顶类型，其垂直对应主顶的部分都是需要开孔透光。两种复顶结构不同点在于"A"形复顶结构可以进一步利用顶光提高圩市采光效率。

3. 利用反射和慢射

顶光不总是像中午那么强烈。在早晨、傍晚及阴雨天等自然光线不足的时候，顶光对于圩市的自然采光尤为重要。但是要引用顶光，中午时段的强光就必须予以控制和减弱。上文介绍的"A"形导光复顶特点本身具有降低强烈顶光的功能。其夹角向上使得斜面能将垂直照射的强

光分散减弱。由于复顶在主顶下方，因此其反射的光线会经过主顶内表面再次反射到圩市空间。在这个过程中，首先需要复顶斜面有一定的反射光线能力，因此其迎光面应采用亮面浅色的金属材质，如铝材。其次为了使光线变得柔和舒适，主顶需要采用粗糙材质或具有较为密集的波纹、折纹等纹理表面的铝材。这样使通过的光线产生漫反射从而变柔和。

（二）被动排水形式

广西是中国降水量最丰富的地区之一。各地年降水量均在1070毫米以上，部分地区达到1500~2000毫米。因此，做好排水设计，防止室内泥泞积水显得比较重要。圩市是一个开放空间，再加上采用被动采光后，圩市墙面部分和顶部会有一定面积的开口。这也为排水设计增加了一定难度。根据圩市空间通透性特点，排水处理可分为顶部和地面两个部分进行。

1. 顶部

（1）排水点的设置

排水点即雨水从顶部排下的位置。通常圩市顶部依靠斜面向空间两侧排水，如果这两侧刚好在入风口的位置，那么雨水就会进入到室内。所以，排水点的设置首先要避开东南向的进出风口，尽量安排西南和东北两侧。其次还要避开人行出入口，避免给行人带来困扰。最后为了避免雨水进入圩市活动区域，顶部还要设置足够宽的屋檐使排水点远离圩市内部空间。同时也为人们进出圩市创造一个过渡空间，依据人体工程学中人在空间活动中需要占据约直径1米的圆形区域，圩市的屋檐至少宽为1.5米以上。

（2）造型

为了形成自然排水顶部造型以斜面为主，两斜面相接形成的"V"形槽成为引流雨水的渠道，因此圩市顶部排水造型适合"A"形、"V"形或者由"AV"形组合的"W"形状。可以看出，顶部的排水造型与采光导光板造型相统一，便于我们在设计圩市顶部时同时考虑采光和排水问题。传统复顶结构其主顶是封闭的，因此雨水不会落入室内。导光复顶则需要考虑排水，这是由于主顶上方的透光口容易让雨水流入。

在"V"形导光复顶机构中，为了避免漏水首先透光口上方的顶必须要宽于透光口，让雨水不能直接通过透光

口进入室内。其次为了使复顶集采光和排水功能于一体，在设计其造型时"V"形截面可以结合"A"形截面形成锯齿折形。复顶的四个"A"形口分别朝向东西南北四向用于采光，四个"A"形采光口边缘相接形成的"V"形斜坡用于将雨水分流排出。当复顶降水引流至主顶时，主顶也要设置"V"形导水结构与其对应继续将水导流至排水点排出。同时为了防止有水渗入透光口，还需要在口的周围设置防水台进行阻挡。而在"A"形导光复顶结构中。主顶的透光孔直接暴露在外，我们可以通过阳光板等透光材料将其覆盖防水。

2. 地面

为了防止雨水进入圩市内，对地面处理最简单有效的方法就是将其铺垫抬高。如今不少村庄和乡镇经济水平提高了，政府对于民生工程也有相应的投入，于是圩市都能够使用水泥对地面进行硬化。这虽然解决了泥土地面泥泞的问题但是受限于施工条件，水泥地面并不能做到真正平整，因而积水也不易排出，最终还是会出现污水、泥泞的现象。而今，新型透水混凝土材料可以很好地解决这一问题，透水混凝土是一种新型的环保材料，已经被广泛用于公园和城市广场步道。其铺设后拥有15%~25%的孔隙，透水速度达到31~52升/米/小时，能有效地将地面积水排除。

五、结语

广西的光能、风能等自然条件充裕，为圩市采用被动设计方式提供了有利的外部条件。被动设计以高效利用自然条件实现室内采光、通风和排水等基本功能的设计理念与圩市质朴天然的特点高度吻合，也符合了生态文明建设乡村的政策指向。本文通过从圩市的规划和设计两个方面探讨了在亚热带季风气候条件下广西圩市建设如何更好地为商业活动提供良好的交易环境。农村是一片远离喧闹浮华、自然恬静、生活质朴的净地。经济繁荣、设施完善、环境优美、文明和谐是社会主义新农村的建设目标。圩市是农村经济的一个缩影，圩市的建设也体现着新农村的风貌。被动设计理念的探讨为新时代广西乡镇圩市建设提供了一种设计方式，为广西社会主义新农村发展优美、文明和谐的生活环境提供新的设计思路。

参考文献：

【1】 宋晔皓，王嘉亮，朱宁. 中国本土绿色建筑被动式设计策略思考 [J]. 建筑学报，2013（7）：94-99.

【2】 杨光. 浅谈被动式建筑节能六要素 [J]. 黑龙江科学，2017（4）：84-85.

【3】 唐正荣. 我国农村圩市的现代发展探讨 [J]. 广西社会科学，2010（2）：55-58.

基金项目：2015年广西高校科学研究项目《广西新农村建设中圩市的现代规划与设计》研究内容（项目编号：KY2015YB200）。

注：本论文于2019年5月发表于《城市建筑》，刊号ISSN 1673-0232。

广西地域文化元素融入展示空间设计课程的实践研究

温　玲　涂浩飞

摘　要： 本文以广西地域文化融入展示空间设计课程中为研究对象，通过对地域文化的特征理解，分析地域文化融入展示空间设计课程的必要性，提出地域文化在展示空间课程中的建构方向，总结广西地域文化元素融入展示空间设计课程的步骤和方法，从地域文化元素的分类和收集、地域文化元素的提取、解构和重构，得出了"提取"，再将提炼出的文化精髓，在展示空间中应用和呈现绽放。结合课程的效果评价，构建出一套适应于培养具有地域文化特色的展示空间设计创新人才体系，为展示空间设计教学课程改革发展提供思路。

关键词： 广西地域文化；文化元素；展示空间设计；实践与探索

一、广西地域文化元素融入展示空间设计课程的必要性

地域文化是在一定的地域自然环境、特定时期的历史背景、独有的人文内涵和地域文化精神等条件下形成的具有意识形态、社会风俗、生活方式、文化遗存的一种亚文化，这种文化具有很强的地域性、传统性和独特性，它是民族文化的重要组成部分，是不同于其他地域所特有的一种文化①。

广西地域文化产生是各少数民族长期与各民族的群体、自然、社会的相互交流所形成的，地域文化在历史的发展和变迁中，所形成的文化积淀，具有强烈的时代特征和时代意识。广西地域文化所具有的独特文化内涵和精神内涵是多元文化因素的交融和结晶，具有很高的学术研究价值。展示空间设计教育应重视地域文化所蕴含的文化价值，充分发掘其人文、社会、文化、艺术等因素的地域内涵，培养学生了解地域文化、尊重地域文化、传承地域文化的精神，是高校艺术与科技专业教育培养具有国际视野和地域人文创意人才的责任与义务。

展示空间设计是人类社会政治、经济发展到一定阶段而产生的设计领域新内容。展示空间设计既包含平面和空间的设计表达，也包含观众的参与和感受。展示空间设计是在特定的时间和空间范围内，运用艺术设计语言，传递展示主题的文化和内涵，从而达到信息传递为目的的设计过程。

展示空间设计作为艺术与科技商业展示空间设计的专业基础课程，课程目的在于为学生建立起空间意识和概念，使学生具备一定的空间造型能力和空间限定设计能力，为今后的专业课程学习打下空间形态基础。课程授课对象为二年级学生，经过三大构成的练习他们已经具备了一定的构成知识，并掌握了初步的平面和三维造型与组织能力，但对空间的概念认识仍然比较薄弱。课程将通过展示空间构成概念、展示空间构成原理、展示空间构成设计等三大块知识和相关练习，让学生建立起空间意识，从构成的角度掌握好空间造型方法和空间限定基本方式。在以往十多年的教学实践中，该课程注重教学大纲里展示空间的基本概念、基本分类、功能区及动线划分与设计、展示空间主体性设计等常规化知识点，授课内容中结合特定的区域文化元素作为项目设计教学的内容有所涉及，但还未形成系统教学。地域文化元素融入展示空间设计的教学实践，由于重视性不足、课程改革力度不够、对课程内容及目标没有进行准确定位，从而导致学生在课程实践过程中，设计缺乏地域特色、缺乏设计创意[1]。但在长期的社会实践

① 李琳. 地域文化融入地方高校教学的实践与探索——以湘西北三所地方高校为例 [J]. 教育研究与实验，2013（5）.

中表明，展示空间设计教学中融入地域文化元素，将广西少数民族地域特色文化资源与课程教学内容相结合，能很好地解决以上存在的问题，提升学生的人文素养，让学生更深层次地了解广西地域民族文化所形成的历史发展脉络，熟悉广西壮族自治区非物质文化资源，掌握广西地域文化元素的构成和应用设计发展方向[2]。因此，高校艺术与科技专业商业展示空间设计方向的展示空间设计课程教学应重视地域文化资源开发，利用广西地域文化多元性、多样性和多层次的资源特色，开拓学生的视野，提高学生地域文化意识和艺术修养，加深对广西地域文化的感悟，在博大精深的地域文化根基中汲取养分、提炼素材，从而提高展示空间创新能力和展示设计的原创性，培养良好的地域特色设计品位和风格，增强学生的就业竞争能力，为展示空间设计行业培养出适合不同地区的经济文化建设发展需求的专业设计人才。

二、地域文化在展示空间设计课程教学中的建构

随着社会创新对地域文化元素融入展示空间设计的广度与深度的要求提高，很多地方高校对艺术与科技专业相关课程的拓展设计内涵做了探索和研究，但大多相关研究依旧停留在理论层面的研究，要想改变课程改革理论和实践分离的现象，需要将广西地域文化元素融入艺术与科技专业实践课程教学的过程中，深度挖掘广西地域文化的深刻内涵，对展示空间设计课程进行深化和建构。

1. 内容上：突破传统艺术与科技专业实践课程教学中重理论轻实践、注重现代展示形式，忽视地域文化的表达现象，将课程创新点落实于还原广西地域文化的挖掘和应用的意义研究，力求关注与当代社会需求的结合，对落实到区域形象建设的具体实施进行实质性探索。

2. 体系上：突破广西地域文化停滞于传统的历史概况叙述为体系架构的方法，力求以结合实际内容进行比较研究，不同学科之间的地域文化应用和创新，并借鉴同类地域文化在艺术设计领域的传承途径。

3. 视角上：突破以往广西地域文化应用研究的单一性视角，力求跨学科、跨专业、跨地域的多维度视角，挖掘更加具体并具地域特色的人文精神，同时针对国内外优

秀的地域文化空间设计等地开展调研和学习。

4. 方法上：突破传统艺术与科技专业实践课程特色和创意浅显的教学局面，发挥实践教学课程的独特性，纵向深入挖掘广西地域文化元素，让学生在实践课程中解读和应用地域文化内涵，提升艺术与科技专业学生的地域人文素养，课程教学上结合新的技术应用，探索和重建地域文化活态发展路径，打造广西地域特色展示空间，设计课程名片。

三、广西地域文化元素融入展示空间设计课程的步骤和方法

广西不同地域的自然地理环境、文化习俗和生活方式，往往留存大量有代表性的形态、图形、色彩等特征符号，这些符号是广西民众在长期的社会活动中经过群聚的团体共识所构建出来的。具有广西地域特征的历史符号在人们的观念中已约定俗成，具有了象征性功能，表达了地域悠久的历史，同时体现了不同地区的文化差异。广西地域文化元素融入展示空间设计课程的步骤和方法，可以从以下几个方面开展。

（一）地域文化元素分类与收集方法

广西地域文化元素主要分为以下几类：（1）按地理地区分类：桂北，包括桂林市及周边市部分地区；桂中，包括柳州市、来宾市大部分地区；桂东，包括梧州市、贺州市、玉林市、贵港市；桂南，包括南宁市、崇左市、北海市、钦州市、防城港市；桂西，包括百色市和河池市全部地区。（2）按民族文化划分收集，广西的少数民族有11个，壮族、瑶族、苗族、侗族、仫佬族、毛南族、回族、京族、彝族、水族、仡佬族。（3）物质文化元素：自然山水、干阑式建筑、民族服饰、铜鼓、绣球等。（4）非物质文化元素：布洛陀传说、蚂拐图腾、不同的民族歌舞、侗族木构技艺、各民族节庆文化等。（5）地域特征形态景观元素：如桂林山水形态、乐业天坑、龙脊梯田、风雨桥、鼓楼、骑楼、干阑建筑等。以上各种地域文化元素形式不同、载体不同，展示方式均有差异。首先，学生在收集素材时要根据不同的设计主题，有针对性地使用所对应的收集类别。其次，针对广西地域文化元素收集的方法可采用手绘+摄影或数字化

重建、图案纹样描摹等方法进行收集。特别是非物质文化元素，例如干阑式建筑技艺、侗族大歌等，应采用图形+图像+文字等方式混合记录，力求真实、翔实地描述性记录，必要时对该元素的来源、生成过程、演变过程等进行初步研究，为地域文化元素的提炼、解构与重构奠定基础。对于专业人员而言也是一项艰辛的过程，某些使用范围不是很广的元素类型，其现存的图像、文字、典籍等资料少之又少。现存的极少数资料之间发现有断代、材料碎片化、传承人表述不清等问题，因此要求元素收集的人员具备对收集工作具有高度的专业敏感性，能够熟悉并运用多种信息收集和总结归纳方法，必要时还需对搜集的元素特征进行艺术性转译[3]。

（二）地域文化素材的解构和重构

地域文化元素解构与重构，即元素的分解与重组，正确地收集地域文化元素，只是设计开始的第一步，学生收集回来的素材应分类整理，再选出适合的设计原型。只有在充分收集、挖掘、分析广西地域文化元素后，结合相关的设计理念和设计手法，把元素提炼后进行同质化或差异化的拆分解构或重新组合，进而得到更丰富、更新颖的元素表现形式，最后广西地域文化元素精华融入展示空间中。例如学生选定的设计原型进行分类、分组，以2~3个备选原型为宜，对应每个设计原型进行思维发散，对原型素材进行解构和重构，创作出更多相关的设计图形，以喀斯特地貌特征代表的广西桂林山水形象设计为例，通过图像提取、简化、重复等设计学图像处理手法进行艺术化加工，进而得到高度简洁、纯化、重构出地域特征显著的山水图形[4]。在此基础上授课教师组织学生将创作出来的新图形进行设计讲解和展示，供同学们相互学习、进行思维碰撞的点评，帮助学生设计思维得到进一步发散、扩展，激发创作的灵感，同时学生也会在这个过程中对自身的方案手稿进行择优调整和取舍，最后设计出可应用于广西文化形象展厅、旅游推介展示现场等诸多特定主题的展示空间的设计方案。

（三）广西地域文化元素在展示空间设计项目的导入和应用

地域文化是展示空间设计的灵魂，是展示空间最为重要的特色表现形式。展示空间由空间、展品、展具、展墙、照明等内容共同构成，空间中的文化、造型、色彩等元素对空间的视觉效果产生一定的影响。但广西地域文化元素在展示空间设计项目的导入，能很好地营造和渲染地域性特色的展示气氛，使展示空间设计各个元素相互协调、相互作用。具体的导入方法有以下几个方面：

1. 地域文化元素在会展展览空间的运用

会展空间是由空间的大小、形状被其围合物及其自身的功能形式所决定，设计的根本目的在于创造一个能传达信息和展示空间的内容，展示空间的构成离不开空间围合物作为信息传播媒介的作用。有形的围合物赋予了"无形"的空间，赋予其实际的意义。因此，在展示空间中将空间围合物赋予广西地域性文化特色的营造和渲染，能迅速完成展示信息的传递，使之成为有利于广西地域文化传播和交流的空间，提升企业品牌形象，满足空间构建和存在的意义。

2. 地域文化元素在展示道具设计的应用

展示道具是展示空间的重要组成部分，展示空间的构成、展品的摆放、照明等功能都离不开展具。道具的作用主要是对展品保护、吊挂、烘托、布置、张贴、陈列、围合、照明等，实现展品的展示价值，完成展场空间的展示信息传播。展示空间中常见的展示道具有展台、展柜、展架、造型主体展架以及烘托环境氛围的附属品等。展示空间的整体展示风格可以通过展示道具的造型色彩、展示材料、展示工艺、肌理及结构方式等因素进行调整和塑造。因此，在特定的展示主题的展示道具中融入广西地域文化元素，能很好地烘托展示空间氛围，凸显展示空间主题。

3. 地域文化元素在展示场景设计的应用

场景展示是展示空间主题表达和氛围塑造常用的一种方法，展示空间中常见的场景展示有博物馆、纪念馆、橱窗等陈列空间的塑造和复原式场景展示，这种展示效果能给关注制造一种身临其境的环境氛围，通过塑造一个令观众难忘而又惊喜的场景，在展示空间中具有地域文化元素的场景造型的应用、表现真实性的地域展示道具，能更真实地展示设计主题，引起观众的情感共鸣，使得展示空间"真实有效"地利于信息传播[5]。

4. 地域文化元素在展示空间的色彩基调设计的应用

色彩对凸显展示空间的展示氛围和展示效果具有积极的作用。色彩可以协调统一展示空间，主体色调的应用可以保持展示空间的统一性，辅助色和装饰色可以增加会展空间的层次关系，丰富空间的色彩视觉形象。同一个色彩在不同的地域、不同的时期使所表现的人文意象有不一样的差异性。在利用色彩的特性来塑造展示空间中文化与地域性特色，应根据不同的展示空间设计主题，选用符合主体需求的地域文化色彩，表达地域的历史文化、民俗特色、人文精神，增强观众对广西不同地域的视觉识别，为观众进一步了解广西地域文化起到视觉指引的作用，更深层次地丰富展示空间主题，突出地域文化展示的意义。

四、广西地域文化元素融入展示空间设计课程的效果评价

展示空间设计课程在建筑艺术学院的一般设置80课时，第一周主要以理论学习为主，第二周进入课程项目设计元素和收集阶段，第三周地域文化元素的应用设手绘样稿，第四周为展示空间设计方案效果的实践和深化设计阶段。地域文化元素贯穿整个展示空间设计过程，课程结束的最后环节是课程效果评价。展示空间设计课程结束的考评要求，把所有学生的作品在多媒体艺术展厅进行教学成果展，课程考核主要为技能考核。通过本专业3名以上的教师和邀请行业专家、文化名人、企业负责人等代表共同参与对学生及教师的评价，来检验将地域文化元素导入实训项目的教学效果和成效。考核标准：（1）学生能否掌握课程的基本理论或技能占比50%；（2）学生能否按质、按量、按时完成教师布置作业占比15%；（3）学生能否掌握科学的学习方法，并在作业的完成过程中有所体验、理解和探索占比20%；（4）学生综合表现、平时考勤、学习态度占比15%。展示空间设计课程中地域文化元素的融入教学，最终的目的是让学生运用课堂所学的知识应用到社会实践中。因此，课程的最后需要对学生的学习过程和学习结果进行效果评价。评价的目的是为了更好地促进学生的发展，更好地促进教师的教学，更好地发展学科特色。

五、总结

展示空间设计是设计学科下的一门典型应用型课程，利用广西地域文化多元性、多样性和多层次的特点，提高学生地域文化意识和艺术修养，让学生从博大精深的地域文化根基中汲取养分、提炼素材，从而提高创新能力和设计的原创性，塑造具有广西地域特色的设计风格，使本专业学生能够在今后的学习中触类旁通，构建完善的展示空间复合型人才设计思维能力，建立良好的立体化艺术与科技专业展示空间设计课程教学中的学科体系框架，最终体现出学科建设为地方建设服务的目标特征，有利于形成传承广西地域文化的特色学科教育。

参考文献

【1】李梅红. 地域文化在环境艺术设计教学中的拓展探析［J］. 山西建筑，2019（4）：224.

【2】张奕琦. 包装设计教学改革的地域特色化创新研究［J］. 智库时代，2019（5）：237.

【3】赵德. 地域文化信息"收集与转译"的设计教学路径探究［J］. 艺术工作，2019（4）：110.

【4】李继来. 地域性设计在博物馆展示空间中的应用研究［D］. 长春：长春工业大学，2010（3）：22.

【5】樊旭. 会展设计的文化与地域性特色研究［D］. 济南：山东轻工业学院，2011（6）：25-30.

基金项目：本课题为广西艺术学院2020年度校级教学研究与改革立项青年项目：广西地域文化元素融入《展示空间设计》课程的实践与探索，项目编号：2020JGY43。
注：本论文已于2021年5月发表于《广西广播电视大学学报》，第32卷，总（第137期）。

消费社会与大众传媒视角下的纹样时尚化转换

黄清穗

摘　要：本文将纹样在消费社会与大众传媒视角下的时尚转换为研究对象，梳理了消费社会和大众传媒的发展现状，对纹样时尚化进行了多方位的阐述和论证，初步证明了纹样时尚化的趋势。通过市场运作和互联网传播产生的结果，为纹样时尚化发展中遇到的诸多矛盾提出了敢于与时俱进、拥抱变化的建议，以及在纹样文化性、内涵性延续过程中要注意的事项。希望能为传统纹样现代化方式产生一些启迪。

关键词：时尚化；纹样；转换；消费社会；大众传媒

一、时代之变：消费社会与大众传媒的到来

当经济、文化、科技进入一个飞速生长的时代，物质商品出现了不同程度的过剩现象，商品的生产几乎满足了基本日常生活的需求。如何推动剩余商品的销售和生产，成了资本集团的首要难题。单纯地研发新产品，提升新技术远远不足以扩充生产和销售，而加大销售的最好方式不仅仅是制造焦虑感和空虚感，更重要的是赋予产品使用功能之外的文化体验。商家深知精神的欲望需求是永远无法被填满的，通过铺天盖地地传播手段，无孔不入地挖掘隐形需求、激发潜在欲望。

消费社会物质逐渐转向消费文化的后现代消费时代，在这一系列的历史变化中，大众传媒是至关重要的环节。大众传媒与传统传媒相比有何区别？在当代，大众传媒有两种主要形式，一是早在20世纪初期就已出现的，以报纸、杂志、图书为代表的可复制的印刷媒介；二是以互联网（包括移动互联网）、电影、电视为代表的电子媒介，已经成为一个巨大的传媒体系。大众传媒对人类获取、传播、接受信息的意义已然发生了根本性改变。尤其是普及迅速、发展迅猛的互联网版块，极大地消除了时空的界限，改变了生活和思维方式，加速了人类文明的进程。与传统媒体相比，大众传媒有几个特点：首先，传播地速度更快，范围更广；其次，信息承载量更大；再次，能完成信息的反馈和互动；最后，媒体形式更加多元化。这几个特点导致了三个关键性问题的出现：第一是非中心化导致的民众话语权的获取；第二是传播重心的转变；第三是媒体场域的无处不在。

消费主义和大众传媒的时代到来了，一种新的生产秩序也到来了——商品的使用价值越来越退居二线，商品的符号价值逐渐跃居主位，消费不仅仅是一种经济行为，更是一种文化行为。在消费社会中，文化符号逐渐从人文的记录者、艺术的创作者向文化商品发生身份的转换。包括纹样在内的文化全然摒弃深度意义、永恒价值、秩序蕴涵的追求，转而拥抱亲和性、大众化、全媒体、快节奏的全新生活方式。

二、纹样之革：纹样转化与媒介动因

（一）纹样的传统担当

从人类文化与文明的发展历程来看，人们先采用简易的图形符号进行交流与记事，后来经过技术的发展，一方面，图形符号越来越丰富与复杂，慢慢演化为图画，图画越具象则分衍成绘画，抽象则分衍为装饰纹样；另一方面，图形越来越简化与抽象，慢慢演变为标志，标志使用的范围和频率分衍出特定类别的图腾和诸多应用延展的象征图形，当人们在简约的象征图形上附着更多约定俗成的规则时，则逐渐演变为文字。所以，就符号学的发展而言，绘画和装饰纹样之间，图腾纹样、图形纹样和文字有一定的传承关系。绘画注重对客观事物的再现，装饰纹样注重客观事物以及情感需求抽象的表达；图腾纹样和象征

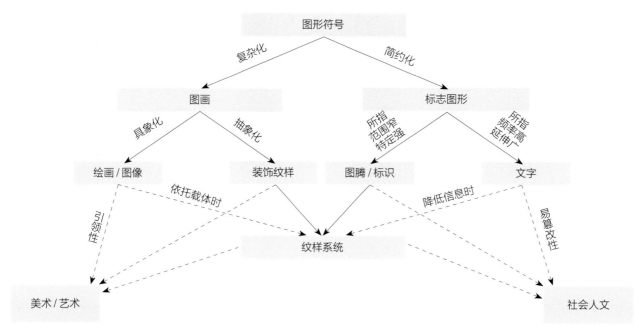

图1　纹样系统的生成
（来源：纹藏供图，2020年）

图形纹样兼具信息的传播、场景的使用和情感的认可，而文字更偏向信息本身。（图1）

　　语言是一种系统，文字是一种系统，纹样也是一种系统。作为研究纹样符号生命、传达思想的学科应该称为纹样学，纹样是构成文明的要素之一，支配着文化的规律。纹样学是人类知识领域中的重要内容。早期纹样的实用功能大于审美意义，纹样具备加固、耐磨、防滑等实用功能。在图形符号的产生和发展中开始具有标示性功能，即民族符号象征，成为实用与表意的有机统一。纹样的创造一方面受到外部自然界的客观之物通过认知转化的过程，另一方面受到创作者自身感受激发地视觉转化的过程，在群体性制约下，走向抽象与具象并存的漫长历史岁月。纹样起到了族群间审美观念与情感传递的作用，从信息传达的角度，芸芸创作者作为信源将精神信息编码承载在纹样媒介上，传播和体现着一个民族生活方式、民俗观念、思想意识、文化特征等方面的庞大的人文社会系统信息网络；从美学的角度，无数的民间艺术家（劳动人民）创造了无与伦比的艺术画卷，丰沃了精神世界的审美需求。

（二）纹样的转换

　　纹样的转换必然与纹样的社会角色、历史语境和文化变化息息相关。自工业革命以来，世界文化经济政治格局发生了前所未有的巨变，特别是在今天的互联网、电脑、智能手机的高度普及下，一个全新的地球村更全面、更即时、更立体地展现在大众眼前。此时此刻，人们身处在社会体制、经济模式、生活人居、行为言论、价值观念等方面都与从前截然不同的世界。这个飞速运转和变幻的时代，给予了人们新科技的力量，在医疗、出行、饮食、服装等方面带来诸多奇妙的惊喜和满足。同时，也暴露出林林总总的矛盾和问题。在中国，深厚的文化累积与民族传统正在现代化和全球化的浪潮中，面临着历史与现实、传统与未来、民族与世界等方面错综复杂、阡陌纵横的问题。如何解决问题和减缓矛盾绝不是简单而纯粹的方式方法，这远远超出了人们的想象。移动互联网的发展、5G技术的普及、人工智能的应用加速了媒介传播方式，导致大众传媒在消费诱导下改变了人们信息交换的方式，提醒我们在研究纹样的当代化时，不可忽略传媒的力量。

　　时至今日，纹样的发展已经逃离了其被赋予的概念和信息，尤其是多媒体信息超量传递下，更是将纹样纳入了一个新兴装饰的媒介空间——文创产品的纹样、潮流服饰的纹样、软装家居的纹样、快闪店和艺术商业的纹样、当代艺术和装置空间的纹样、音乐视觉化的纹样等，纹样的形态、传播形式、表现方法、思想传达都以前所未见的方式变化着，纹样的理论和批评系统在这个时代完全失语。对当下纹样作品或者以纹样形式组成的作品，学界没有及时地批评，笔者认为是纹样研究领域的缺位导致的。但在一定的时间帷幕下，在社会不断地考察、认可、传播这些作品的过程中，终究会描绘出当下纹样文化的轮廓和纹样发展的轨迹，只是现在没能即时批评罢了。纹样的转型不仅表现在纹样与经济、社会、传媒之间关系的发生了重大变化，也表现在纹样自身审美表达发生的巨大转向，以及表现在纹样向空间、影像、多维、互动即新科技的大规模延伸。纹样自身的属性相似变小了，信息也逐渐被形式所削弱，但从宏观的角度看，纹样不但没有离开历史和生活的舞台，而且向新时代进军，扩大了应用的载体和领域，以形式更加多元、形象更加立体、形态更加华丽的身影装饰在文化和时尚的主体上。

纹样转换的外在表现主要为以下几个方面：

1. 纹样参与文化经济化

传统纹样是传统文化的重要部分，以纹样为切入点可着手于历史、人文、生产劳动、生活状态、审美意识、宗教信仰等诸多领域的研究。可以说，纹样的形成和演变，离不开文化的宏观影响，同时也形成了文化的一部分。今天文化的创造已经不是文化单体的事情，而是与经济协同更加紧密。文化产业由阿多诺和霍克海默在1947年出版的《启蒙辩证法》一书中率先使用。王一川先生认为："文化产业，大规模发展使审美的商品属性昭然若揭，并使审美生产与消费呈现出规模化的效应。"人们在进行文化生产时不是纯粹的创造文化，同时也在进行经济活动，力求获得经济价值，这就是文化经济化最直接的体现。

今天越来越多的文化人士直接参与经济价值的创造，成为文化的经营者。中国有极为丰富多彩的文化资源。在历史文化资源方面，典型的历史人物、重大的历史事件璨若星河；民族文化资源方面，56个民族的民族文化资源异彩纷呈；各种社会思潮、思想流派百花齐放。我国大力提倡发展的文化产业，将文化资源优势转变为文化产业优势，从改革开放至今，在演艺业、娱乐业、动漫业、游戏业、文化旅游产业、艺术品业、文化会展业、创意设计业、数字文化服务业都取得了巨大的成果。当文化产业发展已经从自发转向自觉，市场开始更多地把诸如纹样、音乐、文学等富有中国传统文化内涵的元素植入到产品之中，既提高了产品的文化含量，又提高了产品的附加值，文化品牌呈现出多元化壮大发展的态势。无论是哪个

文化行业，纹样都参与到文化经济化之中，促进文化和科技融合。以"纹藏"中国纹样数据库为代表的数据资产企业通过加强建设新型文化业态，提高文化产业规模化、集约化、专业化水平，将纹样赋能制造业转型升级，助力城镇发展和乡村振兴。

2. 纹样成为消费产品的重要表征

现代商品销售的营销文化中，正在不留余力地渲染品牌文化价值——包括品牌的价值观、文化理念、生活方式、时尚审美等，与品牌用户群体的身份、背景、地位、品位等联系在一起，利用品牌性格的定位和传媒手段形成品牌用户的圈层。花西子品牌在2020年全新推出的苗族印象系列化妆品（图2），这系列产品并非使用苗族技艺，也并不是取自苗族地区原材料，而是以包装作为媒介，以纹样作为装饰，传播苗族之文化，让更多人看到苗族之美。民族的魅力与品牌之间形成了特殊的符号意义，选择购买它、关注它或多或少带着的用户对苗族的情感因素。这系列的产品包装通过精美的纹样和成熟的工艺表现在材料、结构和周边的海报、视频和新媒体广告上，借助文化的力量和纹样的美感赋予了人们对商品新的感受和意义。许多知名品牌都利用标志的重复延展形成特有的纹样以塑造独特的内涵，例如巴宝莉、路易威登、古驰等品牌独特的纹样符号贯穿了全产品系列，依靠富有创意的构成和营销表达形成独特的标示，强化记忆，烙印在受众心智。近些年来，年轻的潮牌和文创产品兴起，纹样成为设计导向型产品的主战场，许多消费者选择它们的原因，主要不在于产品的质量，而在于其设计以及所塑造的品牌理念。从这个意义而言，纹样在事实中参与了后现代消费文化的构建与形成，是消费产品的重要形式。

3. 纹样从审美文化到传媒文化

审美文化是人类创造审美价值的实践活动中产生的文化，它包括欣赏美的事物、评论美的现象、研究美学理论、创造美的作品、营造美的环境等。审美文化强调美学系统的构建、历史文化的考究、现实的批判与联想，审美注重美学功能、教育功能和内涵寓意的塑造及映射，具有内敛、含蓄、深厚的特征。而传媒文化则是大众传播媒介活动所产生的文化，更强倾向于以商业为目的，以娱乐为导向，强调即时性的文化消费，具备直观、刺激、感性的特征。审美文化关注精神领域的价值构建，传媒文化注重当

图2　花西子品牌苗族印象系列化妆品
（来源：花西子摄，2020年）

下生活状态和消费行为。所以，虽然两者都是文化的一部分，且传媒活动会产生审美，审美活动会产生传媒，但传媒文化与传统的审美文化却不尽相同。陈龙先生提出：传媒文化是一种"其内涵侧重与当代社会所引发的信息方式和生活方式的变革，特别是20世纪五六十年代以来蓬勃发展的、以现代传媒和电脑科技为支持的、以金钱资本为动力的、以包含信息和价值的光电影像或虚拟互动为主要内容的大众文化产品，以及外围的生产、传播和消费活动"①。当大众传媒传播流行文化时，一些纹样虽然保留着历史身份，但也加入了时尚和消费的生力军。一些实验性、创新性更强的新纹样在媒介中野蛮生长，互相影响和改造视听艺术，互动性强，场面震撼，产生了巨大的传媒裹挟力。

在今天，传统纹样中内涵象征也不再作为社会活动中的有效流通信息，我们也极少见到单纯追求美感而装饰在工艺品上纹样。与此同时，商业正在利用纹样塑造文化

性消费场景，并通过新媒体和新工艺将纹样以及内涵更为直接和强烈地图像化和视觉化。文创产品、服饰、家装、公共艺术、展览展示就是一种纹样文化的现代化表达，影视作品将其二次传播，形成来源于传统母体的、超脱于现实情感的、合乎文化消费需要以及现代大众喜好的琳琅满目的文化产品。虽然是时代阶段的产物，但在文化与科技的融合下，大基数产品样本里，一定有不少经典之作。

（三）纹样转换的内在表现

纹样的传统性和未来性受传媒因素影响，改变了纹样的应用属性，改变了纹样在社会大格局和个人世界观的地位。传统音乐、传统文学、传统舞蹈，似乎也同样面临这样的境遇。曾经的它们，令人折服、令人敬畏、令人膜拜，带着强烈的族群记忆与家族情感，如今的它们触手可及，不断被消费，成为市场经济中的真实现象。从狭义来安，这些艺术形式失去了过往的辉煌，变得风光不再。但从宽泛的角度，发现纹样与时俱进，甚至未来有可能成为视觉符号的代表。纹样从传统向未来的衍变历程，伴随着过去社会状态下美感、情感、环境、内涵的消失和当下社会状态中快感、个性、城市、娱乐的浮现。

1. 传统美感的消失

传统纹样充满了对真、善、美的表达，以及对人生哲理、人与自然、群体延续、家国安泰等内在与外在客体对深刻诠释并祈愿吉祥。例如源远流长的回纹，就在世界各地的许多时期，被许多民族广泛使用。回纹的四平八稳是平衡之美，折射的是从远古开始人类对自然环境不确定性趋稳的情感渴望。回纹的刚健有力是刚毅之美，透露着对刚正、公平、正义的社会环境和自立信念的追求。回纹的连绵不绝是永恒之美，揭示了不仅仅是人类，所有的生物体都追求的生殖繁衍，族群延续和昌盛，直到永远。再如具象地表现木版年画的纹样，穆桂英挂帅、三英战吕布、莲年有余、花开富贵，描绘历史事件及英雄，刻画生活场景与理想，在美学风格上延续了对崇高、绮丽、壮美和空灵等美感形态的追求。从当代的纹样来看，缺乏对美的深刻理解，也缺乏内心世界在图形世界的表达。

2. 族群情感的消失

远古图腾纹样的神秘神圣，不可亵渎；中古时期的

① 陈龙. 传媒文化研究［M］北京：中国人民大学出版社，2009：20.

纹样由族群身份认同转变为文化认同；近古纹样进一步融入人们的生活，成为装饰美感的重要组成。可以看出，族群群体的记忆和情感，有一部分是由纹样承担的，并且随着时间的推演，功能性越加淡化。人们可以通过更加成熟的语言系统来表达情感和确立身份。这不仅仅是纹样单独面对的境遇，诸如节日、婚丧嫁娶、饮食、礼节等传统习俗，曾在从前构建出的恢弘壮观的情感系统，正在日益瓦解。纹样作为中华民族的文化符号，曾经构成了集体情感的基石，传递着群体的民族信仰、文化意义。今天，经由创新创意的中国纹样受到时尚和消费的影响，只能隐形地承载一些真实性文化信息，以新的形式在新时代中突破时间和空间维度受到新一代好评的视觉媒介，而族群情感的层面已然淡化殆尽。

3. 自然环境的消失

传统纹样的题材多样、种类丰富，历史资源和自然资源给予了人们文化创造的无限灵感，经岁月蹉跎的沉淀和前人智慧的凝结，形成了中国纹样的宝藏。由于气候的变迁和人类活动范围的加大、生态环境变化等诸多原因，曾经人类或敬畏的，或爱慕的、熟悉的动物、植物、景观成为难以触及、实属罕见的元素，隔离在人类的生活环境之外。远古的人们畏惧老虎，难以抗衡，虎纹被刻画得威严肃穆，成为权力和地位之象征。唐宋以降，人们猎虎驱虎，让虎不危害人类，到了明清的虎纹更是呆萌可爱，成为孩童的守护神和吉祥物。这是由虎在人们心中位置的变迁引起的纹样形态的转变。今天的老虎在动物园围栏里，在自然保护区中，与生活缺乏联系，自然地人们也不再关注和很少创作虎纹。蜘蛛，在侗族地区被人们奉若神明，蜘蛛多脚被看作创世始祖萨天巴的无边法力的象征，侗人将蜘蛛纹织绣在锦缎和服饰上以表崇拜。由此看出，纹样的题材和象征与群体人居环境直接相关。纹样的作用一方面为了装饰，另一方面为了象征。假若自然环境消失了，那么就意味着抒情的消失和人文情怀的消失。现代的人居环境显然少有机会接触到丰富多样的生物和精彩瑰丽的自然景观，房间里难见到蜘蛛，睡觉也难梦到老虎，我们的环境也越来越干净卫生、安全舒适，当下纹样创作更多的是以消费文化为导向，个人性格为手段的流行元素再造。

4. 文化内涵的消失

当代纹样作品追求视觉快感，追求联想趣味，将文

化内涵的承载和道德理想的寄托抛掷殆尽。传统的纹样内涵感很强，通过完整性的结构和重复式的排列强化寓意，加深礼教。新媒体技术的发展淡化了文化内涵，也剥离了历史传统。当下的创作者和大众不会追溯历史属性和文化内涵，而更在乎玩法和潮流。如传统的古钱纹是以铜钱的元素作为基础，经由布局构图，排列组成呈现出丰富的纹样形态。直观上而言，古钱纹是表达追求"金钱"的愿望，但同时寓含着其他多种文化意义，如国泰民族的和平昌盛的愿望等。在今天，以美元、英镑作为装饰图案的衣服、箱包、眼罩、抱枕等商业产品不胜枚举，人们可以坐拥与美元、英镑的共同"生活"，寻求"金钱"带来的刺激。这些强调直观欲望的钞票图案与强调内涵寓意的古钱纹形成了鲜明对比。

5. 感官快感的浮现

不论是生理的还是精神的欲望得到满足，都会形成快感。受商品经济的渲染，纹样配合品牌调性呈现出多种风格，有复古风、民族风、波普风、赛博朋克风等。总体而言，指向欢快的、愉悦的、趣味的。时下的纹样创作多以商品经济结合，强调传播和效益，快感取代审美和理性，纹样怎么好看、怎么和定位符合、怎么吸引眼球就怎么做。

6. 纹样个性的浮现

传统纹样虽然多以个人手艺人、民众、匠人制作，但带有浓厚的历史延续和群体延续。在传统红木家具作坊，匠人以图纸为准，雕刻打磨家具，鲜有创新。在苗族村寨的蜡染，苗族人腊刀随心所转，却离不开民族美学的范式框架。传统纹样不论是民间还是宫廷，以强调传承为主。当下的纹样作品则更多的是关注创造者的个人情绪状态、美学观念、理想表达，相比传统纹样而言，超脱于传统的团队、家庭、民族、地域和国家等集体之外。也就是说，当下现代纹样不是通过直接的个人与个人、个人与自然、个人与社会发生的关系来做创作，环境的因素影响较小，自己的因素影响更大。如一位艺术家在白色的衣服上画上装饰图案，社会不会规范他的思想和干预、限制他的创作内容，是由个人意愿决定的。当这种个性创作，在消费时代被市场包装、赋予新的含义时，就有可能成为引领大众时尚的手段。

7. 纹样新场域的浮现

随着中国社会生产力的提升、科技的进步和产业结构的调整，传统的乡村型社会向非农产业为主的现代城市

型社会逐渐转变。现代化城市型社会能够创造出比较多的就业机会，大量吸收了农村剩余人口，加速了人口的流动。传统乡村宁静、淳朴、固态和单纯的社交结构转变为快节奏的、娱乐的、消费的纷繁复杂的社交结构。都市生活场景成为孕育消费主义的土壤。当下纹样创作的视野转向都市以及互联网，纹样因媒介表达迅速而猛烈，附带直观感受，受到传媒的青睐和商业的利用包装。

综上所述，我们可以得出当代纹样已经摆脱了传统枷锁的结论，在市场导向和自由创作中，呈现出内涵空洞、形式感强、审美丢失的样貌。这些变化背后，是伴随着深刻的社会、文化、经济变革所来临的。

（四）文化背景的变化

相比较人类源远流长文明的千万年岁月，电脑、智能手机、互联网出现的这几十年时间无疑是十分短暂的，但就是这短暂的时间里，由大众传媒所带来的革新和改变却是翻天覆地的。过去的人们不会想到这些电子技术能给人带来划时代的产业革命，它们不仅仅传递了更新、更快、更多的信息和知识，更重要的是以这些信息更迭的效率为杠杆撬动了社会、文化的格局以及生产的齿轮。传统文化与当下文化在网络环境中产生了新的场域变化，纹样在新的场域系统里定然也会发生转换。

1. 大众传媒模糊了国家与国家、民族与民族的文化边界

英国学者费瑟斯通这样论述全球化融合："伴随着一些跨社会的全球进程，以前的民族或国家间划分的边界墙渐渐被认为是可穿透的了。由于从别的文化中引入形象、商品、符号变得更加方便，消费文化破碎的符号游戏也被设计得越来越复杂，而且随着交换流量的逐渐增大，这种引入也不再被视为遥远、离奇和异域。因此，我们必须慢慢适应并提高我们的灵活性和生产力，以便在需要弄清我们碰到的形象、经验和实践的内涵时切换规则，尝试不同的框架和模式。"①

曾经庄严神圣、厚重积淀，带有排他性的民族认同、民族身份和民族文化如今逐渐消弭，国家本土文化的壁垒也在互联网加速地、不断地冲击下溃败。这导致了许多在经济基础薄弱和文化传播微小，相对弱势的民族国家，感受到了西方强势文化入侵的威胁，国家文化安全受到越来越多国家的重视。文化安全包括了文化制度和意识形态的选择权，文化立法、文化管理、文化传播与交流的自主权等。强势文化通过市场占有率高的文化产品，可以突破地理和时间的阻隔，长驱直入，席卷全球，迅猛而持续地对弱势国家传播带来的咄咄逼人的文化渗透，这将会对其文化生态和价值取向等意识形态造成巨大影响。

2. 在文化边界模糊趋势中孕育着地方文化的传承者

在互联网赋予强势文化最强大的能量时，也赋予了大众前所未有的创造、使用、传播和选择文化的权利。通过互联网我们可以看到，许多的民族文化、传统文化、地方文化传承者在文化全球化的浪潮中逆行，也收获了大量年轻一代的青睐，形成抵抗文化融合，竖立文化立场的新时代力量。例如BiliBili网站、抖音和快手短视频App等媒体上，聚集着许多"视频上传者"和"粉丝"，他们坚守文化，也拥抱互联网，形成了庞大的民族文化拥护群体。文化的传播方式也因网络日新月异的科技手段被带入一个崭新的空间，变得异乎寻常的丰富和复杂。

本土文化的兴起有利于对抗文化霸权，建立民族自信，维护国家文化安全。主权国家必然要通过各式各样的方式加强民族文化和地方文化的建设，在避免文化入侵的同时，也能通过塑造文化形象，带来经济交往中的差异化优势。在这个万物趋同的时代，多样性、多变性和多元性是最吸引眼球的文化特征。互联网带来的全球化是矛盾的，全球化能制造文化同质，也能令人关注文化多元，接受文化差异。

3. 大众传媒解放传统的社会规则，行为和符号更多元

历史上每一次科技的进步都会带来行为和符号的改变。以互联网为首的新兴大众传媒打破了从上到下的话语权模式，改变了文化发生后文化传播的单一口径，使得文化民生进一步体现。譬如纹样原本带有的一定阶级性、族群性、地域性和时代性的壁垒，在民主的、大众的文化传播中被削平，很大程度上使得纹样的交流发生变化，甚至在一些互动性和即时性的网络平台上，形成新的使用范式。文化创造者与接受者，也不再像从前的单一路径的灌输和接受，很有可能发生身份互相转变，产生深层次、高

---

① 麦克·费瑟斯通. 消费文化——全球化、后现代主义与认同 [M]. 杨渝东，译. 北京：北京大学出版社，2009：114.

频率、持续性的互动反应。

当代社会契约取代人情关系，人们力求打破传统规则下呆板僵硬、中规中矩的模式，互联网对传统的社会规则的解放，会带来行为和符号多元的结果。把握和理解时下的文化现象，让我们对当代文化能在一定程度上能把握其发展动态。

（五）媒介的动因

纹样在人类历史中流淌了几千年，皆是伴随着语境、内涵、载体、工艺，以物质为载体，以情感为信息，在真实世界流通，但在互联网虚拟的世界中，不再体现物质化，且过去的"约定俗成"不一定成为今天的"约定俗成"，文化信息的接受在末端发生中断。我们须知晓，现代大众传媒的重要特征除了单纯是传播工具之外，还构建了一个区别于现实世界的媒体世界，这个世界依靠信息的选择和加工、内容的策划和渲染组成，并对整个社会文化产生重要而深远的影响。人们不再是单向的、封闭的、观望的，而是开放性的、参与性的、互动性的，在虚拟空间进行活动，接收反馈，获取触动和受到影响。所以，纹样审美方式的构筑也受到改变，审美从原有的在一定时空中的沉思和静观，变为无边界的信息碰撞、爆炸和交融。主流的审美在一个区域内一家独大的局面将不复存在，通过网络发表个人观念、意见彻底掌握了话语权，成为媒介出入的自由空间，网络审美成为挣脱在传统文化和精英文化之外的流行娱乐和狂欢方式，诞生出一波又一波的民间的、草根的、网络的文化代表。

不仅仅是文化的创造环境和心态改变了，受众的欣赏和接受的方式也发生了变化。大众在媒体大篇幅渲染和明星效应下，一件简单的事情、一个简单的物品已经不再是对象本身，而是被大量新语境下的象征意义包裹着，成为序列信息中的一部分而已。同时，潮流纹样在开源的网络世界里不断变化，既是个人意识形态的表达，引领着潮流的风向，也受到了市场的支配和网络受众追赶。

媒介时代的纹样需要在全方位实现新的转换。如今人们花费在社交、视频、影像和音乐上的时间越来越久，而纹样的时代意义，包含的精神状态、叙事手段、语言表达、审美风格等方面都值得我们探讨。在新的传媒形式下，转变和重塑的纹样能更接近生活，利于更广泛地传播情感和弘扬传统美学，这是一个新时代的序章。

三、未来之势：纹样时尚化的倾向

后现代消费文化不期待具备永恒性的符号意义让人无限次、反复消费，而是有意识地通过营销制造那些即时性、传播性的相对崭新的符号意义，在人们进行消费之后，又迅速制造新的符号意义，如此这般循环着、刺激着消费力。所以，后现代消费文化的显著特征之一就是不注重于符号深度价值的消费，而更热衷于符号意义的不断迁徙。不论是物质产品，还是精神文化产品身处在消费社会中，人们对其的理解和决策，受到了种种因素的影响。文化产品成为一种符号，甚至这个符号系统远远超过了产品本身。这一文化现象的背后，暗藏着大资本的扩张和大众传媒的推动，消费社会对整个文化生态产生了广泛而深刻的影响。商业规则正在悄无声息地潜进文化创作的背后，影响社会的精神走向和审美风格。时尚作为时代的风向标，走在了市场的最前端，一定程度上引领着文化产品的走向。纹样既是视觉语言，又是文化符号，自然而然地、深度、紧密、高频地拥抱消费，时尚领域成为纹样与商业融合的最前线，也预示着纹样趋向时尚化的未来。

（一）时尚背后的商业操纵者

时尚是一定社会范围与历史时段中，人们在物质或文化中表现出来的一种普遍的兴趣，是人们彼时彼地的共同追求和行为方式。纹样时尚自古有之，各类雕梁画栋的建筑装饰，各款霓裳羽衣的唯美图案都曾是古人追捧的对象。进入现代以来，随着报纸、杂志为代表的纸媒的普及和兴盛，出现了现代意义的时尚。现代的时尚风潮不是自然而然由审美观念形成，而是在资本竞逐和传媒烘托下为了利益创造出来的流量飓风。数十年来，我们可以看到一个接着一个的时尚事件都是由幕后营销团队精心策划和实施出来的，以满足大众追逐新颖的心理状态和精神需求。时尚作为一种文化现象，更偏向于商业化范畴。

中国传统文化深厚，有时人们对传统的习俗、社会惯例还难以摆脱依附的心理，但时尚化浪潮正在不留余力地改变着民众的生活方式。今天纹样的生成、形式、内涵、信息、传播、应用已然在新社会语境下发生不可逆转的改变，纹样的时尚化、通俗化、视觉化越演越烈。纹样作为曾经独立创造精神和携带信息的文化产品受到严重的削弱，同时作为商品属性越来越强。纹样自觉与不自觉地吸收各种各样的时尚元素以博取流行，借助传媒创造新语境下的感官时尚。纹样时尚化是一种需求逻辑，即纹样需要时尚才能不被时代抛弃。从后现代消费主义的角度来看，当商品和品牌形成了时尚文化，它无疑是成功的。人的物质消费欲望在进行消费行为时不仅仅是对物质的使用和占用获取的满足，对精神追求和文化的享受，以及对美的感知都是消费行为感受的重要比重。时尚文化的消费是一种文化符号的消费。时尚纹样告别了传统纹样连篇累牍的强势语言，具备短暂、即时、风格化文化符号的特征，渗入社会生活的方方面面，由此获取各式各样的新功能和内涵。同时值得关注的是，在时尚化的过程中，传统纹样的创新创作不可避免地成为市场机制下过度偏向商业包装，丧失独立精神、民族传承和艺术品格的文化商品。

（二）纹样时尚化的表现特征

当符号的生产和传播成为一种人人参与的普遍现象时，传统纹样带有的文化内涵日渐萎缩，尤其是在大众传媒和商品经济的推动下，时尚纹样为了更好地迎合大众的口味，有意识地、进一步地抹去了晦涩、深奥、多义的内在含义，并且模糊了性别、身份、区域、阶级、立场、场景等使用界限。不论你在什么地方、有怎样的知识背景，还是从事什么职业，有怎样的理想追求，大众传媒倡导的时尚都会使出浑身解数，希望能迎合你的喜好或引领你的观念。传统纹样所蕴含的信息和情感，需要在一定的文化认同下使用和传播，当它融入成为时尚的一份子时，它就降低了文化认同的门槛。传统纹样和时尚纹样之间的关系发生了翻天覆地的变化，纹样无法被标准化，但通过时尚的塑造形成了它的预先性，这种预先性体现在无需先决条件，也没有任何过度后果，在传媒环境的宣传下，就可以被大众广泛地接受、使用和传播。所以，时尚化的纹样不指望让人回味，成为经典而永恒的艺术品或文物，短暂的、即时的获得文化满足才是大众文化的普遍特征。

纹样是文化的重要组成部分，自然受到了流行特性强烈的影响，纹样时尚化已然成为不争的事实。一方面是传媒直接对纹样进行的，在市场运作下的商业包装；另一方面是纹样活动本身中表现出的消费性。时尚化是一把双刃剑，时尚化将传统带入生活，在精神文明建设中起到一定的作用，满足了人们的精神需求，以及推动着一些科技的发展，文化的广度越来越宽泛。时尚化又将传统推向了市场的运行轨道，甚至有人认为时尚是对传统的一种践踏，文化的深度越来越浅薄。笔者认为，在纹样时尚化中表现着诸多不足之处，我们要坚持批判、勇于试错、督促进步，不是单向地抵抗和坚持固有状态，要让更多人感受和感知传统文化的魅力，同时大众也不能放弃纹样对审美品质和历史品质的追求。不论是学界、业界和大众，不断地探讨有助于纹样的挖掘和传播。例如在知乎等网站就讨论关于松鹤纹是日本纹样还是中国纹样的问题，引发了原生和舶来，传统和传承之间的关系。

纹样本身就是时代的产物，它的发生和更新通常夹杂着社会发展和人们的精神信息，承载着社会文化状态。无论是匠人的兢兢业业，还是设计师的求新创造，传递的都是思想和意识的价值取向。时尚是时代的催化剂，在商业诱导和利益激励下，促进了新事物、新气象的萌发，人、物、景也更加短、平、快地追求表达个性和情感的方式。

探讨纹样时尚化中世俗化、感官化、快速的一系列变化，不仅仅需要放在当下的消费语境下宏观观察，也要从纹样本身发展规律中进行内部分析。纹样时尚化的表现特征如下：

1. 纹样美感的进一步物质化

美感是剥离物质的精神，但由于文化的商业化、市场化，有的文化与商品日益紧密，越来越难分开。纹样时尚化具有文化意味，使得人们从消费活动中感受美感，物质消费与精神消费难以割离。纹样遵从于时尚化的律令，淡化了高深而沉重的内涵，以追求与生活、与大众更为贴近。纹样被赋予了更多物质消费的符号意义，纹样美感发生了物质的、肉体的、感官的、无深度的、平面化的鲜明物质化改变。

2. 纹样寓意的进一步反道德化

传统纹样作为一种恒定的情感定式，深深地植根于中华民族心中，所谓“纹必有意，意必吉祥”，成为千百年来的习惯模式，人们自觉地依据自身的认识疆域，用各自认为合适的方式方法表达或表现思想意志，由最初的自发性变为永恒性。传统纹样的意识，既显示出人们对于美好生活和理想世界的向往和追求，也反映了中国人崇尚道德，希望通过纹样映射、规范自身的言行操守。时尚纹样的创造出发点逐渐远离了祈福禳灾，而带有羡慕的个人功利色彩、道德意识大面积隐退，欲望表现的占比日益增强。

3. 纹样表现的进一步个人化

叙事角度从群体转向个人，从宏大转向具象是时尚纹样的重要特征。传统纹样表现的是某一历史时期、某一地区、某一群体的文化特征群组，传统社会的变革和人员的流动使得群体文化内涵隐退和个体特性全面占据创造中心。群体叙事更关注宏观的人与自然，族群繁衍，家庭昌盛，生活幸福的梦想世界，这些表达在传统纹样中不胜枚举。而个体叙事更关注于日常生活、当下状态和情感欲望的生存状态。时尚化将纹样从抽象的、理想的、道德的、价值的、美的概念性描述转变为关注个体的、感同身受的、追求现实的、具体转化的纹样主题表达。目前，纹样的时尚化向现代商业艺术靠拢，是否能真正成为独立的、深刻的艺术形式，仍然待观察。

4. 纹样象征的进一步符号化

纹样的时尚化期待有更大的关注度，这使得它利用最奇特的手法和猎奇的立意来博取眼球，这和传统文化依靠深刻的文化内涵和长期形成的符号惯性截然相反。出于商业的运作，纹样的时尚化不可避免地选择了一条捷径。这条捷径意味着它放逐了群体的价值取向和社会同理，也将文化和道德抛之脑后，选择性地将人的人性欲望无限放大。时尚纹样的表面化、极端化表达，加入个人创造者的艺术宣泄，进一步强化了纹样的极端化和刻板化，使审美性、文化性、情感性的纹样逐渐沦为一种潮流时尚、追求感官刺激、带有鲜明风格的图案。

（三）纹样时尚化的成因

对于纹样时尚的成因，可以从科学、技术、传媒所引发的外部逻辑生产方式的改变和工具材料的改变，以及从创造者本身心态改变的内部逻辑两方面的角度来阐述。

1. 生产方式的改变

以往的纹样生产中，必须遵循基于载体的实现方式，即实物载体—纹样装饰构想——材料、手法、技能的实现——使用者使用或欣赏。依照这样的模式，创作者是将意愿、审美、内涵通过工艺和美术赋能植入载体，即精神性创造需要依托实物媒介，具有较强的集体性、历史性和区域性，纹样充满理性、秩序、真实感、稳定性等价值观念。如今的纹样颠覆了固有模式，即纹样构想（不是"装饰纹样构想"，"装饰"的先决条件必须是载体）——寻找载体——生产落地（生产包括了以手工艺等单体生产方式和印刷、制造等工业可批量复制的生产方式，落地指的是非实体纹样作品的呈现）。依照这个模式，创作者是将纹样作为独立的精神性创作来看待，不具有较强的集体性、历史性和区域性，纹样充满反传统、非理性、虚拟与假象的视觉文化。

2. 活动工具和表现材料的改变

在电子媒体突飞猛进发展和使用的今天，传统纹样与器物之间的天然默契和互为专属的关系被打破。今天的纹样生产可以不需要实物载体，也可以不需要现实工艺去实现。通过大规模的流水线复制生产，甚至是全息投影、摄影记录、音波可视化、动态H5、电子屏幕等都可以完成。时尚纹样的时间化与空间化得到空前的解放，纹样带来的时间体验——从过去通向未来的连续感已经中断了，纹样带来的空间体验——从一处到另一处的差异感也已经消失了。

3. 创作者和创作目的的转变

传统的纹样创作者分为两种，一种是职业化的匠人（织女、绣娘、木匠、金银匠、瓦匠等），另一种是拥有其他主业、爱好与纹样相关手艺的人群。现代纹样的创作者中设计师（图案设计师、平面设计师、插画设计师、建筑装饰设计师、软装设计师、家具设计师、饰品设计师等）的比例越来越大。目前也有不少艺术家加入纹样时尚化的创作。传统的纹样生产以含蓄的情感传达为目的，即在特定人群中进行语言的编码加密和解码接收。今天的纹样生产以直接的感官传达为目的，即在大众中低成本的输出和接收。所以，在后消费社会的大背景下，时尚化纹样更容易脱颖而出，强化对产业的赋能。

基于纹样时尚化的外因和内因，我们可以看出，时尚化的问题绝不能以单一的视角去探索，必须是动态的、全面的、宏观的考究观察，既要结合社会和历史转变的背景、创作人群的转移和变化、科技的进步等方面，又要结合商业的渗透和大众传媒的支配，以及诸多元素互相制约、抗衡和纠缠。所以，纹样时尚化的成因远不止于以上三点，当代艺术和实验艺术、网络文化、信息学和数据学、人工智能下的计算机图形学等块面都在不同程度地决定着纹样的走向。

四、总结

文化和美逐渐成为生活的基本生存需要，满足人的各类精神体验，成为一种供大众所共享的资源。"生活就是艺术，生活就是美"的理念备受人们的追捧。担心"审美泛滥"的反思声音也孕育而生，这种声音担忧人们过度强调视觉、即时本身而忽略了内涵，使得"日常之美"变得麻木、厌倦，始终会消失。回顾纹样的诞生和演变，恰恰是生活和美、历史和美、内涵和美、情感和美等方面始终交融生长，并形成了千百年来积淀的"生活美学"。

在消费时代和大众传媒的发展下，纹样再一次发生了与时俱进的转化，即纹样的时尚化。一方面，我们不可否认时尚纹样存在着粗糙、肤浅、平庸的一面，但也要承认它具有被各个阶层人士所接受的品质——纹样的使用广度将渗入现代生活的角落；另一方面也要看到传统纹样在消费社会中种种不适应和后工业时代的脱节性的弊病。从这个角度而言，我们需要对传统纹样数据进行深度挖掘、复原、整理、设计，保持文化的原本性，为历史、人文、社会留下可溯的资源宝藏。同时，我们也需要积极拥抱时代巨变，投入纹样时尚化的进程中，克服种种矛盾，解决尖锐问题，在受制于社会规则下，将传统文化艺术元素进行富有创造性地组合，形成合乎时代要求、具备审美品质的文化创意产品。纹样产业属于新兴的文化资产产业，目前已初具市场规模。例如，"纹藏"中国纹样数据库平台以五条脉络——历史脉络、载体脉络、地域脉络、民族脉络、题材脉络整理中国传统纹样数据，已经开发了100个专题纹样数据库，梳理和设计了20000余组纹样的信息和模型（图3）。纹藏与全国公共文化机构、高等科研机构和文化生产机构合作，深度挖掘、深度整理、深度破译建立纹样矢量信息模型数据库。在拥有大量纹样样本的阶段，纹藏开始利用AI人工智能和计算机视觉手段，研发纹样的DNA编码解码系统，对接家纺软装、建筑装饰、服装饰品、公共艺术、城市规划、文创品、旅游、展览展示等多个产业端口，加快了纹样的时尚化。目前，带有浓郁国风和民族风纹样的产品在市场上备受瞩目，并广受欢迎，成为引领年轻一代的时尚潮流力量。

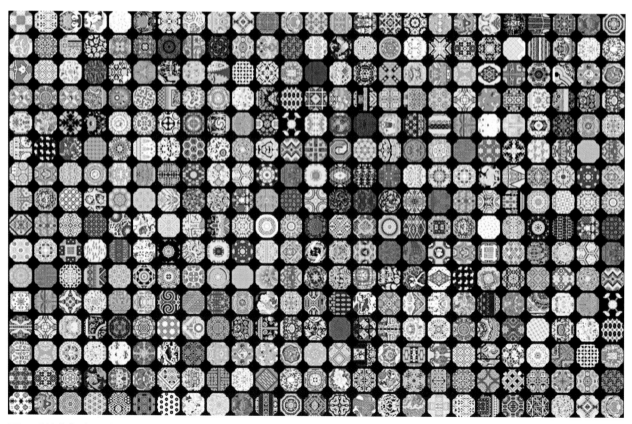

图3　"纹藏"中国纹样数据库纹样集锦
（来源：纹藏供图，2020年）

广西白裤瑶民族建筑的传承与发展

——以广西南丹歌娅思谷泥巴酒店设计为例

宁　玥

摘　要： 广西河池市南丹县白裤瑶的村寨布局及其民居建筑的结构和类型、外貌特征、装饰材料、室内布局等方面都独具特色。本文通过对白裤瑶建筑的了解与发掘，寻求更适合现代人们居住与使用的建筑空间形式。通过广西南丹歌娅思谷泥巴酒店作为实践案例进行分析，分析如何更好地对少数民族建筑进行合理的保护、传承与发展。

关键词： 白裤瑶传统民居；"木骨泥墙"建筑结构；传承与发展

近年来，随着人们对传统文化保护意识的提升，越来越多的人开始关注少数民族的文化和建筑。白裤瑶，作为广西12个少数民族的其中一支，其文化与建筑的传承得到人们越来越多的重视。白裤瑶是瑶族的一个支系，因男子都穿着及膝的白裤而得名，主要聚居在广西西北部的南丹县八圩、里湖瑶族乡和贵州省荔波县朝阳区瑶山乡一带，总人口约3万人。白裤瑶被联合国教科文组织认定为民族文化保留最完整的一个民族，被称为"人类文明的活化石"。本文主要探讨白裤瑶民居的形式及其传承与发展。

一、传统白裤瑶建筑的建筑特点

白裤瑶民族是一个由原始社会生活形态直接跨入现代社会生活形态的民族，在漫长的时间演变过程中，白裤瑶民族传统民居形式也有着其独特的一面。

（一）传统白裤瑶村寨的布局及其特点

白裤瑶族村寨以南丹县里湖乡怀里村白裤瑶村落最为完整。在南丹怀里建成了由蛮降、化图、化桥三座寨子组成的南丹白裤瑶生态博物馆保护区。三座村寨距里湖约4公里，与怀里仅隔一个山坳。整个村寨略呈东西走向，南北两侧为石山坡地，建筑分散在其间的凹地中。从外部看起来，整个村寨被许多古树古藤和竹林包围着，有一条古道贯穿三个村寨，村民多沿着这条古道去远处农作。总体来看，白裤瑶民对村寨周围的生态环境

保护较好，村寨民居与周围自然生态环境非常和谐。白裤瑶族热爱自然、崇拜自然，他们把顺应自然规律作为自己的生活准则，以能模仿、接近自然为人生的最大乐趣。居高俯视村寨布局，蛮降、化图、化桥三个瑶寨与周边的山体、古树浑然一体，十分符合中国传统审美中"天人合一"的美学思想。

（二）传统"木骨泥墙"的建筑结构

白裤瑶村寨以自然村为单位，由民居、道路等组成，没有严格的规划，因此结构比较自由。村寨的结构取决于地势环境，在平地建寨以横向并联为主，在斜坡上建寨则以纵向阶梯式为主。村寨建筑多种多样，有竹楼、木楼、泥墙瓦房、砖木结构瓦房等。白裤瑶的独特建筑因受环境地形的制约，有着"石头山上有人家"的称谓。

在结构设计上，白裤瑶民居以"木骨泥墙"作为建筑的主要结构形式，以木立柱和横梁组成屋架，建筑全部重量都通过柱子传递到地下，由于墙不承重，故能做到"墙倒屋不塌"。这样的好处是耗材小，山墙面抗风力较强。结构方式是在房屋的基础上立柱，柱距较密，柱径较细，由落地柱与短柱相结合直接支撑，柱间不用梁架连接，而是用穿枋与柱联系在一起。此结构赋予建筑物以极大的灵活性，并且有防震、抗震特性。但是室内空间柱子多而密，也使空间开阔性不够。因此，在白裤瑶民居建筑中多采用穿斗式与抬梁式相结合的方式。这种独特的形式产生了独特的建筑风格。在筑墙上使用手腕粗的木柱作为骨架，以它们为基础编造篱笆，然后在表面敷上几层厚厚

的湿泥，再架上柴火将其烤干，以此打造出的墙面坚固美观，被称为"木骨泥墙"。

（三）传统白裤瑶民居外貌特征及装饰材料

白裤瑶族民居外貌呈矩形，大多为三开间或五开间，一般分为两层或三层，下层为猪牛圈，放置农具木柴等；上层为堂屋和卧室；三层存放杂物等，用作仓库。有的在木楼两侧或后侧搭有侧房、偏厦作为厨房等。在山墙上可以看到从屋内穿插出来的隔梁和顶层处开设的洞口，隔梁多用木条做成，形态或方或圆，以使顶层仓库通风。大多数建筑结构符合三分法，即台基、屋身和屋顶。这三个部分形式不同、作用不同、建造的材料也不同。由于地势、气候等因素，白裤瑶民居的台基有自身特点：它可以随地势坡度而建，以防被洪水淹没；也可以根据南方潮湿的气候特点而加高台基。

白裤瑶民居在的屋身建筑设计上，有着少数民族淳朴的思想，尽量避免了非功能性的装饰，以免妨碍使用效果。其屋身为泥土加碎石的泥墙瓦房，既具有遮阳、隔热、防寒的冬暖夏凉特性，又不容易被雨水冲刷或损坏，坚固结实。门窗少且小，个别住房甚至无窗户，只有供人出入的正门通向正间，是整个住宅的要道。白裤瑶民居建筑屋顶属于二面坡类型，多以悬山顶（又称"挑山顶"）和硬山顶为主，特别是悬山顶居多数。屋顶有的前坡度缓，后坡度陡，这样的屋顶形态与南方雨水天气多有关。前坡有阳光照射，屋顶干得较快，不易产生湿气。悬山顶在结构上多采用简易的斗栱进行支撑，使屋檐在较大程度上外伸，体现了独特的民居特色。由于白裤瑶分布于山区，自然材料丰富且易获取，所以在住宅用材上多就地取材，用石材做台基，用泥石混合做屋身，用木材做柱梁，屋顶则采用瓦片覆盖。

简而言之，传统白裤瑶民居建筑在材料的选用、建筑的结构类型、屋顶的采用和室内空间的布局等方面，都表现出独特的形式，体现出鲜明的地域性特征。但传统的民居已不能满足现代人对电、火及互联网设备的需求。为了更好地维护及传承白裤瑶传统民居的建筑，"歌娅思谷·中国白裤瑶民俗风情园"在民宿设计上，采用了新的设计手法，在最大化地保留白裤瑶民居建筑的基础上，做了大胆的创新，较好地做到了对传统建筑

的保护与传承。

二、白裤瑶建筑的传承与发展——歌娅思谷泥巴酒店

（一）酒店位置及布局

歌娅思谷景区位于南丹县里湖乡甘河屯，是白裤瑶民俗风情的集中展示区，整个景区占地面积约9.6平方公里，总体规划按"一点、一线、九个区"来建设。整体酒店选址是依山而建的建筑布局形式，与传统的白裤瑶建筑选址相似。这是为了体现白裤瑶民族热爱自然、亲近自然的民族理念。泥巴酒店共拥有19栋独立民宿，每一次可接纳150人左右的住宿，根据大小及内部装饰情况分为A、B、C三类房。每栋独立民宿都是采用"传统+创新"的方式来体现白裤瑶族建筑。

（二）酒店建筑的建筑形式

在酒店的建筑结构上，采用"木骨泥墙"的设计构造方式。通过当地特有的木材作为搭建主要梁架结构的建材。采用原有的木立柱和横梁组成屋架，建筑全部重量都通过柱子传递到地下，由于墙不承重，故能做到"墙倒屋不塌"。同时为了增加整体建筑的高度，在局部的建筑支撑点位置加入了少量的钢筋结构加以支撑。使得现有的建筑比之前的传统建筑有了更大、更高的室内使用空间。在结构上，采用穿斗式的结构，它的特点是耗材小，山墙面抗风力较强。结构方式是在房屋的基础上立柱，柱距较密，柱径较细，由落地柱与短柱相结合直接支撑，柱间不用梁架连接，而是用穿枋与柱联系在一起。

在建筑形式上，摒弃了原有的底层架空形式，取而代之的用石头垒砌的高30~80厘米不等的石阶。白裤瑶民居的台基有自身的特点：它可以随地势坡度而建，以防被洪水淹没；也可以根据南方潮湿的气候特点而加高台基。通过石阶架高地面，达到原有的通风、防蚊虫效果。在墙体设计上，采用了传统的泥墙作法，即用当地常见的黄泥混合茅草及糯米、碎石等材料进行墙面的夯建而成。这样的墙面除了能做到通风透气外，木骨泥墙没有任何辐射性元素，是十分环保的材料。黄色的墙面与周边景致相互融合，整体建筑环境融于自然环境之中。

（三）酒店的室内布置

在室内设计上，由于传统的白裤瑶族建筑门窗开口较小，光线射入室内的较少，设计师对室内墙体进行了墙漆处理。白色的墙漆能增加室内对光线的反射。在室内灯光设计上采用散射光取代主光源的形式进行灯光的补给。整体形成了较为舒适的室内空间布局。在室内材料的使用上，主要采用木材进行室内空间的布置，配合点缀瑶王印、铜鼓、牛角、鸟笼等文化元素的床巾、抱枕、靠垫及灯具等饰物，打造的客房古朴自然、温馨浪漫。

三、结语

广西河池市南丹县白裤瑶传统建筑布局及其民居建筑的结构和类型、外貌特征、装饰材料、室内布局等方面都独具特色，具有丰富的科学研究性。现代的新农村建设，为了适应时代的发展，对大多数少数民族传统建筑进行了人为的破坏，使得新农村、新村寨失去了民族归属感和民族特色，这是人们不愿见到的。广西南丹歌娅思谷泥巴酒店为保护、传承、发展白裤瑶传统民居建筑做了一个相对不错的范例。酒店的设计采用了传统建筑的设计手法，结合了现代建造的工艺水平，并与当地的生态、自然环境和文化因素有着紧密联系，体现了鲜明的地域性特色。广西南丹歌娅思谷泥巴酒店建筑运用对于当今少数民族地区特色酒店和新农村民居的设计也有一定的指导作用，通过研究与现实的结合，让少数传统民居的设计精髓在当代建筑设计中得以传承和发展。

参考文献：

【1】张良皋. 干栏——平摆着的中国建筑史［J］. 重庆建筑大学学报（社科版），2000（4）.

【2】吴忠军，周密. 壮族旅游村寨干栏式民居建筑变化定量研究［J］. 旅游论坛，2008，12.

【3】郑景文，余建林. 桂北传统聚落的保护与利用——以桂林龙胜县平安寨为例［J］. 规划师，2006（1）.

【4】陈志华. 乡土建筑的价值和保护［J］. 建筑师，1997（78）.

【5】陆元鼎，杨新平. 乡土建筑遗产的研究与保护［M］. 上海：同济大学出版社，2008.

【6】雷翔. 广西民居［M］. 南宁：广西民族出版社，2005.

【7】吴良镛. 广义建筑学［M］. 北京：清华大学出版社，1989.

浅谈VR虚拟现实技术在博物馆展览中的应用

陈秋裕

摘　要： 随着各种信息技术的不断提升，给人们的物质生活和精神方面都带来了较大的改观。VR虚拟现实技术已经在各个行业之中得到了较好的运用，VR虚拟现实技术主要是利用计算机模拟出一个虚拟的世界，在这个模拟场景中可以将多种信息进行融合，形成一个交互式的三维动态视景和实体行为的系统仿真，设计人员可以针对模拟出来的仿真世界进行操控和修改，以达到最终的虚拟目的。在博物展馆中运用VR虚拟现实技术能够有效地提升博物展馆对于文物陈列的有效性和创新性，已经成为一种必然的发展趋势。笔者主要从VR虚拟现实技术的角度出发，探讨当前VR虚拟现实技术在博物展馆中的应用，并给出一些针对性的应用措施，为博物展馆发展中VR技术的运用提供些许参考，为广大学者提供借鉴。

关键词： VR虚拟现实技术；博物展馆；应用措施

一、引言

VR虚拟现实技术的诞生为我们的生活带来了更多的便捷，同时也丰富了人们的业余生活。当前在很多行业中都在使用VR虚拟现实技术，VR技术主要是以模拟人的视觉、听觉、触觉等感觉器官，通过技术展现出更加逼真的效果，在一定程度上丰富了虚拟现实技术，使人能够沉浸在虚拟世界中，具有极强的独特性和艺术性。VR虚拟现实技术凭借自身与展品的互动性，可以让观众在技术的支撑之下随时随地进行观看。在博物展馆中运用VR技术已经成为很多博物馆在当前发展形势中的首选展示方式。VR技术在博物展馆中的使用能够弥补传统展示方式带来的缺陷，对于展出的物品各个层面的了解更深，使人有身临其境的感觉[1]。同时VR技术的使用还为推动博物展馆带来了较好的作用，给观众的体验带来别样的观展感受。

二、VR虚拟现实技术的简介

虚拟现实技术（Virtual Reality）又被称为VR，是一种能够创建和体验虚拟世界的计算机仿真技术，它利用计算机生成一种交互式的三维动态视景，其实体行为的仿真系统能够使用户沉浸到该环境中。人们在进入虚拟现实世界中时能够看到不同立体画面产生的画面感知，让我们的眼中能够直接呈现出立体的画面，虚拟现实技术主要强调的是360度全景交换，使我们能够同时看到左右眼呈现的场景，避免场景不跟随我们目光移动的意外。当前虚拟现实技术已经广泛运用于各个领域，例如：科研、医学、航空、军事、教育培训、工业制造等都有具体的使用。虚拟现实技术已经成为很多设计者在新产品设计研发中的一个重要手段，这种技术与技术的碰撞不断带给人们更新的触感和体验感，将会是未来发展过程中的一个重要技术。

虚拟现实技术具有交互式、沉浸式、易于使用的特性，观众在参与到VR技术当中有一种身临其境的感觉，真实性较强。交互式主要是指使用者对自身设计的虚拟现实内的所有物体都能进行随时操控，在这个过程中能够直接得到相应的反馈，例如对设计中的路面行驶的汽车可以随时进行操控，不会受到其他因素的影响。沉浸式主要是指操控者在设计完成某一虚拟现实世界之后已经完全沉迷其中，无法在第一时间之间辨别真伪的一种程度[2]。易于使用的特性主要体现在设计者可以随着对自己设计的场景内的设备等进行更改使用，从而提高设计或规划的质量与效率。

三、传统博物展馆物品展示的局限性

传统的博物馆在物品的展示方面大多数都是以实物展示为主，观众在进入博物馆参观展示物品时能有一个较为直观的观感。大多数展品都是直接陈列在展示柜当中，有的展品还会配有相应的解说员和相关的展品介绍等，这种传统的展示方式有一种较为直观的感受，真实性较强，观众在观看的同时可以直观地看到展品的全貌。但是传统展示的方式也存在一定的局限性，主要体现在以下几个方面：（1）大多数博物馆在进行展品陈列的过程中都是按照展品出土的时间进行展示，其中包含展品的历史朝代、出土时间、展品介绍等几个要点，这样的展出形式在某种程度上造成了展览内容的割裂，很多观众在参观的同时只能按照展出的顺序进行观看，加上对于历史朝代和当时文化背景的了解程度不够等因素，整个过程显得比较枯燥乏味。观众不能直接将多个展厅或不同展示空间中的展品进行联系和对比，不利于观众进一步自主的欣赏学习。（2）传统的博物展馆在展示上都存在一定的空间限制，很多博物馆的文物较多，不可能将每一个展品都单独放置在独立的空间之中进行展示，涉及一些数量较多、体积较大的文物时只能通过图片或者电视的方式向观众进行展示，这样的展示方式容易造成参观者的视觉疲劳，无法引起长时间的注意，无形之中削弱了展示效果[3]。（3）当前，博物展馆针对的大多数观众都是青少年群体，而博物展馆静态的展示方式越来越难以吸引观众的兴趣，青少年观众追求得更多的是视觉上的享受以及新科技技术给他们带来的不一样的观影感受。因此，这种传统的展示方式已经不再适用于当前的社会发展形势。（4）传统博物馆在展出时间上较固定，尤其是一些大型的博物馆，例如故宫博物院、卢浮宫等在展出时间上有较为严格的规定，要求观众在固定的时间之内将展出的物品浏览完毕，这样快节奏的观影给观众带来的体验感并不好。以上的这些问题都是博物馆在传统的展览中存在的问题，不能帮助博物馆的功能得到较好地发挥。因此，需要迫切地寻求一种新的展出手段，通过对展出技术的创新，吸引更多的观众，与观众之间建立良好的了解，打破博物馆与观众之间种种障碍，充分发挥博物馆的展示教育功能。

四、VR虚拟现实技术在博物展馆中的应用优势

VR技术自发展以来已经有较长的时间，无论是技术的使用还是功能方面都有了较为完善的体系。传统的博物展馆在展品的展示方面主要是以"通柜+实物+明牌"的方式为主，管理手段和管理模式都存在一定的滞后性，观众在参观时的感受性不强，非常容易造成审美疲劳和视觉疲劳，已经不再适应于当前的发展形势。但是博物馆在展品方面的展示与一般的展览又存在一定的差别，大多数的展品都是古文物，时间较长，需要在文物的重点内容，例如出土时间、历史朝代等信息上进行重点叙述，花费的版块较大，而专业术语较多，展品的深度内涵无法全面展现，导致博物馆工作在大众文化普及层面存在着较大的短板。而在博物展馆中使用VR技术能够较好地解决传统博物馆在物品的展示以及其他层面出现的问题，对展品的细节性描述更多，能够将展品的文化内涵以及形象等方面生动形象地展现出来。主要体现在以下几个方面：

（一）VR虚拟现实技术在博物展馆展览设计中的运用

VR虚拟现实技术的使用给博物展馆的设计工作带来了新的方向，同时也提供了更多的创作空间和灵感。VR技术最大的特点就是能给人们带来更强的沉浸感和体验感，设计师们将VR技术使用在博物展馆展览设计中，将显示与虚拟结合的方式实现时间、空间及影像经验的灵感碰撞，实现以互动为基础的展览形式的创新，给观众带来全新的观影体验，增强了对于展品的代入感，同时这也是VR技术最大的一个亮点。通过360度全方位的观感体验，可以对所要展示的物品进行自由移动，全视角观看。通过声音、光线和色彩给人们带来全新的沉浸式体验，给人一种身临其境的感觉。博物展馆将VR技术使用在自己的设计和创作过程中可以实现信息技术的整合，将传统的展出形式与现代技术结合的方式能够在数字化层面获得文化内涵的凝结和升华。不断丰富了参观者的观影感受，利用这些技术的同时还能体现出博物馆在媒体综合运用以及文物实体的编码和转移方面的创新，将时代久远的文物直接呈现在观众的眼前，跨越性更强，能够为博物馆的展出工作带来更多的优势[4]。

（二）VR虚拟现实技术在博物展馆实物展示中的运用

VR虚拟现实技术在博物展馆为实物的海量化、互动化、时空化的展示提供了强有力的支撑。VR技术的使用最明显的一个特点就是数字化，能够直接解决传统博物展馆在文物展示方面存在的问题，超级数字化的使用更加明显。观众可以直接佩戴专业头盔对文物进行观看，人们坐在360度的旋转座椅上，VR设备就能把观众带入到文物的故事背景以及其他情节里，增强了文物观看的带入性，给观众带来全新的观影体验。同时，VR专用头盔中还可以根据展品数量的多少对内容进行添加，观众能够直接对博物馆内珍藏的各个展品以及文化等进行逐个观看，并不会受到时间和空间的限制。VR技术在发展的过程中不断对技术进行更新，当前的VR设备更加方便，不用再做到特殊的椅子上，只需要佩戴AR眼镜就可以直接观看，画面呈现更加丰富，对于物体的描述更加细节，能够有效地提升观众的体验感受。

（三）VR虚拟现实技术在博物展馆中的应用策略

博物展馆在发展和建设的过程中离不开资金的支撑，为了赢得更好的发展市场，吸引更多的群众了解博物馆，相关的领导和负责人应当加大对于博物馆资金的投入，以品质第一、百年大计为着眼点，优化VR设备投入格局，加大对于VR设备的引入[5]。除此之外，还需要加大对于专业型人才的培养工作。VR技术是一项专业性较强的操作技能，要求博物馆在发展过程中需要不断提升对于人才的培养工作，确保使用VR设备的人员有扎实的功底和专业素养，从培养结果上达成博物馆VR应用和管理人员精深、广博、学科交叉的综合知识体系，不断完善博物馆服务工作的建设，帮助博物馆未来的发展奠定坚实的基础。

参考文献：

【1】 熊英. VR虚拟现实技术在高校计算机类实训教学中的应用研究［J］. 2021（2018-34）：89-89.

【2】 钱兰岚. 虚拟现实技术（VR）在公共图书馆中的应用研究［J］. 河北科技图苑，2020（2）：78-81.

【3】 王春叶. 虚拟现实（VR）在智慧博物馆中的应用综述［J］. 文物鉴定与鉴赏，2019（3）：110-112.

【4】 于冬. 探究虚拟现实技术（VR）在影视艺术中的应用研究［J］. 艺术家，2019（7）：184-184.

【5】 田保慧，郭凯. 虚拟现实技术（VR）在智能交通技术运用专业教学中的应用研究［J］. 信息与电脑，2019（14）：243-244.

基金项目：2019年度广西高校中青年教师科研基础能力提升项目《VR虚拟现实交互体验在空间设计中的应用研究》，项目编号：2019KY0476。

展具设计课程"项目与竞赛"驱动式教学的研究与实践

许丹丹

摘　要： 基于新工科人才培养背景下，以"教"为中心的传统教学模式，很难实现应用型人才培养的教学目标，因此文章提出"项目与竞赛"驱动式教学模式。此教学模式在艺术与科技专业的学生中进行了试点，在此教学模式下，学生能够组队完成项目的申请，并获得立项。多数以项目为基础的作品参赛并获得奖项。文章从艺术与科技专业必修课《展具设计》课程的教学改革目标入手，分析了项目与竞赛驱动教学的内涵，并探讨其在《展具设计》课程教学中的有效性应用。

关键词： 展具设计课程；项目与竞赛驱动；教学研究与实践

《展具设计》课程是艺术与科技专业下的必修课程之一，是一门专业性很强的课程，展具作为展示空间中呈现展品的重要工具，因此该课程教学必须有针对性地强调其设计的本质和特征，培养学生对展具设计功能、形态、观念的修养，使学生了解展具设计的基本要素，展具设计操作流程，完成大学阶段性知识的积累与社会对专业需求的对接，表现专业教学的最终成果。

艺术与科技专业的学生此阶段已经具备了设计思维、理念，对专业也有了初步认识，掌握了现代设计语言和基本培养起艺术设计审美，具备软件设计表现能力。以《展具设计》课程为教学载体，依据课程目前的教学现状和展示设计方面的项目与竞赛的特点，优化教学内容，承上启下做好专业必修课程《展示设计》的前期铺垫与后期基础。基于"项目与竞赛"驱动式教学理念，构建科目所学"知识与技能"和"项目与竞赛"同步的知识体系。把与课程相关的项目与竞赛融入教学过程。最终，使学生能够主动、热情、积极地参与到课程教学中，真正实现"教师为主导、学生为主体"，从而提升学生的实践能力和创新能力，完成为社会培养有用的人才目标。

一、"项目与竞赛"驱动式教学模式的概况

"项目与竞赛"驱动式教学模式是培养应用创新型人才的宗旨，是一种优良的综合教学方法，可以有效解决传

统课堂教学中学生主动性不高、学习热情不够、综合能力得不到锻炼的问题，给予学生更多接触项目与竞赛的机会，能够有效地把所学科目理论知识应用于项目与竞赛实践中，目前已得到众多教育工作者的认可[1]。随着高校学生对专业竞赛需求的增大，结合"项目与竞赛"驱动式教学理念，将以教师传授知识为主的传统教学方式转化为以完成项目与竞赛、发现问题、解决问题为主的多维互动式教学方式[2]。在项目申报和专业竞赛中，主办单位一般已将人才的标准进行了设置并作为参赛要求，学生通过项目与竞赛可以更好地了解到社会需求并为之而努力。作为高校教师需要明白，培养什么样的学生，是专业研究型，还是专业技能型，如何培养、怎样做好培养工作。高等院校教师根据主办项目和竞赛的单位的需求，需要与专业知识进行融合，与社会就业进行结合，强化实践教学，保证高等院校艺术与科技专业教学有序开展，让学生适应社会，更好地提升自身专业技能、团队合作等能力[3]。

二、在《展具设计》课程中的教学研究与实践

项目与竞赛，可以作为高校教学水平检验的标准，高校教学过程中对其越来越重视，成为高校教师组织教学内容和构建教学环节的重要教学方式；还可以作为成果的展示平台，学生对其主动性也越来越高，成为激发学生学

习热情和检验学习效果的有效形式[4]。将"项目与竞赛"驱动式教学模式融入《展具设计》课程，基于新工科人才培养背景下，进行课程教学方案改革，优化课程结构，将教学内容任务化。利用好年轻人不甘落后、乐于表现、争强好胜等特点，通过"项目与竞赛"的形式，吸引学生的兴趣，在此过程中学生会时刻感受到自己是主角，以此形式提高学生的学习积极性，激发潜能，完成实践任务。通过此方式长期培养，指导学生在项目实施和竞赛活动中主动获取知识，可以更好地提高学生发现问题和解决问题的能力[5]。以学生为中心，教师起到引导性作用，该教学模式也能有效地将教师科研与教学紧密结合，同时可以让学生在有限的时间内理解课堂介绍的内容，并能够通过所学对内容进行有效的应用。

（一）教学研究与实践概况

1. 理论方面

为了改变教学过程从理论到理论的传统方式，提高学生学习主动性及培养学生善于发现问题、分析问题、解决问题的能力。《展具设计》课程在现有技术基础上，以展示的主题与功能为出发点的导向性展具概念设计，培养学生对展具基本属性的认识和理解，并了解展具设计的重要意义，以理论引导实践，结合新工科人才培养建设目标，针对艺术与科技专业性质，在专业必修课程、专业核心课程中融入"项目与竞赛"元素。以艺术与科技专业必修课程《展具设计》为例，借助全国"互联网＋"大学生创新创业项目、全国商科院校会展策划与展示设计大赛、中国展示·展示中国等与学科息息相关的项目与竞赛，将技能大赛的考核内容、要求及评价指标融合到展具设计课程项目化理论学习过程中。同时，可将往届学生在"项目与竞赛"中的优秀获奖项目和作品，作为案例写入课程教案，作为范例在课堂中结合理论知识进行讲述。理论与实践相结合的讲解有效地避免了单一理论的枯燥问题。

2. 实践方面

在《展具设计》课堂教学过程中，依托全国"互联网＋"大学生创新创业项目，引入"项目与竞赛"驱动式教学模式，开展《展具设计》课程教学试点。针对艺术与科技专业的学生，班级试点人数30人，学生每3人一组，形成10个项目。在展具设计的学习中，学生需要结合展示内容、文化或企业品牌的风格特征，从而进行符号化的

挖掘与呈现，因此"项目+竞赛"驱动式教学模式可以很自然地融入实践教学。例如，教师指定两种展品、四个系列，实践教学过程中，学生结合所学专业知识对当前热点问题进行讨论和研究，分析问题，自主查找相关资料，并进行实际调研，从而培养学生主动思考、积极研究并有效解决问题的能力。学生独立撰写项目申请书，对预期成果进行作品设计，并投稿参与专业学科竞赛。在项目与竞赛驱动式教学环节采取团队之间竞争、团队内部合作的应用型项目式教学。《展具设计》课堂开课即开题，所定项目贯穿了《展具设计》课程的整个教学过程，教师每周固定一天时间要求学生进行小组学习进度汇报。通过小组汇报，大家相互讨论和分析，对项目进行修改和完善，实现项目最终的可行性。在此教学过程中，既有学生知识与能力的发展，又有教师教学技能与科研能力的提升，充分体现学生的主体作用和教师的主导地位[5]。

（二）教学模式的改进

1. 从传统讲授式到内容任务化

传统的讲授式可以精确地帮助学生快速了解课程所学内容，但学生一旦产生课程依赖，将严重不利于学生自主创新、独立研究的发展，最终使其掌握的知识并不牢固，同时也可能导致缺乏创新设计研究。"项目与竞赛"驱动式教学的融入，将教学内容任务化，以训练为抓手，项目为载体，以竞赛活动为驱动，制定创新引领式的培养方案[6]。改变了《展具设计》课程传统的讲授式教学模式，遵循认知规律，教师通过项目与竞赛这一载体充分起到了引导作用，确立了学生的主体作用。在整个教学过程中，将《展具设计》课程的教学内容任务化，将80学时的课程，划分成4个阶段，每20学时为一个阶段。将总任务细化为四个分任务：第一阶段需要完成前期资料的收集，确定主题和研究方向；第二阶段完成项目申报书的撰写；第三阶段根据项目申报书预期成果进行深入研究，完成初期设计方案；第四阶段需要将预期成果方案进行深化并完成作品，通过作品竞赛实现项目推广。过程中学生分组完成每一阶段的任务，每个阶段结束后学生需制作PPT并集中进行各小组的任务完成情况的进度汇报，在这样的学习过程中，不仅可以有效地锻炼学生合理分配学习时间的能力，同时也有效地形成相互合作与相互竞争的学习氛围，培养了学生之间的沟通、团队

之间的合作，包括文案、设计、总结、演讲等各方面的综合素质也都能够同时得到提高。教师将理论学习与实践教学相融合，将被动学习化为主动研究，将知识吸收内化，进而提升学生的创新及协作能力，提升学生综合素养，从而获得更好的教学效果。

2. 从教师项目到学生项目

教师将项目带入课堂并融入课程也十分常见，对学生也是一种实践机会的锻炼。《展具设计》课程中将从教师项目转到学生项目，教师引导学生申报"互联网+"大学生创新创业项目，可以更加充分地体现以学生为中心。在课程开始之前，教师将两种项目内容（如珠宝和眼镜），四种系列风格（如自然系列、敦煌系列、科技系列、简约系列）发布给学生，学生在限定的范围内选择自己所感兴趣的内容（如自然系列的珠宝展具设计）进行深度挖掘并自拟题目撰写申报书，备赛申报"互联网＋"大学生创新创业大赛项目。为避免各小组项目人数不均，进

行人数的限定，志同道合者2~3人组成小组。学生利用高水平学科竞赛独立完成项目申请时的预期成果。大创项目与学科竞赛两者不但可以相互推动，而且更加有利于实现学生综合能力的培养。

（三）取得的成效与存在的问题

"项目与竞赛"驱动式的教学模式在艺术与科技专业的学生中进行了试点，在此教学模式下，学生获得第七届中国国际"互联网+"大学生创新创业大赛立项项目4项，其中主赛道三等奖3项，红旅赛道三等奖1项；大学生创新创业项目2项，其中校级1项，区级1项；在项目的基础上，通过竞赛形成作品，参加的第十四届全国商科院校会展策划、展示设计大赛获一等奖1项，二等奖1项，三等奖1项；校园文化艺术节优秀奖3项。除此以外，近期所指导学生参赛作品还有多组作品评定结果未公布（图1～图4）。

"项目与竞赛"驱动式的教学模式在展具设计课程中

图1　敦煌系列珠宝展具设计
（来源：作者指导设计）

图2　自然系列眼镜展具设计
（来源：作者指导设计）

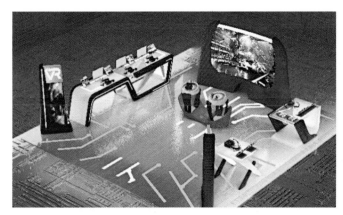

图3　科技系列眼镜展具设计
（来源：作者指导设计）

图4　自然系列珠宝展具设计
（来源：作者指导设计）

的教学进行试点过程中也存在一些实际问题，例如：三十位学生，分成十组以团队的形式分配任务，可能出现部分学生只是挂名，而不做实事，却又能享受到团队成果的现象；另外一部分在本课程中试点比较优秀的部分学生，在课程结束后停止该模式的学习，使之没有形成课程与课程之间的连贯性。下一步在新工科人才培养模式背景下将根据课程排列情况，继续深化"项目与竞赛"驱动式教学模式的研究，加强教师之间的沟通，不仅做好课程内容上的无缝衔接，更要做好课程与课程之间教学模式上的衔接[7]。

三、总结

将"项目与竞赛"驱动式教学模式融入展具设计课程人才培养过程，课程是基础，项目是途径，竞赛是检验，同时也符合新工科背景下的人才培养目标。该模式有效地促进了学生动手实践能力，通过让学生自学和动手，充分激发了学生的学习热情和积极自主的学习能力，也是为了更好地服务学生考研、工作和出国深造。为解决展具设计课程教学过程中存在的问题，提升教学效果，课程在整个80学时的学习过程中，引入"竞赛+项目"机制，将项目与竞赛所涵盖的核心专业技能与课程教学内容进行有效的衔接与融合，科学合理地制定教学项目。教师与学生一起经过反复的讨论、分析、总结，让学生不断发现问题，学生也从一开始的无从下手、自我否定到后面的思考推敲、解决问题[8]。课程结束后，不但可以增强学生的获得感，同时也培养了学生的自主学习和研究能力。学生可以了解到一个项目的全过程，为学生步入社会打下基础。从最终成效来看，总体上，学生学习成绩有所提高，完成的多数项目获得了立项，预期成果也通过竞赛的形式做了推广，这都极大地鼓舞了学生的自信心，增强了成就感，为培养善于研究、专业技能好的展示专业人才打下坚实的基础。

参考文献：

【1】 苏安祥，刘建辉，邰佳，等. 项目与竞赛驱动的食品类专业课程教学模式创新[J]. 粮食科技与经济，2021，46（2）：52-54.

【2】 周猛飞，蔡亦军，等. 基于竞赛驱动的项目式教学模式探索与实践[J]. 控制工程，2020，27（4）：620-623.

【3】 秦涛，杨沫，王乙坤，刘亚丽，高成慧. 基于"科研项目+学科竞赛"双驱动的机械创新设计课程教学改革与实践[J]. 科技与创新，2021（17）：143-144，146.

【4】 豆流鑫. 技能竞赛驱动下的电子商务专业教学改革策略研究[J]. 营销界，2021（20）：48-49.

【5】 李沁，穆丹，梁可欣，岂泽华. "项目+竞赛"实践教学模式初探——以生物科学专业为例[J]. 科教导刊，2021（12）：40-42.

【6】 范辉，王善奎，范希营等. 以学科竞赛为抓手的机械类本科生创新型人才培养模式研究[J]. 实验室研究与探索，2020，39（1）：182-184，216.

【7】 杨兴文，王文盛. 基于学科竞赛的项目驱动式工程训练教学改革与探索[J]. 科技视界. 2020，（7）：16-18.

【8】 帅春燕，税文兵，欧阳鑫. 以竞赛和项目驱动得新工科人才培养的"运筹学"教学模式研究[J]. 物流科技，2021，44（3）：155-157.

注：本文已发表于《美术教育研究》2022年6月上总第270期，ISSN 1674-9286。

与物为春：设计作为"暗物质"的伦理思辨

梁献文

摘　要： 20世纪50、60年代后，随着多元设计思潮的兴起，西方设计师们开始反思早期设计中"以人为中心"的伦理问题，开始关注设计本身作为"人工物"的存在。但是布鲁诺·拉图尔提出的"暗物质"理论，并不是指完全替代传统的"以人为中心"，它应该作为一种新的可能性，让设计师在思考人与物共同作为主体时，他们的主体间性如何能达到更好的意向性构造，从而思考设计如何朝向更多元化的角度发展。

关键词： 暗物质；设计伦理；道德物化

《庄子》"德充符"篇有言："与物为春，是接而生时于心者也。"与物为春、与自然和谐共处自古就是中国哲学家们思考的话题。人与物之间的关系也一直是哲学家们探讨的对象。西方哲学的发展体系，与东方提倡人与物和谐的观念不同，西方哲学体系谈论"人是万物的尺度"。这种"以人为中心"的思想虽然在中世纪宗教与皇权达到登峰的时候被压抑，但随后在文艺复兴时期，"以人为中心"又重新回到大众视野。莎士比亚在《哈姆雷特》中提到："人是宇宙的精华，人是万物的灵长。"这种"以人为中心"的人文主义思想在经历了工业革命的洗礼后，在现代设计时期重新焕发了新的生命力；而发展到20世纪50、60年代后，随着多元设计思潮的兴起，西方设计师们开始反思"以人为中心"的设计伦理问题，开始关注设计本身作为"人工物"的存在。如布鲁诺·拉图尔在1992年提出的"暗物质"，以及"行动者网络理论"（ANT）正是基于对"人工物"的反思所提出的技术哲学理论。本文以拉图尔的"暗物质"为切入点，探讨现代设计发展过程中，设计过程中主体对象的转变及其背后的伦理思考。

一、现代设计时期"以人为中心"的伦理思辨

谈论"设计伦理"问题，我们需要把它镶嵌到工业革命以来资本主义的政治、经济、社会和文化发展的复杂格局中去考察。这种综合宏观的视角能让我们清醒地认识到

设计在复杂的社会结构中所处的位置，以及在各种权力关系运作的背后，设计师何以能够将道德理想主义付诸实践。

第一次工业革命以后的社会转变，卡尔·波兰尼（Karl Polanyi）在《大转型》中提到：19世纪工业革命的核心就是关于生产工具的近乎神奇的改善，与之相伴的是普通民众灾难性的流离失所。[①]与此同时期的工艺美术运动，尼古拉斯·佩夫斯纳在《现代设计的先驱者：从威廉莫里斯到格罗皮乌斯》中就提及，威廉·莫里斯（William Morris）认为Design的定义是"by the people and for the people"。早期现代设计大师也开始思考设计本质，把重心放在以人为中心的设计上。如莫霍利纳吉所说："产品不是目的，人才是目的。"这里的"以人为中心"，不再只针对贵族阶层，周博在《现代设计伦理思想史》也提到："设计服务的对象，是资本主义民主视角中的'大众''平民'，和社会主义民主视角的'工人'，我们会发现，现代设计运动先驱们更多的是把设计看成一种改善大多数人的生活、改造世界的方式。"[②]他们将眼光投向社会下层阶级的平民、工人，在这个意义上，早期的现代设计大师是带着一种充满道德感的理想主义，去思考设计与大众平民的关系。他们也希望利用大机器制作，生产出平价低廉的产品去改善他们的生活。这种"以人为中心"的设计伦理思想也贯穿了西方现代设计的发展。

现代设计的发展态势除了清道夫式的道德理想主义

---

① ［美］卡尔. 波兰尼. 大转型：我们时代的政治与经济起源［M］冯刚，刘阳，译. 杭州：浙江人民出版社，2007：29.
② 周博. 现代设计伦理思想史［M］. 北京：北京大学出版社，2014：55.

之外，设计在这个复杂的社会结构中仍有不同语境下的利益牵扯。即使是平民化的设计，在自由经济市场的语境下，设计依旧与盈利为目的的资本主义息息相关。商品经济下的自由贸易发展极大地带动了设计的消费者工程学和有计划废止制度，设计作为互为交易的"商品"，自然也成为资本追逐利润和财富的有效媒介。

艾莉森·克拉克（Alison J. Clarke）在《移民文化与社会设计的起源》中认为设计与人类学的"礼物"这个概念非常相关，她认为设计和人类学都是作为一种"理想的互惠社会关系的非义务的表达"。互惠社会关系在波兰尼《大转型》里有所提及，他认为商品和礼物的共同点都是交换，只是交换的中介和媒介不一样，一种交换的是商品，商品作为一次性的交易，在完成交易后双方就没有义务和责任的关联，因此波兰尼认为商品交换之后就不需要进一步互动。而礼物交换就不一样，它是不等价的交换。同时，在交换的过程中也牵扯到道德责任等更深层的关系。所以，礼物交换的目标，不仅是当下的这一次交易，而是要致力于在未来与对方建立更多重复、紧密且频繁的人际联系。正如做设计的过程，不应只是简单的"商品交换"，而应该是为人类社会提供一种更理想的、更合理的生存状态和生活方式。

对于设计本身，西蒙在《人工科学》中也提出了设计作为"社会物质实践"（Social Material Practice）的概念。它的核心所指就是"将物质性作为任何社会实践中的构成要素。虽然社会关系是由物质性构成和介导的，但物质性本身是在社会语境中形成的。"这一概念既指出了设计在社会关系中的物质性，也指出了物质本身的社会属性，而关于设计的这方面研究都是当时的传统社会所忽视的领域。

二、"暗物质"理论对设计伦理的影响及意义

"暗物质"是布鲁诺·拉图尔在"暗物质在何处？——日常人工物的社会学"（1992）中提出的概念。

他在文中以宇宙中的"暗物质"比喻为"人工物"。他认为，当时的设计师与传统伦理学家只关注了"人"本身，对"人工物"不予关注，就像观察宇宙的天文学家，在早期只关注宇宙空间中的"可见物质"，而忽略了"暗物质"。拉图尔提出，"人工物"不论多平常，甚至平常到我们几乎忽略，"人工物"也能左右我们作出的选择，我们行动的结果，甚至于我们在世界中的存在。①拉图尔认为如果要完善我们对社会的认知，我们需要将注意力从人类的身上转移开，并同时关注到非人类。

他在《我们从未现代过》中提到现代性通常都是以人类主义（Humanism）为基础进行界定的，有的定义是为了庆祝"人"的诞生，有的则是为了宣告"人"的终结。而现代设计的发展过程中，设计师总是一开始就忽略"非人类"——物，或者客体，或者兽类——的同时诞生，让人同样感到奇怪的是，上帝从一开始就被搁置，他成了局外人。因此，他提出必须重构出这种双重分裂：一方面是人类与非人类之间的分裂，另一方面是天堂与尘世之间的分裂。它们在这里，构成我们道德中隐藏的和被鄙视的社会大众。它们敲开社会学的大门，像19世纪的人类群众一样顽固地要求在社会中占有一席之地。如拉图尔所言："在此处的宫殿之中，伽利略在安置自由落体的命运；而在彼处的宫殿里，王子和哲学家们则在讨论人类灵魂的宿命。"②

由拉图尔的"暗物质"理论我们可以发现，设计师从早期现代设计时期秉持的"以人为中心"的设计理念转而开始思考从更多种视角去看待设计伦理问题。其中，作为思辨主体的"人工物"就是一个打破了传统伦理学研究视域的思考方向。在这里，人与物的关系，就如同胡塞尔的"主体间性"概念，人与物之间没有主客体的对立关系，彼此处于一种平等均衡的状态。主体和主体间是一种相互认同、相互影响的主体间性相互关系。

由拉图尔"暗物质"理论延伸出的"以物为中心的民主"作为新的设计哲学理论，从物和物所蕴含的伦理性出发，对早期现代设计中"以人为中心"的设计本体论及其隶属的伦理系统结构进行反思。拉图尔及后继的伦理学

① Bruno Latour. Where Are the Missing Masses? The Sociology of a Few Mundane Artifacts [A]. In: Bijker, W. E.and Law, J. eds. Shaping Technology/Building Society: Studies in Sociotechnical Change [C]. Cambridge，MA: MIT Press, 1992.
② 布鲁诺·拉图尔. 我们从未现代过——对称性人类学论集 [M]. 刘鹏，安涅思，译. 苏州: 苏州大学出版社，2010: 16.

家们开始将"暗物质"作为主体进行思考，建构出一种"关系性非人类中心主义"（Relational Inhumanism）、人与物共存的设计伦理意识，提出了一种超越"以人为中心"的设计本体论，将作为"暗物质"的"物"纳入到设计伦理的思辨之中。

随着5G时代的到来，人们对技术的依赖远超从前，技术和资本都呈现出"无孔不入"的态势。在消费主义的裹挟之下，当代人被技术与资本主导的现代性逻辑卷入一种更加内向且无意识的状态，也便形成了被深度异化且不自知或自知亦无法自拔的时代病灶。广东工业大学学者张黎认为人类在面对各种危机与挑战时，重新反思人与物的关系，也就相对地改善了人与自然、人与世界的存在关系。她在"人类世的设计理想与伦理"中提出两种思路：一是反思资本主义，寻找反全球化的有效方式；二是探索基于拉图尔"暗物质"理论延伸出的"非人类中心"的道德物化设计伦理。①

伊恩·博格斯特（Ian Bogost）在《异形现象学》（*Alien Phenomenology*）中探讨了设计研究应该重新思考"以人为中心"的设计本体论。伊恩·博格斯特提出"异形"（Alien）的两层含义，第一层含义他认为差异的"异"，不同于胡塞尔与海德格尔的经典现象学。他认为物从来不在场，物的实在性超越了与人的关系而独立存在；物虽然不在场，但它依然存在；第二层含义他认为物相对于人而言，是类似异形（Alien）的存在，人类对此要做到敬畏心与好奇心并重，由此产生的疏离感与陌生感。巫鸿在探讨建筑的"纪念碑性"中提到了关于的九鼎传说，他认为中国古代的九鼎就是"运动的"和"有生命的"的神物。王孙满在反驳问鼎的楚王时说道："商纣暴虐，鼎迁于周"。"迁"字既可以解释为"被迁"也可以理解为"自迁"，因此巫鸿认为不同的王朝能拥有九鼎并非依靠他们的能力，而是因为这些神秘的九鼎自己愿意被合法所有者拥有，因此"自迁"至下一个所有者的统治中心。②如"藏礼于器"就是按照"礼"的要求制作和使用器物，通过"器物"来强化"礼"的观念，实现"无言之教"的目的。从博格斯特谈到的异形，以及巫鸿提到的"九鼎传说"，这些"物"都超越了客体的关系而独立存在，它自身有其生

命力，是拉图尔说的"行动者"。对于物作为本体的认识与思考，驱动人类对世界进行更多元的探索，从而收获更丰富的体验。

拉图尔提出的"暗物质"概念，就是认同物具有超出客体关系的实在性，将物上升为主体，推测并思辨人与物之间更多样化的互为关系，实现对"以物为中心"的补充，对原有的"以人为中心"进行反思，对现代性逻辑中的人本主义进行纠正。物导向设计作为"人导向设计"的替代性方案，既是为了对抗人类中心主义的话语霸权，也从以物为主的视角为设计提供了更多创新的可能。接下来，笔者将以两个案例分别论证物作为暗物质如何对人产生观念、行为的引导与制约。设计师把物的不确定性、复杂性、不可全知性纳入设计的思考范畴，思考如何更好地发挥物的能动性以及提醒使用者作为人的责任，并开始尝试将人从传统的以服务商业的"消费"理性中解放出来。

笔者与中国美术学院工业设计系胡方老师于2017年进行过一个关于"吃什么豆腐"的食物设计项目。该项目探讨"是什么主导我们对食物的选择"，我们一边算计着每日对于卡路里能量的摄入，看食物包装的原料成分和营养元素；一边又被烤得滋滋响的带着树木香、焦糖香，棕红色油光闪亮的猪肉撩起食欲，被野菜的灿烂、清香迷倒，被巧克力浓郁的丝滑黏稠折服。"吃什么豆腐"项目就是围绕"豆腐"食品这个"物"本身，对它及相关的环境器物、食物体验进行再设计，挖掘味觉和视觉的新可能，探讨作为食物的"物"，是如何引导和规劝我们的作为"人"的选择。（图1）

该食物设计项目邀请了杭州地区几位不同烘焙风格的甜品师，围绕豆腐这一元素进行甜品创作。设计师在该展览中围绕这些不同的甜品进行体验设计。以"食物是如何引导和规劝我们的选择"为题，进行交互、空间与视觉设计。空间分别为两个六棱柱半封闭结构，观众在入口处可根据食物的色感或食物被量化的各项能量指数进行选择，物的属性在这里发挥了一定的能动性作用，在进入两个空间之前，观众只能透过空间外LED屏幕对空间内局部的显示来感受。当观众选择进入食物被量化的空

① 张黎. 人类世的设计理想与伦理：非人类中心主义与物导向设计 [J]. 装饰, 2021, 1（333）.
② 巫鸿. 中国古代艺术与建筑中的"纪念碑性" [M]. 上海：上海人民出版社, 2009. 32.

图1 《吃什么豆腐》食物设计项目现场，摄影：chi-tofu

间后，就能看到标注了不同能量指数的方盒子。观众可以根据数值进行甜品的选择；另一个空间则是通过对于豆腐食材的色香味去进行选择。"吃什么豆腐"的食物设计项目更像是一种对人与食物之间如何互相影响的设计实验，物不再是单一的方式呈现在人们面前，观众在根据数值选择方盒子的时候并不知道盒子中的甜品是什么，这样的体验过程反而在人们的选择与思考后带给人们不同的惊喜。（图2、图3）

不同于传统幼儿园鲜艳活泼的视觉空间形象，MAD建筑设计事务所的设计师马岩松于北京设计的四合院幼儿园，以和谐共生的方式将传统四合院与年轻活泼的幼儿园形象进行结合。马岩松围绕着一座已有1725年历史的四合院，在其上空建造了一片漂浮的弧形平台，在对原有四合院合理保护利用的同时，二度创作的平台空间和四合院周围的现代建筑很好地连接起来，更好地展现出多层的城市历史和谐并存的场景。

图2 《吃什么豆腐》食物设计项目现场，摄影：chi-tofu

就四合院而言，中国传统文化中对于"物"自古就有"藏礼于器"的说法。该说法在《左传·成公二年》有记载："器以藏礼，礼以行义……政之大节也。"按照"礼"的要求制作和使用"器物"，通过"器物"强化"礼"的观念，以实现"无言之教"的目的。四合院作为中国传统建筑其中一种类别，它本身就体现了封建王朝政治秩序、道德伦理秩序、宗法纲常秩序的物化形态。使用者或来访者在进入四合院时就已经被建筑本身所赋予的"礼制"约束。马岩松设计的四合院幼儿园空间就如同一个传统与现代混合模式的幼儿社区，四合院在这里对新建空间和幼儿园本身的智能和属性进行了一定的干预作用，新建空间的结构、

图3 《吃什么豆腐》食物卡路里的数值呈现，设计：梁献文、王正莹

风格、色系都围绕四合院进行展开，同时完整保留了四合院本身的历史与文物属性。幼儿园的小朋友从小就能在这种传统与现代的空间之间穿梭，自幼就能感受老北京的传统文化，又能在新建的平台空间中感受现代的繁华北京。

较之于早期现代主义建筑简洁同质化的风格，四合院幼儿园的设计把幼儿园的属性与四合院的传统文化属性进行了链接，保护传统的建筑结构以及背后隐含的传统文化，让幼儿从小培养现代与传统共存的感知，让新生代更加关注到人与传统、人与自然共存的伦理处境。李可染说过，艺术家要有从传统中走出来的决心，也要有回到传统中去的勇气，四合院幼儿园的启示在于，它拓宽了物的主体间性，在传统建筑基础上的设计创作，如何更好将传统的幼儿教育产业提升到一种人与物共存，人与自然共存的高度。（图4）

三、"暗物质"理论的反思

拉图尔"暗物质"所提倡的"以物为中心的民主"，在一定程度上也有夸大"物"作为主体作用之嫌。但"暗物质"及后续的技术哲学理论赋予"物"一定的能动性，这与传统伦理学的主张是相冲突的，这也促使了传统伦理学需要反思其基本预设与理论框架的适用性和有效性，需要对传统伦理学中的一些基本概念如自主性、能动性、责任等要素进行重新思考。

同时，"暗物质"理论探讨的"以物为中心的民主"一直力图跳脱传统经济学提倡的以人为中心的设计，但是就如同"楚门的世界"，将"物"作为主体来考量，反思"以为人中心"的设计伦理问题，是否又会进入一个新的消费主义轮回。

马丁·圭西（Martí Guixé）的"太阳能餐厅"将消费者的用餐位置安排在户外开放的空间中，烹饪食物的热能来自于当天的太阳能，因此该"太阳能"餐厅强调的是实时天气对备餐与进餐等活动的干预，根据太阳能的强弱来把控当天的菜品与样式，一次凸显了就餐的即时性与随机性。设计师希望通过这种不是由人干预的，完全取决于天气气候变化的餐饮互动体验，让消费者在这样的体验之

图4　四合院幼儿园（中国北京）-摄影：creatAR images

图5　太阳能餐厅
（图片来源：http://www.guixe.com/projects/guixe_project_lapin_kulta_solar_kitchen.htm）

中更多地关注到天气、气候等"物"本身，以及人与自然共存的伦理处境。但这也带来了一个新的问题，这种过度依赖"物"、依赖天气气候的体验设计，是否又会带来一波新的消费主义浪潮。人们开始追求"以物为中心"的、不确定的、即时的、个性化的消费体验，这对于人与物的主体关系转换，人与物的共存又提出了新的考验与疑问。（图5）

四、结语

拉图尔的"暗物质"作为"行动者网络理论"（ANT）的理论框架起源，对物与物的伦理体系进行了重新思考，建构了以物为中心的伦理框架，也扩大了人与物共存的伦理意识。从"暗物质"理论的伦理思辨角度看，就如文章开头谈论的将"人"从宇宙中心取下，重新站在一个旁观者的角度去思考人与物、主体与主体之间的关系。"暗物质"理论强调的"以物为中心"不是要完全替代传统的"以人为中心"，应该作为一种新的可能性，让设计师去思考人与物共同作为主体时，主体间性如何能达到更好的意向性构造，探讨设计本体论如何能朝向更多元化的角度去发展。

参考文献：

【1】 LATOURB. Where Are the Missing Masses? The Sociology of a Few Mundane Artifacts [A]. In: Bijker, W. E. and Law, J. eds. Shaping Technology/Building Society: Studies in Sociotechnical Change [C]. Cambridge, MA: MIT Press, 1992.

【2】 布鲁诺·拉图尔. 我们从未现代过——对称性人类学论集 [M]. 刘鹏，安涅思，译. 苏州：苏州大学出版社，2010：16.

【3】 Kjetil Fallan. 设计史：理解理论与方法 [M]. 张黎，译. 南京：江苏凤凰出版社，2015：96.

【4】 （美）卡尔·波兰尼. 大转型：我们时代的政治与经济起源 [M]，冯刚，刘阳，译. 杭州：浙江人民出版社，29.

【5】 周博. 现代设计伦理思想史 [M]. 北京：北京大学出版社，2014：55.

【6】 （英）亚当斯密. 国民财富的性质和原因的研究（下卷）[M]. 郭大力，王亚南，译. 北京：商务印书馆，1974：27.

【7】 周博. 现代设计伦理思想史 [M]. 北京：北京大学出版社，2014：55.

【8】 张黎. 人类世的设计理想与伦理：非人类中心主义与物导向设计 [J]. 装饰，2021，1（333）.

【9】 巫鸿. 中国古代艺术与建筑中的"纪念碑性"[M]. 上海：上海人民出版社，2009：32.

【10】 吉登斯，萨顿. 社会学基本概念 [M]. 王修晓，译. 北京：北京大学出版社，2019：59.

图书在版编目（CIP）数据

智慧·人居环境：国际建筑艺术高峰论坛成果集 =
Intelligence & Human Settlement : A Collection of
the Achievements of International Architectural
Art Forum / 林海，冯凤举主编；莫敷建，莫媛媛副主
编；广西艺术学院建筑艺术学院编. —北京：中国建
筑工业出版社，2022.10
ISBN 978-7-112-27960-9

Ⅰ. ①智… Ⅱ. ①林… ②冯… ③莫… ④莫… ⑤广
… Ⅲ. ①建筑艺术—世界—文集 Ⅳ. ①TU-861

中国版本图书馆CIP数据核字（2022）第174359号

本书以智慧·人居环境为主题，通过疫情时代的人居环境设计、技术革新与设计教育、文化遗产保护与旅游环境建设等
方面，梳理广西艺术学院在此主题下的相关研究论文和设计成果。并以广西艺术学院学科建设为背景，梳理学院学科建设体
系和教学目标，以对外合作交流为桥梁，希望能够通过该成果集的梳理，集中展现地域环境设计的发展方向和发展态势，为
相关学科的发展和教学改革提供一些参考借鉴。本书适用于艺术院校以及相关学院的师生阅读参考。

责任编辑：张 华 唐 旭
版式设计：锋尚设计
责任校对：张惠雯

智慧·人居环境　国际建筑艺术高峰论坛成果集
Intelligence & Human Settlement
A Collection of the Achievements of International Architectural Art Forum
林 海　冯凤举　主 编
莫敷建　莫媛媛　副主编
广西艺术学院建筑艺术学院　编

*

中国建筑工业出版社出版、发行（北京海淀三里河路9号）
各地新华书店、建筑书店经销
北京锋尚制版有限公司制版
天津图文方嘉印刷有限公司印刷

*

开本：880毫米×1230毫米　1/16　印张：26　字数：811千字
2022年10月第一版　　2022年10月第一次印刷
定价：268.00元
ISBN 978-7-112-27960-9
（40030）